Conéctese con el futuro (Clicking)

17 tendencias

que influyen sobre

su empresa

y sobre su vida

DIRECTOR DE LA COLECCIÓN
Alejandro Piscitelli

EDICION ORIGINAL
Harper Business

TÍTULO ORIGINAL
Clicking

TRADUCCIÓN
Federico Villegas

DISEÑO DE TAPA Y MAQUETACIÓN DE INTERIORES
Sergio Manela y Asociados

FAITH POPCORN / LYS MARIGOLD

Conéctese con el futuro (Clicking)

GRANICA

BARCELONA - BUENOS AIRES - MÉXICO - MONTEVIDEO - SANTIAGO

Balmes, 351, 1º 2ª - 08006 BARCELONA
Tel.: +34 93 211 21 12 - Fax: +34 93 418 46 53
E-mail: barcelona@granica.com

Lavalle 1634, 3º - 1048 BUENOS AIRES
Tel.: +54 11 4374 14 56 - Fax: +54 11 4373 06 69
E-mail: buenosaires@granica.com

Bradley, 52, 1º piso - Col. Anzures
11590 MÉXICO D. F.
Tel.: +52 5 254 40 14 - Fax: +52 5 254 59 97
E-mail: mexico@granica.com

Antonio Bellet, 77, Piso 6, Of. 607 - Providencia
Santiago - CHILE
Tel. - Fax: +56 2 235 06 67
E-mail: santiago@granica.com

Salto, 1212 - 11200 MONTEVIDEO
Tel.: +59 82 409 69 48 - Fax: +59 82 408 29 77
E-mail: montevideo@granica.com

http:// www.granica.com

Esta edición se publica por acuerdo con el editor original,
Harper Business.

ISBN: 950-641-292-8
Depósito Legal: B-1.746-2000
Impreso en LIFUSA (Sant Boi de Llobregat - Barcelona).
Impreso en España - *Printed in Spain*

A mi hermana, Mechele Plotkin Flaum,
quien ha sido un constante estímulo en mi vida.
Siempre amable, siempre presente, con amor.

Faith

Para las dos generaciones tan apreciadas
y centrales en mi vida: mi madre,
Virginia Davis Ackerman, y mi hija, Skye Qi

Lys

ÍNDICE

RECONOCIMIENTOS

Estimado lector:
Antes de comenzar a agradecer a las muchas personas que nos ayudaron con este libro: unas palabras para mi coautora y mejor amiga, Lys Marigold. Su talento sobrenatural reside en su habilidad para seleccionar las historias "apropiadas", revelar las tendencias emergentes, para seguir el rastro de las nuevas orientaciones, expresarlas con elocuencia y defenderlas con lógica. Aun después de todos estos años siempre es sorprendente. Sus dones son extraordinarios; para maquinar, para conjeturar, para inventar, para formular y para crear con humor y con ironía, y luego pintar un amplio y brillante cuadro de la sociedad. Un millón de gracias, Lys.

Con amor, Faith

Gracias al equipo de BrainReserve, que además de manejar una consultora de tiempo completo, contribuyó a la creación de este libro. Es un reconocimiento a nuestra pasión compartida por la cultura y su brillante habilidad para ser un conjunto. Son las mejores personas de las que uno se puede rodear diariamente.

Agradezco a Ash DeLorenzo quien se aseguró de que nuestros conceptos estuvieran respaldados y fueran pertinentes y actualizados. Hizo sus interminables lecturas y comentarios sobre este manuscrito sin una queja. A Michele Rodríguez-Cruz, quien logró que mantuviéramos un equilibrio financiero (y racional). A Carmen Colón-Medina quien nos recibía alegremente cada mañana pronunciando su invocación, "lo van a lograr". A David Hardcastle, nuestro talentoso diseñador creativo cuyo sentido visual agregó algo especial a nuestro trabajo. A nuestro maravilloso director de TrendView, Suki Diamond, quien va a crear nuestro seminario sobre el tema. A Janet Siroto, nuestra directora creativa, cuyas contribuciones perspicaces aparecen en varios capítulos. A Jenny Noonan, nuestra tenaz y optimista directora de proyecto que nos impulsó para seguir adelante. A Carrie Macpherson, quien nos aportó el sentido del humor británico, la ironía para sobrellevar este duro trance. Y a Mechele Flaum, quien se hizo cargo de nosotros, alentando, creando y vigilando el negocio, mientras nos ocupábamos del libro. Y un agradecimiento muy especial a Mary Kay Adams Moment, cuya apreciable lealtad nos ayudó a alcanzar la meta. Su sagacidad, su paciencia, sus intuiciones, sus discernimientos, su capacidad para prever, nos ayudaron a perfeccionar cada página del libro.

Nuestro reconocimiento a todos los profesionales publicitarios cuyo respaldo y consejo nos ayudaron a realizar nuestro sueño: a Jack McKeown, profeta y príncipe de la Paciencia; a Binki Urban, nuestro negociador universal; a Gladys Carr, una editora superlativamente humorística; a Joseph Montebello, nuestro tutor creativo; a Lisa Berkowitz, responsable de las relaciones públicas; a Cynthia Barrett, una diligente supervisora de imprenta; a Linda Dingler, la diva del diseño; a Alma Orenstein, una extraordinaria compaginadora; a Ruth Lee, una perfecta ilustradora; a Joel Avirom, un mago de las tapas; a Jason Snyder, la fuente de apoyo del mago. Y en cuanto a la puesta al día de la tapa blanda, un agradecimiento especial a Joëlle Delbourgo y a Caryn Murphy, Christina Braun, Donna Sammons Carpenter, Ellen Mary Carr, Maurice Coyle, Martha Lawler, Helen Rees, Sebastian Stuart, Saul Wisnia y a todo el equipo de Wordworks, Inc.

Nuestra gratitud a Ayse Manyas Kenmore, la luz más brillante: su inteligencia, su humor y sus constantes comentarios fueron una fuente de energía.

Y especialmente, a Gerti Bierenbroodspot, cuyo respaldo a Lys y a este proyecto jamás declinó. Ella aportó la chispa de su inagotable energía, su talento creativo y su imaginación sin paralelo.

Un agradecimiento especial y separado para la Dra. Ethel Person por su fe progresiva en este libro y en mí; y por aportar su capacidad analítica.

A mis buenos amigos Adam Hanft, por su presencia constante, sus ideas, sus discernimientos y predicciones, y por sus comentarios culturales.

Un último agradecimiento en orden, pero no en importancia, a Kate Newlin, quien pasó muchas noches y fines de semana contribuyendo con sus opiniones inteligentes y claras, su asombroso pensamiento estratégico y su pericia comercial.

También deseamos agradecer a todas las personas cuyas opiniones, recuerdos y conocimiento influyeron sobre este libro. Ya sea que hayan sido citadas o no, sus historias están aquí. Han compartido su tiempo, sus ideas, sus anhelos: sus historias son emblemáticas de nuestra sociedad...

Se han escrito muchos libros desde una voz interior, pero un libro como este sólo se puede escribir escuchando la voz cultural, las experiencias reales de las personas reales.

Patricia Allen, doctora en Medicina
Ted Athanassiades, vicepresidente de la junta directiva de MetLife
Margaret J. Barrett, presidenta de Consumer Direct, GE Capital
Lynn Beasley, vicepresidente (senior) de R.J. Reynolds Tobacco Company

Jeffrey Berg, presidente y director ejecutivo de International Creative Management
Michael Braverman, Sothebys International Real Estate
Dennis Carey, codirector administrativo de SpencerStuart
Tom Chappel, presidente de Tom's of Maine
Laurel Cutler, vicepresidente de FCB/Leber Katz Asoc.
Susan Davis, directora ejecutiva de WEDO
Jerry Della Femina, presidente de Jerry & Ketchum
Robert F. DiRomualdo, presidente y director ejecutivo del Borders-Walden Group
Jeremy Dorosin
Kevin J. Doyle, presidente de Wassall USA, Inc.
Thomas M. Fallon, vicepresidente de Publicidad de la Carlisle Collection
Richard D. Fairbank, director ejecutivo de Capital One Financial Corporation
Sr. David Fink
James A. Firestone, gerente general de la División Consumidor de IBM
Peter Flatow, presidente de CoKnowledge
Sander A. Flaum, presidente y director ejecutivo de Robert A. Becker Inc., EURO/RSCG
Frederick Franck, director administrativo senior de Lehman Brothers
Marcia y Gene Garlanda
Vikki y Gary Gralla
H. John Greeniaus, presidente y director ejecutivo de Nabisco, Inc.
Amy Gross, Jefe de redación de *Mirabella*, y director editorial de *Elle*
Flora Hanft
Mike Harper, presidente de RJR/Nabisco, Inc.
J. Tomilson Hill, director administrativo senior del Backstone Group

Isabelle Hupperts, consejera del Grupo Suez para el Japón, Compagnie de Suez
Robert E. Ingalls, vicepresidente junior de Marketing del Consumidor de Bell Atlantic
Carole Isenberg, escritora/productora
Jerry Isenberg, profesor y director ejecutivo de Electronic Reading, en la USC School of Cinema-Television
James W. Johnston, presidente y director ejecutivo de R.J. Reynolds Tobacco Company
Robert H. Kenmore, presidente de Equivest Partners, Inc.
Rick Kundrat, vicepresidente y gerente general de Thomas J. Lipton Co.
Linda Lanz, directora de Investigación de Ameritech
Carl Levine, Carl Levine Consulting & Licensing
Gayle Martz, Sherpa's Pet Trading Company
Colleen May, presidente de Intervine Incorporated
Marnie McBryde, director (senior) de SpencerStuart
James Morgan, presidente y director ejecutivo de Philip Morris USA.
Fran Myers, director senior de Marketing Integrado en Nabisco Biscuit Company
Jerry Noonan, vicepresidente senior de Marketing en Nabisco Biscuit Company
Jessye Norman
Richard C. Notebaert, presidente y director ejecutivo de Ameritech
Paul F. Rickenbach, alcalde de East Hampton
Leonard Riggio, director ejecutivo de Barnes & Noble Inc.
Diane Sawyer
Andrew J. Schindler, presidente y director ejecutivo de R.J. Reynolds Tobacco Company
Tony Schmitt, presidente de la junta directiva y director ejecutivo de Rubbermaid Incorporated

Jeffrey Schwager, gerente de Ventas de Mevisto
Marsha Scott, asistente del presidente en la Casa Blanca
John Sculley, director ejecutivo de Live Picture
Vivien Shapiro, vicepresidenta de David Geller & Associates
Patti Walton Silver
Jacqueline Albert-Simon, editora asociada de la oficina central de "Politique Internationale" en los EEUU; y becaria residente del Institute of French Studies de la Universidad de Nueva York
Pierre F. Simon
Bill Smail, gerente general de The Smail Family Dealerships
Ray Smith, presidente de la junta directiva y director ejecutivo de Bell Atlantic
Liz Smith
Gloria Steinem
Mary Tanner, directora administrativa de Lehman Brothers
Susan Thomases, socia de Willkie Farr & Gallagher
Tony Van Hook
Leslie Wexner, directora ejecutiva de The Limited

INTRODUCCIÓN

La idea e inspiración de *Conéctese con el futuro* surgió del enorme flujo de interés en mi primer libro, *Lo que vendrá: el informe Popcorn.* La última línea era una invitación abierta; decía "Llámeme, envíeme un fax, escríbame, comuníquese conmigo", y los lectores respondieron. Mirando hacia atrás, las cartas, los faxes, las llamadas telefónicas y los correos electrónicos llegaron en abundancia. Estaba encantada (y orgullosa) de que las 10 tendencias descriptas en el libro inspiraran a muchos colegas empresarios que se debatían con el dilema "¿debería o no debería asumir el riesgo?".

Recibí una carta de Donald Gammon de Andover, Massachusetts, quien tomó la delantera con mi tendencia S.O.S. (Salvemos el Organismo Social). "Estos son los resultados de su trabajo como catalizadora", me escribió. "Después de una serie de reacciones de 'asombro' mías, estoy elaborando productos totalmente naturales y saludables, llamados Nautilus Naturals, para la industria hotelera. Se basan en los jacintos de agua de Florida, y estoy donando algunas de las ganancias para la protección del ambiente."

Un lector se sintió específicamente motivado por el capítulo "No se plantee lo que puede hacer su cliente por usted, sino lo que usted es capaz de hacer por él", en el cual hablaba de lo importante que es ir más allá del *packaging*, del estilo, de la moda, para desarrollar una empresa. Este imperativo se aplica especialmente a aquellos propietarios de comercios cuyas transacciones han declinado porque muchos consumidores permanecen en el hogar (la tendencia al encapsulamiento) y encargan por correo, por teléfono, o por medio del ordenador. Un colega de una tienda de venta de artefactos por correo escribió que estaba probando sistemas específicos de "penetración del capullo", como la venta cruzada con otras tiendas locales (distribuyendo pan casero con cada horno tostador o una canasta de productos de lavado con cada lavadora), y la personalización de su servicio al ofrecer una rutina adaptada al hogar para lograr sortear el radar del "capullo" y ganar la lealtad del consumidor.

Un hombre ingenioso llamado Jonathan Lewis contó cómo él y sus dos socios habían convertido la fantasía de aventura (la tendencia a las emociones sin riesgo) en tres restaurantes exitosos, basando su concepto en el principio de ofrecer "una experiencia que va más allá de la cena". Jonathan creó el Café Tu Tu Tango, que sirve "tapas" tentadoras y está decorado con motivos latinoamericanos –algo que dista mucho de la experiencia tradicional de cenar afuera–. Con sus ritmos excitantes y sus ocurrencias divertidas, ir a Tu Tu Tango es como participar en una reunión privada a la que se puede asistir todas las noches.

O. Alex Mandossian, director ejecutivo operativo de

Rodell Research, Inc., nos envió muestras de su pasta dentífrica blanqueadora y de su solución bucal, llamados Supersmile. Los productos responden muy bien a las tendencias: Estar Vivos (la tendencia al bienestar) y 99 Vidas (la tendencia a vivir la vida que se elija). Los productos están fabricados con Calprox, un blanqueador no abrasivo, bicarbonato de sodio y fluoruro; no contienen alcohol ni azúcar y el colutorio viene en un sobre que se vierte en un vaso (ideal para viajes). Su amable carta dice, "Gracias por enseñarme maneras simples de eliminar muchas frustraciones e inseguridades en mi empresa y en mi vida personal. Estoy agradecido por su trabajo".

Brock Green se dio tiempo para describir detalladamente su concepto de Diseños para la Educación. Es una combinación de capitalismo y activismo. Les permitimos a los adolescentes que diseñen las ropas que usan y al mismo tiempo obtengan el dinero para subvencionar los programas de arte en las escuelas norteamericanas. Participaron sesenta y cinco escuelas que presentaron 6.000 diseños. Los diseños seleccionados se convirtieron en poleras y jerseys originales y estilizados, y se vendieron a través de las más importantes tiendas por departamentos, como Dayton-Hudson y Macy's. La contribución para los programas de arte/diseño de esas escuelas fue de un dólar por cada artículo vendido. ¿Cuáles fueron las tendencias? Fantasía de aventura, S.O.S., e Individualismo (la tendencia a la afirmación personal).

A Marsha Wagner de Minneapolis la inspiró una idea específica del *Informe Popcorn* que describía una nueva profesión llamada arquitectos de los sueños. Ahora tiene una compañía consultora profesional-personal llamada Castle Visions (donde los sueños se hacen realidad), que hace todo para ayudar a sus clientes a tener éxito, desde la redacción de currícula hasta ayudarlos a identificar, aclarar e implementar creativamente un cambio en sus vidas. Una capacitación completa e integrada.

Chip Conley, propietario del Nob Hill Lambourne Hotel de San Francisco, utilizó la tendencia a Estar vivos y a las Pequeñas gratificaciones para agregar una nueva dimensión a su concepto del confort y el servicio. Ahora les ofrece a los huéspedes algunas amenidades inusuales: un bar saludable en cada habitación, sesiones de aromaterapia, yoga y reflexología (masaje del pie).

Pamela Serure y Nancy Sorkow incursionaron en la tendencia a Estar Vivos cuando se iniciaron con una pequeña empresa de zumo orgánico en Bridgehampton, Nueva York, con una gran marca, Get Juiced. Rápidamente pasaron de un sistema de distribución de zumos frescos costosos a una operación de tres puntas: abrir una cadena de comercios minoristas con mostradores de zumos/elixires; vender sus mezclas de zumos orgánicos al por mayor; y la de mayor potencial, comercializar un programa de desintoxicación-depuración del cuerpo, un estuche de zumo "Juice Fast" para tres días a 99 dólares la unidad que cualquier persona en cualquier lugar puede usar (¡se rumorea que Donna Karan, Barbra Streisand y Christy Brinkley son consumidoras regulares del "Juice Fast"!).

Tan diferentes como son estos individuos, están relacionados por nexos comunes: están decididos a sortear los obstáculos personales y desechar todos los temores. Están dedicados a aprovechar las nuevas oportunidades y anticiparse al futuro. Hay una palabra que parece resumir lo que todos estos hombres y mujeres ambiciosos están tratando de hacer: pretenden *sincronizar.*

CONÉCTESE (HAGA CLIC) CON EL FUTURO

Planee su mejor mañana

La misma expresión, el mismo sonido, clic, despierta a la gente, la sacude. Las piezas del rompecabezas vuelven a su lugar y repentinamente usted está consciente y alerta a la posibilidad de un nuevo futuro. En el ordenador el acto de hacer clic lo hace todopoderoso: un clic simple, un clic doble, envían órdenes, mueven íconos. Haga clic y estará en Internet conectado con el mundo. Conéctese y una imagen cobrará vida.

El diccionario define la palabra "conectarse" como ponerse en contacto, unir, poner un aparato (ordenador) en comunicación con una red (Internet). El resultado es el éxito como cuando el ex socio de Boston Celtics, Robert Parish, recordó los días en que él y su compañero de equipo Larry Bird, "obraron absolutamente sin esfuerzo y se impusieron en la corte".

Algunos han descripto su experiencia de conexión personal como un rayo, una onda de impulso. Hay una maravillosa expresión sísmica, el *tsunami*, que significa una gigantesca ola oceánica causada por un terremoto o volcán. Hay una manera excelente de percibir la sensación de una verdadera conexión: una onda poderosa que es capaz de cambiar su mundo, su vida.

La conexión implica:

C = **C**oraje
L = **L**iberación
I = **I**maginación
C = **C**ompromiso

Muchos de nosotros hemos pasado nuestras vidas ligeramente desorientados, ligeramente disconformes y fuera de sincronía con nuestras expectativas. Algo no concuerda: una tarea, una idea, un producto, un lugar, la suma total de lo que estamos haciendo y hacia dónde estamos yendo. Avanzamos a los tropezones tratando de encontrar la combinación apropiada para entrar en una nueva vida. Y, entonces, se produce la conexión –el control, la concentración, la claridad, el éxito.

Mi coautora, Lys Marigold, había elegido la carrera judicial, le encantaba el aspecto detectivesco de la investigación legal, pero a último momento optó por una vida en Nueva York como redactora de revistas (coraje). Con la excepción de un año en que estuvo conduciendo un pequeño y destartalado Volvo azul por toda Europa, ella trabajó como jefa de redacción para muchas de las principales revistas femeninas. Era razonablemente feliz hasta que un día fatídico en *Ladie's Home Journal* se presentó un albañil para tapar con ladrillos la ventana de su oficina, explicándole que frente a ella se iba a construir un nuevo edificio de gran altura. Repentinamente, esta pared parecía simbolizar su tarea –demasiado aislada, demasiado confinada a escribir sobre comidas, moda, belleza y decoración.

Liberarse de esa tarea significó para ella incorporarse a BrainReserve como su directora creativa, desarrollarse en el mundo de los negocios, aprendiendo un nuevo idioma comercial. Doce años más tarde, después de un traslado a Europa pero vinculada a BrainReserve por la búsqueda eterna (discernimiento) de nuevos productos, Lys volvió como la redactora de nuestro primer libro, *Lo que vendrá: el informe Popcorn* (ella conocía los antecedentes, la biografía de BrainReserve mejor que nadie).

La conexión (el clic) de Lys ocurrió cuando fue a vivir con los beduinos en la antigua ciudad de piedra roja de Petra en Jordania. Ella encontró y fotografió las inscripciones de sus habitantes primitivos, los nabateos, grabadas en los profundos barrancos. Y sobre los altos farallones descubrió pequeñas hendiduras grabadas, en fila, y comprendió que habían sido tableros de juego de los siglos I a.C. a II d.C. Así dedujo que las caravanas de los acaudalados recaudadores de impuestos deben de haber tenido puestos de observación y que esos centinelas, cuando se aburrían, se entretenían con estos juegos. El siguiente proyecto en la agenda de Lys es investigar el desarrollo de juegos similares para CD-ROMs (aptos para los niños de todo el mundo, sin conocimientos idiomáticos necesarios) o crear viajes de aventura en realidad virtual a través de las cavernas y templos de las joyas arqueológicas de Petra. Su experiencia comercial (*know-how*) seguirá siendo invalorable. E incluso podría escribir el libreto de una ópera sobre la Reina Zenobia del Desierto. Un éxito global.

¿Pero cómo? Para unas pocas personas, la conexión (el clic) llega fácilmente, intuitivamente. Son las personas más afortunadas entre nosotros, aquellas que pueden decir sinceramente, "Desde que tenía cuatro años, supe que sería un pintor", o "Me encanta administrar esta panadería. Siempre lo hice, siempre lo haré". Este libro no es para este grupo afortunado (si bien espero que ellos también aprendan algo). Tampoco es para los pocos afortunados que acaban de ganar la lotería. (Todos tenemos la esperanza de sacarnos el premio gordo, pero admitámoslo, las probabilidades son de 12.913,583 a 1, e incluso aprendiendo las claves del éxito no podemos cambiar esas probabilidades.) La conexión o clic es para el 99,99 por ciento de los que necesitamos un examen de conciencia y un compromiso real, los que necesitan un impulso extra para adquirir coraje y reconocer cuándo el discernimiento y el esclarecimiento les sonríen.

Mi meta, mi esperanza, es ayudarle a encontrar su mejor futuro. Y –como le mostrarán las páginas siguientes– ¡ese futuro es sólo una conexión repentina!

El Banco de Tendencias de BrainReserve

Las tendencias son las fuerzas duraderas que están configurando nuestra sociedad y determinarán nuestro futuro. En BrainReserve, analizamos la cultura actual en busca de signos de ese futuro. Las indicios están por todas partes: en los restaurantes, los bares y los clubes; en las galerías comerciales de las principales avenidas; en la música que escuchamos; en los juegos que jugamos; en Internet; en los libros y revistas que leemos; en los programas de televisión que miramos. En los programas que no miramos y en los productos que no compramos.

En BrainReserve, prestamos atención a lo que las empresas nos están vendiendo y a lo que el gobierno nos está diciendo. En BrainReserve, prestamos atención a t-o-d-o.

Toda esta observación, atención y estudio ingresa en nuestro Banco de Tendencias de BrainReserve. Nuestro banco nos da una idea aproximada del panorama del consumidor, suministrándonos una visión panorámica del hoy y del mañana. El Banco de Tendencias sirve como un anticipador de las conductas y actitudes del consumidor, de nuestros anhelos psicológicos, de nuestros temores y deseos. El hecho de comprender estas tendencias le permite predecir qué nuevos productos y servicios serán más requeridos (así como cuáles serán rechazados), y dónde están localizadas las brechas del mercado. Las tendencias también ilustran sobre las mejores carreras y oportunidades empresariales del futuro.

He aquí una visión general de las 17 tendencias en nuestro Banco:

- Encapsulamiento: los consumidores se protegen de las duras e impredecibles realidades del mundo exterior, refugiándose en ambientes seguros, acogedores y "hogareños".
- Sectarismo (clanes): los consumidores buscan el confort y apoyo de aquellas personas que comparten sus valores y creencias –o incluso sus intereses–.
- Fantasía de aventura: como una manera de evitar el estrés y el tedio, los consumidores anhelan emociones y estímulos en aventuras esencialmente exentas de riesgo.
- Reivindicación del placer: cansados de que les digan qué es bueno para ellos, los consumidores rebeldes son indiferentes a las normas y reglamentaciones. Se están liberando y saborean públicamente los frutos prohibidos.
- Pequeñas gratificaciones: los consumidores sometidos a las tensiones de la vida diaria buscan una gratificación de efecto rápido y se recompensan con lujos accesibles.

El aspecto más sustancial de BrainReserve

En BrainReserve, la motivación principal de nuestra tarea diaria no es el placer de las predicciones. Es el aspecto más sustancial de dar con visiones estratégicas importantes y de largo alcance para nuestros clientes. Además de consultar nuestro Banco de Tendencias, en forma regular (y global) entrevistamos aproximadamente a 4.000 consumidores por año en 20 diferentes categorías de productos; leemos mensualmente alrededor de 350 publicaciones en varios idiomas; vamos al cine, al teatro y a los conciertos; escuchamos los 10 éxitos musicales del momento; seguimos las listas de éxitos editoriales; e intercambiamos nuevas ideas (en sesiones de movilización mental) con nuestro staff, nuestros clientes y nuestro Banco de Talentos a nivel mundial. También hacemos Exploraciones de Tendencias en todo el planeta, buscando nuevos negocios, nuevos formatos, nuevas ideas sobre productos a donde quiera que vayamos.

Cada vez que conocemos a alguien con una tarea interesante o una propensión en la vida, le pedimos que se incorpore de una manera informal a nuestro Banco de Talentos de BrainReserve. Hasta ahora, más de 5.000 personas que han respondido a nuestros breves cuestionarios o "bios" han ingresado a nuestro ordenador central, para poder aprovechar directamente sus perspectivas únicas.

Estas actividades nos ayudan a identificar y decodificar las tendencias y constituyen la razón de ser de BrainReserve: preparar a nuestros clientes y lectores para el futuro.

- Bases Seguras: al recapacitar sobre sus raíces espirituales, los consumidores buscan lo que era confortante, valioso y espiritualmente establecido en el pasado, a fin de estar seguros en el futuro.
- Individualismo: al sentirse desconectados en la Era de la Información despersonalizada, los consumi-

dores recurren a los productos y servicios individualizados, personalizados.

- Pensamiento Femenino: la manera como las mujeres piensan y proceden está influyendo sobre las empresas, provocando una transición empresarial del modelo jerárquico al relacional.
- Emancipación: al rechazar sus roles tradicionales, los hombres están adquiriendo una nueva libertad para ser lo que desean ser.
- 99 Vidas: los consumidores se ven forzados a asumir múltiples roles para enfrentar las presiones producidas por una vida cada vez más ocupada.
- Liberación: tensionados y agotados, los consumidores buscan la satisfacción y realización en un estilo de vida más simple.
- Estar Vivos: al reconocer la importancia del bienestar, los consumidores adoptan no sólo el concepto de una vida más larga sino de una vida de mejor calidad en su conjunto.
- "Regresión": nostálgicos de los alegres días de la infancia, los consumidores buscan símbolos de juventud para contrarrestar la intensidad de sus vidas de adulto.
- Consumidor Vigilante: los consumidores frustrados y a menudo resentidos están manipulando el mercado por medio de presiones, protestas y políticas. No se puede contar con ellos.
- Ídolos Caídos: los consumidores escépticos están dispuestos a derribar los monumentos históricamente aceptados de las empresas, el gobierno, la celebridad y la sociedad.
- Salvemos el Organismo Social (S.O.S.): preocupa-

dos por el destino del planeta, los consumidores responden a los comerciantes que muestran una conciencia social en línea con la ética, el ambiente y la educación.

- Temor a la Polución Atmosférica: el aire impuro, el agua contaminada y los alimentos alterados han desatado una tormenta de dudas e incertidumbre en el consumidor. ¿Qué garantías de inocuidad ofrecen?

Se lo anunciamos

En BrainReserve, tenemos un gran archivo que hemos llamado "Se lo anunciamos". No estamos cantando nuestras propias alabanzas, pero es importante recordar que lo que puede parecer futurista en los capítulos siguientes en realidad está a la vuelta de la esquina.

Por ejemplo, si retrocedemos hasta el año 1981 vemos al Encapsulamiento (*Cocooning*) sobre el horizonte. Si bien era la época del sexo, las drogas y el "rock and roll", preveíamos que el futuro consumidor se replegaría hacia adentro. Reconocíamos que el Encapsulamiento podía significar todo, desde encargar comida y productos desde el hogar en lugar de salir, hasta un nuevo énfasis sobre cómo iniciar una familia o incluso una empresa en el hogar. Muchos se burlaron. Los pocos que nos prestaron atención tomaron medidas inmediatas a fin de preparar sus empresas para los futuros "encapsulados". Algunos individuos astutos convirtieron sus restaurantes de moda en cafés/pubs de estilo familiar, e incluso los más astutos comenzaron a ofrecer la distribución de cenas a domicilio. Otras personas perspicaces se dedicaron al negocio del cine en el hogar, ofreciendo instalaciones de tipo carcelario con televisores de pantallas más grandes y un moderno sonido envolvente. Algunos invirtieron en el planeamiento de oficinas o consultorios en el hogar; o se interesaron en las nuevas compañías de computadores personales (PCs) y comenzaron a investigar las posibilidades de venta on-line.

El Individualismo fue otra área en la cual vimos nuevas oportunidades, más rápidamente. Dijimos: "Imagine las posibilidades de aplicar literalmente la tendencia hacia el individualismo en la moda. Usted va a una galería comercial, elige los elementos que desea para un par de pantalones... el ordenador-sastre toma sus medidas... y por primera vez en su vida tiene un par de pantalones que están confeccionados exactamente como usted desea, en el diseño y la adaptación a su cuerpo". Hoy, nuestra predicción "irracional" ha llegado a ser un lugar común: Levi Strauss, el más grande fabricante de vaqueros en el mundo, está vendiendo "pantalones personales" para mujeres con las medidas registradas por ordenador. ¿Cuáles serán las próximas novedades? Chaquetas, camperas y zapatos a medida.

También hicimos otra predicción de alta tecnología: "El logro tecnológico más importante de la era de las 99 Vidas será un método para seleccionar toda la información que diariamente nos invade. Quizás un ordenador que "explora" las publicaciones seleccionadas y edita la información que deseamos o necesitamos conocer, sobre la base de un conocimiento íntimo de nuestras vidas, nuestros gustos, nuestras inclinaciones". ¿Pero quién sabía que esto iba a ocurrir tan rápidamente? El desarrollo más reciente en Internet se llama "tecnología de impulso". Compañías como la innovadora Point-Cast examinan cientos de noticias en busca de las historias y temas que usted ha solicitado. Las noticias son luego automáticamente "transmitidas" a su ordenador –ya sea como una serie de mensajes sobre su pantalla o directamente en su disco rígido. Por eso se llama de impulso: la información viene a usted, no tiene que ir por ella.

¿Tendencia o moda?

A menudo nos preguntan cuál es la diferencia entre una tendencia y una moda.

Una moda es un destello fugaz, una estratagema rápida que usted puede utilizar para hacer su dinero y marcharse. Las modas conciernen a los productos. Las tapitas de gaseosas fueron una moda. Los chicos se divertían con ellas, las coleccionaban, jugaban con ellas, y también se cansaron de ellas muy rápidamente. Se produjeron demasiadas tapitas para ser coleccionables. Las tiendas que las almacenaban todavía cuentan con montañas de discos coloridos.

Mientras las modas conciernen a los productos, las tendencias están referidas a lo que impulsa a los consumidores a *comprar* los productos. Las tendencias son grandes y amplias. Si bien comienzan como pequeños semilleros (nosotros los llamamos médanos) esparcidos por aquí y por allá, tienen un modo vigoroso de germinar hasta que se convierten en un bosque. Esto puede parecer simplista, pero es la mejor manera de describir las tendencias. Cuando usted está en medio de estos imponentes árboles que conforman la tendencia, y si está allí desde el principio, puede decir complacidamente: "Desde luego, los he visto crecer". A la inversa, si usted ha llegado tarde, probablemente dirá, como hacen muchos críticos: "Es muy obvio". La oportunidad hace la diferencia entre percibir las tendencias por placer o por ganancia.

Si usted analiza las tendencias y propensiones (como hacemos en BrainReserve) podrá advertir indicios tempranos, señales sutiles de un cambio. Todo lo que se requiere es "conectarse" con ellos. En realidad, durante una crisis como una escasez de energía, un desastre natural o una guerra es posible que surjan leves alteraciones o cambios en las tendencias. Pero incluso estos hechos imprevistos no producen cambios generalizados en una tendencia. Las tendencias son como una roca fija. Duran un promedio de 10 años o más (sin duda suficiente tiempo para basar un plan empresarial en ellas). Usted puede confiar en la integridad de las tendencias para determinar el clima actual y proyectar con una década de anticipación.

Una pregunta que a menudo se plantean los reporteros es: "¿Se puede iniciar personalmente una tendencia?" La respuesta: "Usted no puede crear una tendencia; sólo puede observarla. Y no puede cambiar una tendencia. Sólo puede cambiar las opiniones de las personas acerca de ella".

Una sugerencia que hemos hecho como parte de la tendencia a las Pequeñas Gratificaciones ahora se está verificando. Al respecto, escribimos: "interpretar las tendencias con ingenio puede ayudar a los fabricantes de productos suntuarios a reflexionar, y hacer su lujo accesible a todo nuevo 'merecedor'. Por ejemplo, ¿podrían fabricar una nueva bicicleta de montaña Maserati?". Cuando recientemente estuvimos en Copenhague en un viaje de negocios, vimos una increíble bicicleta forrada con cuero de Hermès. Y un lector perspicaz de *Down Under*, M.J. (Mike) Martin de Perth, Australia Occidental, nos envió este fax: "Cuando leo mi *Sunday Times* de Londres (una atenta suscripción anual de mi suegra), he aquí que me encuentro con una bicicleta de montaña, no una Maserati, sino una verdadera bicicleta de montaña James Bond-Aston Martin". ¿Usted escucha a L.L. Bean y a Orvis?

Fue en 1992 cuando identificamos por primera vez la tendencia empresarial a la Liberación y lo que significaría para el universo empresarial tradicional. "Aun cuando una nueva compañía no pueda manejar un programa de cuatro días de horario flexible, la nueva tendencia servirá para dejar descansar al staff durante los viernes. Usar vaqueros y corbata, traer a los chicos. Introducir en la oficina un estilo paternal-maternal ayuda a desbaratar las jerarquías y hace que todos sientan que alguien se preocupa por ellos." Si usted siguió las tendencias y tuvo una tienda minorista de ropa o fue un fabricante, este podría haber sido un preanuncio de la moda de la chaqueta y la corbata azul marino.

En enero de 1995, el *New York Times* publicó una historia sobre la iniciativa del minorista especializado Eddie Bauer de pasar a una nueva línea de prendas informales para el hogar. "La cadena espera sacar provecho de lo que considera como una tendencia del consumidor hacia el uso de ropa más informal en el empleo." Antes de que alguien pudiera ver completamente lo que estaba surgiendo nosotros llamamos a este tipo de ropa de calle el "Estilo cabaña de troncos". Ahora, una década más tarde, Banana Republic llama "Cabinwear" (ropa cabañil) a su línea de oficina.

También escribimos: "Imagine las posibilidades para un supermercado de realidad virtual –un sistema de compras-distribución casa por casa, de alta tecnología... Esto significa invertir capital en los sistemas de almacenamiento y distribución... desarrollar una sólida base confiable para el supermercado de realidad virtual... en el futuro".

Con esto coincide Dick Notebaert, presidente y director ejecutivo de Ameritech. Recientemente, su compañía regional Bell incorporó un servicio de provisión que distribuye alimentos, licores, medicinas y casi todo lo que usted necesita para más de 10.000 hogares. Ahora Ameritech ha hecho una importante inversión en Peapod, un servicio con nuevos horizontes donde, como predijimos, los compradores pueden entrar y salir de los pasillos virtuales, a través de sus ordenadores, en busca de las mejores ofertas o alimentos concebidos para una dieta especial (de bajo contenido graso o bajo contenido de sal) o de especialidades difíciles de encontrar. Si usted vive en las regiones de

Alimentos originales

¿Quién será el primero en crear una bolsa de galletitas o patatas fritas con aditivos saludables, destinada a grupos de edad específicos y sus necesidades, desde los niños que empiezan a andar hasta los más viejos? Este sería el primer paso para responder a nuestras eternas dudas comerciales: ¿Por qué, si una gran cantidad de personas prefieren los sabores salados así como los dulces, muchos productos vienen con sabor a postre? ¿Por qué todas las gaseosas son dulces? En lugar de los helados de fresa y chocolate o coco y cereza, ¿por qué no un gazpacho helado sobre un palillo? ¿Por qué la mayoría de los yogures frutados contienen bulbitos dulces o confituras? ¿Por qué no imitar el gusto mediterráneo del pepino/menta fríos o los yogures de vegetales crujientes para el almuerzo o la merienda? Y esos batidos dietéticos que son un sustituto de las comidas: ¿por qué las personas que hacen dieta tienen que beber un batido de chocolate, vainilla o frutilla dulce? ¿Por qué no uno de tomate-albahaca, o champiñones, más parecido al sabor de las sopas corrientes? Todavía estamos aguardando que alguna compañía consciente de las tendencias dé con estas ideas.

¿Habrá alguna?

prueba de Chicago, San Francisco o Boston, puede recibir su pedido entregado en la puerta de su cocina aproximadamente en tres horas.

En sincronía con las tendencias

Cuando usted comprende las tendencias que están orientando el mundo del consumidor, puede apreciar si algo causará sensación, o meramente curiosidad. Utilizar las tendencias como un tamiz (y como una prueba de selección) puede eliminar los lanzamientos frustrados, los intentos desorientados, o los fracasos totales en cualquier empresa que usted tenga en mente. Si usted analiza detenidamente cada una de las tendencias, estará en condiciones de centrar la puntería sobre la textura rica y los detalles relevantes que constituyen el gran cuadro comercial y social. Esto le permitirá no sólo evaluar su idea frente a las tendencias sino prever un perfeccionamiento o expansión de sus planes.

Para comprobar si usted está en sincronía con la tendencia –es decir, si una idea comercial es apropiada para el futuro– la regla empírica es que el concepto necesita del respaldo de cuatro o más tendencias para tener éxito. De lo contrario, usted podría estar apuntando a un segmento del mercado demasiado pequeño o su idea puede ser una moda. Por ejemplo, examinemos el concepto del cultivo de las *hierbas* como un negocio frente a las tendencias.

Cuando hablamos de hierbas, nos referimos al perejil, a la salvia, a la albahaca, etc., no a los maníes. La *jardinería* ha ido más allá del grupo de los jubilados y de los clubes de aficionados para llegar a ser una obsesión de los *baby-boomers.** La National Gardening Association estima que más de 75 millones de personas están comprometidas en abonar y cultivar el suelo, muchas pertenecen al grupo instruido y altamente rentable de los individuos de 30 a 49 años. Literalmente cientos de nuevas empresas se han iniciado en torno del concepto de la huerta familiar –vendiendo invernáculos, herramientas, ropa, abonos, aviarios, emparrados, etc.

Pero concentrémonos en el negocio de cultivar hierbas. Hoy las hierbas verdes, frescas, se venden todo el año en la mayoría de los supermercados. Algunos catálogos,

* En los Estados Unidos, individuos nacidos inmediatamente después de la Segunda Guerra Mundial.

como *Gardeners Eden*, ofrecen guirnaldas comestibles y ramilletes de hierbas de cocina para secar sobre su puerta, colgar sobre sus paredes, o de las vigas de su casa. También está la otra variante de las hierbas culinarias disecadas, enteras o desmenuzadas. Pero las hierbas son algo más que complementos culinarios; forman la base de la creciente alternativa de la medicina holística.

Las tendencias que respaldan un emprendimiento comercial en las hierbas son el Encapsulamiento (la gente que cocina en casa, los cocineros de fines de semana); la Fantasía de Aventura (las hierbas como una diversión culinaria exótica); la Liberación (implican un abandono de la sofisticación urbana por los placeres simples de la vida campestre y su profunda realidad); el Individualismo (las hierbas le permiten preparar comidas a su gusto); el Pensamiento Femenino (las mujeres siempre las han usado para cocinar, perfumar y curar enfermedades); las Pequeñas Gratificaciones (las hierbas agregan algo agradable por sólo unos centavos); y finalmente el S.O.S. (las hierbas son ambientalmente inocuas).

Con sólo esta cantidad de análisis de las tendencias, es evidente que un negocio sobre las hierbas podría tener éxito. Usted podría vender semilleros de hierbas de estación y ramilletes frescos a los restaurantes, a las tiendas de ramos generales y a los comercios que venden al descuento; o venderlas directamente por correo a los consumidores; o congelarlas-disecarlas para venderlas durante todo el año; o diseñar y fabricar papeles, libros y otros objetos de uso personal con cierto tipo de hierbas. Hemos visto los hermosos cojines forrados en chintz llamados Sweet Dreams de Harvey & Strait, que contienen "una mezcla de hierbas y especias inductoras del sueño para prevenir el insomnio y regocijar el espíritu".

A fin de impulsar aún más la idea de las hierbas, organice una sesión de movilización mental para dar con nuevos usos de las hierbas tradicionales o nuevas alternativas de un negocio original.

Lo que estamos tratando de hacer es inducirlo a pensar de manera diferente, encontrar nuevas pautas, cuestionarse lo obvio. Esto significa romper con los clisés, apartarse de lo que llamamos la filosofía de la puerta-del-refrigerador (esos lugares comunes consoladores que ya no necesariamente son válidos). Si usted está en sincronía con las tendencias, estará en sincronía con el futuro.

LA LLAMADA DE LA FE
(FAITH)

Como fundadora y presidenta de BrainReserve, tengo que trabajar en diferentes y desafiantes proyectos para los clientes, todos basados en una mezcla de ideas, tendencias sociales y en una visión del futuro. Además, tengo el placer de exponer mis puntos de vista y predicciones en la televisión y en la prensa y de ofrecer mi seminario, TrendView, a miles de personas en todo el mundo. Finalmente he tenido que mudarme de mi apartamento-estudio a una casa particular donde vivo y trabajo. Durante los fines de semana me retiro a una pequeña cabaña pintada de rosa sobre una tranquila laguna de cisnes en East Hampton, Nueva York. Pero esta no ha sido una trayectoria uniformemente armoniosa.

A menudo me preguntan acerca de mi historia y de la historia de BrainReserve. En realidad, es el mismo tema.

El primer recuerdo nítido que tengo de mi infancia es ver a mis abuelos maternos, Rose e Isaac (a quienes adoraba), de pie sobre un muelle de Manhattan y despidiéndose de mi madre y de mí. Nos dirigíamos para Shanghai, China, en el vapor *Queen Mary* para encontrarnos con mi padre, que había sido enviado allí como capitán del Ejército y entonces estaba trabajando como abogado de la División de Investigación Criminal (predecesora de la CIA). Mi madre, también una abogada activa, ¿no se sentía mal por estar desarraigada? ¿Y yo? Yo tampoco estaba rebosante de alegría.

China no era el paraíso para una niña norteamericana judía. (Todavía hoy, no es una cultura que respete a las mujeres: lo testimonian las 400.000 niñas chinas abandonadas en los orfanatos cada año.) La única escuela segura (con menos probabilidades de secuestros) estaba en el Convento del Sagrado Corazón, donde me sentía, para decirlo benignamente, como una "monja" demasiado familiarizada con la letanía diaria, y donde pronto me convertí en una persona desplazada.

Esta sensación de desplazamiento no desapareció, ni siquiera cuando volvimos a Nueva York varios años más tarde. Mis viajes me habían hecho diferente de mis compañeros de escuela y la educación estricta pero excelente que había recibido en Shanghai hizo que me aburriera con la instrucción en los Estados Unidos. En el Sagrado Corazón también había desarrollado el hábito de persignarme y arrodillarme delante de cada iglesia que aparecía en mi camino. Esto horrorizó tanto a mis abuelos judíos ortodoxos que mi abuela inmediatamente me inscribió en un colegio hebreo de doble escolaridad. Ahora, en lugar de estar con los otros chicos vecinos, me habían ordenado ir a la "horrible escuela hebrea". Fui, pero en represalia, me negué a aprender.

La única oportunidad en que me sentía realmente feliz siendo niña era cuando me sentaba con mis abuelos y se hablaba del negocio. El "negocio" era la pequeña camisería que ellos poseían en la Calle Quinta y la Segunda Avenida. Ellos vivían en el apartamento de arriba, y yo pasaba interminables horas allí, discutiendo si los escaparates estaban decorados para llamar la atención del transeúnte (mi primera lección de "posicionamiento"), cómo mejorar las ventas, cómo asegurarse de que los clientes estén satisfechos y cómo obtener su lealtad de por vida. La discusión comercial no es comúnmente lo que interesa a los 12 años de edad, pero a mí me fascinaba. (Mi primer "clic".) No sorprende que yo, como mis abuelos, haya elegido vivir "arriba del negocio", discutiendo los mismos tipos de problemas, combinando la vida hogareña con la vida laboral.

Para la época en que llegué a mi adolescencia, me había convertido en una *beatnik*, la versión años sesenta del actual no-conformista fanático de la computación. Me volví repentinamente indiferente, dando vueltas alrededor de la fuente del Washington Square Park en el Greenwich Village, mientras tocaba el bongó. Había adoptado un estilo serio y dramático, vistiéndome de la cabeza a los pies de negro, delineando mis ojos con kohl (un delineador de la exótica Arabia) y recogiendo mi cabello atrás en una larga y ajustada trenza. Para que nadie cuestionara mis antecedentes existenciales, durante cinco años no permití que nadie me descubriera sonriendo.

Era la actitud ideal para mi próxima encarnación: actriz. A la edad de 13 años, decidí inscribirme en la High School of Performing Arts, famosa por su departamento de arte dramático. No logré entrar en los anhelados cursos de actuación, pero fui admitida en su departamento de dramaturgia recientemente creado. Allí aprendí expresión y dicción (librándome de todo acento neoyorquino). Más tarde, estas habilidades rindieron sus frutos cuando empecé a dictar mis seminarios sobre las tendencias.

Cuando llegó el momento de hojear catálogos de universidades, soñé con dirigirme lejos del hogar hacia un lugar con torres cubiertas de hiedra y pequeños cines de pueblo. Desafortunadamente, mi promedio C (mediano a mínimo) me destinó a la Universidad de Nueva York (UNY), el *alma mater* de mis padres a sólo cuatrocientos metros de mi casa. Tanto mi madre como mi padre habían asistido a la facultad de Derecho de la UNY, y esperaban que yo siguiera sus pasos. Pero los vagos planes que tenía de estudiar Derecho iban a ser cambiados por la tragedia.

Cuando tenía 19 años, mi padre murió en un accidente automovilístico sobre la avenida Taconic de Nueva York. Perdí a mi consejero y mejor amigo. Se habían terminado para siempre nuestras discusiones y debates. Había sido un abogado criminalista muy conocido por su trabajo *ad honorem,* y a menudo pasábamos horas discutiendo cómo tramar el crimen perfecto. Sin su influencia, perdí mi interés en los estudios académicos.

En lugar de seguir en la facultad para obtener un grado, me desvié. Mi novio formal era Alan Kupchick (imaginé otro apellido para él: Kelwyn), y acababa de ingresar como director de arte en Grey Advertising (ahora es presidente de la oficina de Los Ángeles). En mi necesidad de ser la pareja perfecta, decidí aprender todo acerca de su profesión y firmé un contrato para un curso sobre conceptos publicitarios en un instituto de artes visuales. Mi profesora, Frankie Cadwell, era una de las mejores redactoras publicitarias. Casi inmediatamente me guió hacia mi primer trabajo: jefa de redacción en una agencia de Nueva York, Salit & Garlanda.

Este pequeño paso resultó un salto para mí. Mi jefe, Gene (Gino Constantino) Garlanda, tuvo una influencia profunda en mi vida. Él me enseñó cómo redactar anuncios publicitarios –con una prosa convincente, impactante, aguda– y a reconocer el buen diseño. Gene me puso el sobrenombre Popcorn. Decidió que era más humorístico que Plotkin y mucho más fácil en su idioma italiano.

¡Estupendo! De repente, tenía un apellido que estaba de acuerdo conmigo. Divertido. Gracioso. Inquietante. Impactante. Liberador. Inolvidable. ¿Qué más podía haber pedido? Si bien unos pocos renuentes intentaron convencerme de que era demasiado excéntrico, no les hice caso.

Mi puesto en Salit & Garlanda fue el primero de cuatro empleos publicitarios. Del siguiente fui despedida (por escribir poesía en lugar de anuncios) y también del tercero (por usar una micro-minifalda de piel de conejo en una reunión con un maxi-cliente). Mi cuarto puesto, en Smith/ Greenland, fue un éxito total. En una mirada retrospectiva, parece perfectamente lógico que los ascensos vinieran rápidamente y que fuera designada con el cargo de directora creativa a la edad de 26 años. Amaba a mis jefes, y mis clientes me querían. Gané premios a la dirección creativa, y tuve un gran apoyo de mi socio creativo, Stuart Pittman. Creo que finalmente tuve éxito.

Pero un día, después del ascenso en la montaña rusa ejecutiva (¿habría sido promovida a presidenta?), me cansé de la vida en la agencia. Estaba demasiado compartimentada, demasiado "departamentalizada". Anhelaba mi propia empresa. Era 1974, y Stuart y yo fundamos BrainReserve, aun cuando no teníamos ningún indicio de lo que una "BrainReserve" sería o podría ser. Lo que sabíamos era que los clientes necesitaban estar respaldados por las tendencias y las estrategias a largo plazo, en lugar de una serie de soluciones comerciales rápidas. También sabíamos que era mucho mejor resolver los problemas difíciles a través de la movilización mental con el personal más creativo (de allí el nombre, BrainReserve) que hacerlo solos. De modo que empezamos a vender nuestra capacidad intelectual.

Ahora, mirando hacia atrás veo que éramos un ejemplo de cómo *no* iniciar una empresa. Si bien éramos inteligentes, entusiastas y estábamos dispuestos a hacer sacrificios, no teníamos un plan empresarial... y no teníamos ningún negocio. No podíamos conseguir una tarea de marketing porque no teníamos ningún antecedente en la materia. Y no podíamos permitirnos contratar personal hasta que estuviéramos al menos algo establecidos.

Resueltas a alcanzar el éxito, las tres personas que integrábamos la compañía (Stuart y yo nos asociamos con Ginny Danner, quien nos mantenía organizados) decidimos pensar en grande y actuar en grande. A veces, uno simplemente tiene que proyectarse en su propio futuro. Cuando un vicepresidente de marketing de una gran compañía nos pidió conocer a nuestro staff y recorrer nuestras oficinas antes de asignarnos un proyecto, inmediatamente creamos la primera oficina virtual del mundo. Nuestras oficinas reales estaban ubicadas en un apartamento de planta baja, pero a menudo alquilábamos la impresionante biblioteca del Lotos Club vecino cuando necesitábamos una sala de conferencias.

Esta vez, alquilamos todas las habitaciones del piso superior, trajimos escritorios, máquinas de escribir, mesas de dibujo, teléfonos conectados a ninguna parte (cruzamos los dedos para que el cliente no nos pidiera hacer una llamada); y llenamos el lugar con amigos y contratados. Aun cuando no consiguiéramos ese encargo, resultó ser un ejercicio útil.

Si la visión está presente, los medios surgirán. Esta fue la lección valiosa que aprendí de ese episodio temporal. Y empecé a entender que si BrainReserve iba a prosperar, tenía que saber promoverme a mí misma. Necesitaba una visión del futuro y necesitaba basar mi empresa en ella.

Lo que sucedió después podría entrar en la categoría de una racha de suerte, pero en realidad provino de la tenacidad que heredé de mi madre. Casi seis años después de haber establecido la empresa, BrainReserve estaba adquiriendo cierto renombre, y la gente había comenzado a hacer correr la voz. Entonces, Isadore Barmash, la reemplazante interina del columnista de publicidad del *New York Times*, Phil Dougherty, llamó para decir que estaba intrigada por los nombres Popcorn y BrainReserve y deseaba concertar una entrevista. Cundió el pánico y el alboroto. ¿Qué debíamos hacer? ¿Qué debíamos decir?

Telefoneé a mis amigos y familiares, buscando por todas partes la manera de aprovechar al máximo esta tremenda oportunidad. Mis pensamientos giraban en torno de lo siguiente: "Si pudiéramos obtener una mención favorable en esa columna, estaríamos satisfechos". (Hoy, lo expresaría de manera diferente: "sería un triunfo".) Pero no teníamos ningún episodio exitoso importante para ostentar, nada concreto que pudiéramos señalar y decir, "He aquí un producto que hemos lanzado, una campaña que hemos desarrollado". Como no podía impresionar a Barmash con la historia de triunfos recientes, decidí describir los temas que discutíamos diariamente... predicciones sobre *algo* que pensábamos que estaba por suceder en el mundo y *por qué*. Fue tan simple como eso: un acierto rotundo y decisivo.

He aquí algunas de esas predicciones (tenga en cuenta que era el año 1980).

- Los consumidores reducirán la sal por motivos de salud, de modo que buscarán alternativas, por ejemplo, hierbas frescas y alimentos especiados.
- Los coches ostentosos volverán y reemplazarán a los actuales de formas insípidas y cuadradas.
- Con una población que envejece, las canas estarán en boga. Más allá de eso, las personas de edad mediana y mayor serán consideradas sexualmente atractivas.
- La fidelidad será nuevamente popular.
- Habrá un renovado interés en la familia.

En lugar de descalificarme, Barmash me elogió. Además, el artículo sirvió como un hito, una prueba positiva de que nuestras predicciones eran sobre el dinero.

BrainReserve fue reconocida como una compañía de marketing futurista, y yo era su líder intrépida. Habíamos triunfado, y me sentí como si finalmente me hubiera encontrado conmigo misma. Después de tantos años duros, desagradables, alarmantes, inquietantes, había imaginado que podía hacer algo único: convertir los problemas en soluciones a través de la visión futura.

El siguiente gran paso hacia adelante provino de un encargo de Campbell's para el lanzamiento de nuevos productos. Estas tareas pueden ser un verdadero placer. Desarrollamos proyecciones sobre lo que los consumidores comprarían y comerían en un plazo de tres a cinco años. Dimos con asombrosas ideas para 100 nuevos productos. Pero en lugar de entregar una lista alfabética a los ejecutivos de Campbell's, relacionamos cada nuevo producto con una tendencia social específica que creíamos que continuaría creciendo durante los próximos 10 años –en otras palabras, establecimos una correspondencia con las tendencias–.

Recibimos una alta calificación del personal de Campbell's. Dijeron que era la primera vez que una compañía de marketing les había presentado nuevos productos desde la perspectiva del consumidor del mañana. En esa presentación nació el Banco de Tendencias (TrendBank) de BrainReserve.

A medida que evolucionó BrainReserve, también evolucionó nuestra definición de quiénes y qué éramos. En BrainReserve, hacemos una movilización mental constante para reposicionarnos. A través de los años, hemos pasado de ser un "depósito de ideas" a ser una "consultora de marketing" y una "pequeña clínica del pensamiento futuro". En la compañía BrainReserve actual, nos describimos con el lema "Audaces, Vehementes, Visionarios, Intrépidos". Esto es lo que hace falta para estar a la cabeza de las tendencias y en sincronía con ellas.

EL ENCAPSULAMIENTO

Los consumidores se están protegiendo de las duras e impredecibles realidades del mundo exterior y se refugian en ambientes seguros, acogedoramente "hogareños".

Cuando identificamos por primera vez la tendencia al Encapsulamiento, hablamos mucho acerca del recogimiento, de los pedidos a domicilio y de mirar nuestros programas televisivos favoritos. El encapsulamiento suscitaba las imágenes cautivantes de habitar, "anidar" y disfrutar en nuestros propios hogares, junto con aquellos que amábamos. "Hogar dulce hogar" significaba hogar acogedor.

Pero si bien hemos estado desmalezando nuestros jardines y navegando por los canales en nuestros centros de entretenimiento hogareño, ahora nos ha invadido la angustia y el temor. Antes nos refugiábamos por diversión, ahora nos refugiamos por temor.

Estamos en busca del hogar seguro.

Para tener una idea de cómo ha evolucionado esta tendencia, imagínese a una tortuga intentando salir de su caparazón. En lugar de mirar ansiosamente el mundo, la tortuga está asustada, cautelosa. Ante el primer signo de peligro, se volverá a encoger dentro de su caparazón protectora. Nosotros somos esas tortugas. Son como usted, como yo y como muchos de nuestros amigos. Así como pretendemos aventurarnos afuera, aprender más, intentar cosas nuevas, aun los más valientes de nosotros nos sentimos intimidados, o al menos nos preocupa que algún contratiempo imprevisto pueda surgir en cualquier momento. Y no es sólo la amenaza de una violencia específica lo que nos hace recluir en la comodidad tranquila de nuestro hogar. Las nuevas enfermedades extrañas, la polución, el tráfico, las multitudes, todo se suma para crear una sensación vaga, indefinida –pero sin embargo muy real– de inquietud.

Como la tortuga, cuando nos aventuramos afuera, lo hacemos con cautela. Los lugares donde antes nos sentíamos seguros se han vuelto amenazantes. Las iglesias están siendo iluminadas; las oficinas de correo son cercadas; los hospitales nos hacen sentir más enfermos; las salas cinematográficas están instalando detectores de metales.

Una encuesta reciente mostró que el 33 por ciento de los consumidores han modificado sus hábitos de compra por temor al asalto. De ese grupo, el 43 por ciento ya no compra después del anochecer.

El incremento de los cazadores al acecho y el peligro potencial del amor obsesivo han hecho que aun las personas más soñadoras se vuelvan cautelosas. Una ley anti-acecho de 1996 ha hecho más fácil entablar acciones judiciales contra aquellos individuos con "atracciones fatales". Los programas televisivos policiales y judiciales de la vida real proliferan, sumándose a una sensación general de inseguridad y desasosiego. Estamos atemorizados por lo que vemos pero, de algún modo, no podemos ignorar. Todo lo que podemos hacer es desarrollar nuevas maneras de protegernos contra un mundo enajenado, refugiándonos en nuestros caparazones defensivos y en nuestros pequeños "capullos" seguros.

Uno de cada cuatro estudiantes secundarios declara haber visto un revólver en su colegio. Los canales de transmisión están llenos de historias de asesinos seriales y casuales, de homicidios despiadados. En un caso reciente, el "frenesí de la ruta" condujo a un automovilista a interceptar a otro, causando que el segundo embistiera a un camión. El resultado: invalidez permanente. Hemos perdido la paciencia. Estamos hastiados, necesitamos control, aun cuando eso signifique ir a los extremos. La violencia ha sido llamada "el flagelo de los noventa".

¡Se habla de una sobrecarga de angustia!

Ya nada nos sorprende. Ni el canibalismo. Ni el descuartizamiento. Ni los bombardeos de oficinas. Ni un tirador emboscado en el mirador del edificio Empire State. Ni el caso de JonBenet Ramsey. Ni los chicos que asesinan a sus padres.

El delito en los centros de las grandes ciudades ha hecho desesperar a algunos habitantes urbanos. Y en un esfuerzo de volver a la tranquilidad de los tiempos pasados, las soluciones van mucho más allá de la vigilancia barrial. Hay una medida en preparación para aislar con cordones policiales barrios enteros a fin de mantener el orden y proteger a los dueños de casa. Hay una cantidad creciente de compañías privadas que mejoran los servicios deteriorados –seguridad, árboles de la vía pública, instalaciones sanitarias, iluminación, para nombrar algunos–. Un sector del área este de Nueva York ha ideado un plan para contratar entre 350 y 500 guardias de seguridad privados para patrullar las calles.

En *Elect Mr. Robinson for a New World*, el novelista Donald Antrim describe un país (Estados Unidos) donde las personas aparentemente razonables construyen fosos alrededor de sus casas y cometen actos de barbarie y torturas en nombre de la responsabilidad civil. Los clubes campestres (coun-

Las compras al alcance de la mano

Una parte del valioso tiempo hogareño se pasa leyendo el diluvio de catálogos que recibimos por correo cada día. Las compañías de venta por correo están teniendo un gran éxito, publican y remiten miles de millones de catálogos a los clientes leales o "residentes actuales". Esto es intimidante. Y no se vislumbra el punto de saturación. Un catálogo tendrá éxito si puede encontrar el nicho apropiado y dirigirse a la audiencia indicada. ¿Y por qué no? La venta por correo está en perfecta sincronía con el Encapsulamiento: una manera de construir ese nido confortable y acogedor mientras el consumidor, a salvo, se arrellana entre los brazos de su sillón favorito.

Tanto los computadores como la televisión están fomentando las compras basadas-en-el-capullo. Apenas estamos comenzando a hacer compras-comparaciones *on-line* o con CD-ROMs, seleccionando electrónicamente a través de catálogos y haciendo los pedidos. En BrainReserve, antes hacíamos visitas diarias a la librería más cercana. Ahora escribimos Amazon.com, hacemos clic en un título, tema o autor, y recibimos la información pertinente sobre la pantalla. Con una tarjeta de crédito podemos encargar tantos libros como deseemos. Así es: sin caminar, sin esperar, sin telefonear, ni dejar el Capullo.

También estamos dejando de lado las galerías comerciales por la comodidad de encargar a los Infomercials, la red de compras en el hogar, y la QVC. En 1996, los teléfonos de la QVC sonaron 55 millones de veces, y la compañía vendió más de 1.200 millones de dólares en mercaderías sólo en esta nación. Conéctese con la red televisiva de compras totalmente interactiva.

tries) confinados no están tan lejos de rodearse de fosas. Según el *New York Times*, cinco barrios de Oaks, Ohio, han instalado cercados de metal "destinados a rechazar la prostitución, el tráfico de drogas y de automotores que a menudo deben soportar". Las barreras han creado una comunidad interna más segura, todo como parte de un plan llamado Crime Prevention Through Environmental Design (Prevención del delito a través del planeamiento ambiental), o CP-TED. Aproximadamente 4 millones de norteamericanos ahora viven en comunidades cercadas, con muros que se construyen cada vez más altos y gruesos.

Los niños plantean un problema especial para los padres "encapsulados". Todo el mundo sabe que los niños necesitan de los beneficios de alternar con sus pares. Pero en estos tiempos muchos padres temen dejar que sus hijos salgan a jugar. Una respuesta: los parques interiores de recreación para los niños. Estos centros de juego urbanos y suburbanos liberan de temores a los padres. De esta manera los chicos no pueden extraviarse, los extraños no pueden acercarse, y no se les pueden vender drogas. WonderCamp, una cadena de espacios de recreación internos, cuenta con laberintos, juegos electrónicos y un tranquilo *clubhouse,* todo en alegres colores primarios.

En toda la nación, casi 30 millones de niños han jugado en las Discovery Zones (con 315 establecimientos) más orientadas al ejercicio físico, así como en los nuevos espacios de Ali Oop Play Environmental.

Cuando los encapsulados dejan sus hogares se llevan la "cápsula" consigo. Aun los más modestos han transformado sus coches en corralitos rodantes. Provistos de un reproductor de seis discos y una caja de CDs, un fax, un teléfono, cojines Shiatsu para la espalda y chapas de matrícula con el escudo del equipo de fútbol, los coches se han convertido en capullos móviles. ¿Las costumbres futuras incluirán hornos de microonda, refrigeradoras y recipientes plegables?

Proteger a estos capullos rodantes ha llegado a ser otra veta importante. Recorra cualquier calle en cualquier ciudad y observe los volantes en los coches estacionados.

Los sistemas de seguridad

Uno de cada tres nuevos hogares se construye con un sistema de alarma interno. Hoy, la seguridad en el hogar y el automóvil es una industria que genera 1.500 millones de dólares anuales, y está en crecimiento. La venta de aerosoles irritantes está trepando. Los aficionados al ejercicio están comprando con avidez las latas de aerosol irritante Jogger Fogger. O para una mayor tranquilidad más costosa, se abalanzan sobre el Air Taser portátil, que dispara ondas hasta los 5 metros, derribando a los agresores. Opera a través de señales eléctricas que bloquean el control neuromuscular. La policía también puede perseguir a los delincuentes si todavía logran huir guiándose por las microondas eléctricas.

Nuestra búsqueda de seguridad ha hecho que los guardaespaldas estén provistos de los últimos dispositivos de señales electrónicas al estilo 007, los "tecno-mayordomos" de los noventa. El National Institute of Justice estima que para el año 2.000 estaremos gastando 104.000 millones de dólares por año en seguridad privada.

Una de las ideas más eficaces para usar un arma tradicional de una manera nueva –en este caso, los perros guardianes– pertenece a Shelley Reecher, una mujer que fue una vez brutalmente atacada. Shelley canalizó su pesar creando Project Safe Run, una red de 45 estaciones que proporciona perros de aspecto feroz para acompañar a mujeres y ancianos en las caminatas, las compras y los paseos alrededor del parque. Actualmente el programa registra más de 42.000 excursiones sin un solo ataque.

Para aquellos que desean encargar productos para la protección desde el interior de sus Capullos, el catálogo *Safety Zone* vende artículos como sensores de movimientos que emiten ladridos como un perro guardián.

Perfectly Safe, otra compañía estadounidense de venta por correo dedicada especialmente a los padres, vende un tranquilizador equipo de vídeo para la vigilancia del bebé por 299,95 dólares. Los padres desconfiados pueden implantar el dispositivo dentro de los ositos de felpa de sus niños para "espiar" a las niñeras.

Informes telefónicos

El teléfono, y todos sus complementos innovadores, nos están ayudando a sentirnos más seguros, más alerta y más protegidos: en una palabra, encapsulados. Muchas personas consideran a sus teléfonos móviles en el coche como un dispositivo de seguridad, no como una comodidad.

Los minimóviles de Bell (baby-Bells) están en sincronía con el Encapsulamiento al ofrecer un menú completo de lo que ellos llaman principios "protectores". Hay un identificador de llamadas, un sistema que le permite ver el número de teléfono de la persona que está llamando. Y para evitar que la persona a la que está llamando sepa que es usted, puede bloquear la pantalla de su número utilizando el código Call Restrict. Los números telefónicos no registrados, un viejo recurso, han aumentado en popularidad –casi uno de cada siete hogares norteamericanos los emplean–. Para lograr aún más control, se puede incorporar el Call Trace a fin de detectar a los interlocutores obscenos. La fecha, el día y el número de teléfono del último interlocutor serán transmitidos a la Oficina de Llamadas Molestas de la compañía. Es una lástima que no exista una Oficina de Llamadas de Desquite para dar a esos interlocutores fastidiosos una leve descarga eléctrica.

Muchos estarán muy bien trabados con un dispositivo rojo fácil de colocar. El año pasado, aun cuando los robos de coches declinaron un 4 por ciento en los Estados Unidos, las ventas de estos dispositivos continuaron en ascenso. Si usted pretende sorprender al ladrón en el acto, hay productos como el Smoke Defense Dragon, un dispositivo que llena el coche de humo cuando alguien intenta penetrar en él. Pero si todo lo demás falla y su coche termina dando un rodeo por la ciudad confiamos en que haya tenido la previsión de haber instalado un dispositivo de localización como el Lojack Recovery System.

Aun los más confinados al Capullo en general tienen que enfrentar el inconveniente de ganarse la vida, lo cual muy a menudo requiere ir a una oficina. La solución, como con los coches, es llevarse el capullo con usted. Uno de los clientes de BrainReserve, la compañía de telecomunicaciones Ameritech, ha introducido un cambio en su ámbito laboral basado en el Encapsulamiento. Cuando usted entra en las elegantes oficinas centrales de acero y cristal de la División Servicios al Consumidor de la compañía en Hoffman Estates, Illinois, puede escuchar los reconfortantes sonidos de los cantos gregorianos o el agitado *staccato* de una pieza lírica. El espacio parece curiosamente residencial. En realidad, se asemeja a un acogedor salón familiar con abundantes muebles, un pequeño comedor, un área de estudio y un centro de entretenimiento hogareño. No hay lámparas fluorescentes a la vista.

Según Linda Lanz, directora de investigación en la División Empresarial del Consumidor de Ameritech, la idea que hay detrás de todo este confort hogareño es que los productos más recientes se deben probar en un ambiente que reproduzca el hogar de un consumidor, no un laboratorio estéril. A veces se les pide a los consumidores reales que entren en este ambiente y que prueben los aparatos alámbricos o inalámbricos de la más moderna tecnología. Los empleados de la compañía pueden utilizar este lugar para descansar, para hojear las últimas revistas y éxitos editoriales, navegar en Internet, escuchar música o mirar televisión en la pantalla gigante. También es un lugar popular para mantener reuniones. Las conferencias empresariales tienen un tono diferente cuando los compañeros de trabajo están echados sobre un sofá o recostados sobre las lujosas otomanas.

Para el fundador de Microsoft, Bill Gates, el hogar es

donde está el microprocesador. Uno lee con fascinación los recortes acerca de su casa de 35 millones de dólares frente al lago, donde las pantallas están conectadas con una base de datos central mostrando incontables obras de arte. Un invitado que pasa la noche en su casa puede pedir un O'Keefe en el baño o un Renoir junto a la cama. ¿Cuánto pasará hasta que los simples millonarios soliciten estas mismas opciones?

El núcleo central de cada Capullo está en el dormitorio y el baño. Necesitamos miniespacios virtuales, lugares donde podamos relajarnos y reponer energías. El negocio de las instalaciones de baño-dormitorio ha crecido a razón de más de 16.000 millones de dólares por año. Hemos dotado nuestros dormitorios con camas de dosel y cojines, sábanas de lino italiano, alfombras de Cachemira y fundas de seda con volantes. Y estamos convirtiendo nuestros baños utilitarios en refugios lujosos mediante la instalación de hidromasajes, saunas, duchadores que lanzan 127 chorros de agua diferentes, secadores de manos automáticos, y toalleros caldeados para nuestros juegos de toallas con monogramas.

Muchos diseñadores están explorando (con éxito) el *feng shui*, el antiguo arte chino de la ambientación, como un esfuerzo consciente de aprovechar al máximo las cualidades de la luz y la armonía reordenando los elementos en nuestros ambientes. El *feng shui* ha tenido una gran difusión en Hong Kong y Singapur, y cada vez más en los Estados Unidos. De hecho, Donald Trump –escasamente conocido por sus cualidades espirituales– hizo del *feng shui* una parte ritual de la ceremonia de consagración de su recién terminado condominio y hotel-torre: el lujoso Trump International.

Los expertos en *feng shui* le ayudan a diseñar su espacio laboral en armonía con el *qi*, o fuerza vital del edificio, reduciendo al mínimo el conflicto y alentando el creci-

Usted advierte que está "encapsulado"

Usted advierte que se está encapsulando al olvidarse de tocar la bocina cuando alguien se le cruza en la autopista (¡el otro conductor puede tener un semiautomático!). Advierte que se está encapsulando cuando sonríe y trata de apaciguarse, en lugar de discutir con un exasperante empleado de correos, un vendedor colérico o un camarero de mal genio. Sabe que se está encapsulando cuando deja de ir a los recitales de rock o a los partidos de baloncesto porque está convencido de que las grandes multitudes sobreexcitadas se podrían convertir en una turba tumultuosa e incontrolable en el acto. Sabe que se está encapsulando cuando su idea de unas vacaciones de ensueño es quedarse en casa y hacer vida de hogar.

miento espiritual. Los espejos se utilizan estratégicamente para canalizar el flujo de energía. De acuerdo con la práctica, usted tiene que estar adecuadamente situado en el universo para prosperar. Un arquitecto que conocemos contrató a un experto en *feng shui* para diseñar y equilibrar su oficina de manera tal que alentara el pensamiento creativo.

Los entusiastas del *feng shui* creen que la ubicación de un escritorio en relación con una silla establece un ambiente propicio de armonía y sentido del orden. Nosotros creemos que es un gran acierto.

La jardinería es el pasatiempo ideal para los encapsulados –una manera de "amadrigarse" y sentirse saludables, dichosos y seguros, además de creativos. Estamos gastando pequeñas fortunas (más de 25.000 millones de dólares por año) en plantas ornamentales para balcón, glorietas de glicinas, equipos para cavar su propio estanque para los lirios de agua y nenúfares, sistemas de rociado automático para te-

Casas "inteligentes"

Ya existen alrededor de mil casas llamadas "inteligentes" en los Estados Unidos que están programadas para facilitar nuestras vidas por aproximadamente 20.000 dólares. Desde el teléfono de su automóvil usted puede dar las órdenes verbales para abrir las puertas, encender las luces, desactivar el sistema de seguridad, poner en funcionamiento una máquina como su lavadora, su secarropa o el reproductor de vídeos, e incluso llenar la bañera.

En el futuro veremos:

- Hornos que se pueden programar desde afuera de la casa.
- Dispositivos que contestarán y le informarán sobre las condiciones de la cena o llamarán a los servicios de reparación cuando sea necesario.
- Refrigeradoras con pantallas de vídeo incorporadas y un plan de recetas en CD-ROM.
- Despensas que explorarán e informarán sobre su provisión de alimentos le avisarán cuando necesita más manteca o más sopa de tomate, o cuándo se debe introducir la leche en el refrigerador.
- Pantallas de vídeo sobre las cuales usted puede observar a su bebé y la niñera desde el monitor del automóvil, o aun mejor, desde un visor en su muñeca.
- Cocinas con probador incorporado para evaluar la pureza y estado del alimento. No más conjeturas sobre si las bacterias han sido neutralizadas en el cochinillo o el pollo.
- Indicadores con tecnología de control manual para tomar diariamente su temperatura, prescribir medicamentos o vitaminas, e informar a cada miembro de la familia qué nutrientes necesitan para reponer energías.
- Sistemas hogareños de destilación del agua. Después de todo, ¿quién quiere cargar esas pesadas botellas hasta la casa?

ner el césped siempre verde, y otros objetos para jardinería. Los encapsulados están introduciendo sus manos (enguantadas) en el estiércol y sus pies en fuentes importadas mientras abonan y plantan sauces y construyen pajareras. La circulación de revistas como *Marta Stewart Living*, *Garden Design*, *Horticulture* y *Organic Gardening* está creciendo más rápidamente que una madreselva en un día de verano.

Los aficionados a la jardinería incluso están afrontando el mundo exterior a sus capullos, presentándose en las exposiciones de jardines ingleses para escuchar disertaciones acerca de las piedras musgosas, las manchas de moho y las rosas victorianas descoloridas. Una de estas entusiastas, Marjorie G. Rosen, volvió con la idea de diseñar simples cestones de hierro forjado después de recorrer inútilmente Europa en busca de ellos. El resultado: los cestones Georgica fabricados por artesanos del Viejo Continente en La Forge Française de Southampton, Nueva York, que cuestan 200 dólares cada uno.

House and Garden Television (HGTV) es un canal de televisión que llega a 10 millones de televidentes con consejos prácticos sobre jardinería, reparaciones en el hogar, mascotas, decoración y artesanías. El canal ha llegado a tener una gran audiencia entre los encapsulados de costa a costa.

Las labores de costura han llegado a ser otra característica de la vida en el Capullo. Las telas antiguas –que nos recuerdan un pasado más agradable– se han encarecido. Lo botones antiguos también están llegando a ser objetos de colección costosos. La tienda Tender Buttons de Nueva York es un valioso tesoro de antigüedades únicas. En París, el Marché Saint Pierre, un mercado mayorista de telas, está atestado de costureras y modistas aficionadas, francesas y extranjeras. La costura está ingresando en el ciberespacio. CompuServe tiene una sección llamada Go Crafts, donde usted puede participar en una reunión social de mujeres que cosen edredones a las 10 de la noche, hora del Este, los martes.

Ya sea que nos retraigamos por temor o por estrés, o que simplemente busquemos el confort del hogar, el Encapsulamiento se ha establecido como una fuerza influyente en la cultura y la sociedad norteamericanas. Nuestros hogares y nuestros jardines parecen los últimos lugares donde podemos controlar nuestras vidas, donde podemos crear un paraíso idílico personal, donde podemos obtener un sentido profundo de la satisfacción. El hogar es definitivamente donde está la clave del éxito.

EN SINCRONÍA CON EL SECTARISMO

Los consumidores buscan el consuelo y el apoyo de aquellos que comparten sus valores y creencias, o incluso sus intereses.

En BrainReserve usamos pequeñas insignias esmaltadas que representan un planeta completo con estrellas centelleantes y anillos saturnales incluidos. A menudo, los visitantes preguntan dónde pueden comprar una. "Lo siento", les decimos, "no puede. Son sólo para aquellos que están en la constelación de BrainReserve".

Las insignias se asemejan a la imagen de la tapa de *El informe Popcorn* (la edición original de mi libro anterior) y los hacemos fabricar cada año en un color diferente para nuestro equipo, clientes y colegas. Usarlos es un gesto de unidad y de orgullo grupal. Es un ejemplo perfecto del Sectarismo.

El sectarismo nos vincula con los otros que comparten nuestros intereses, ideas y aspiraciones. "Yo soy parte de un grupo, y estoy orgulloso de ello. *Pertenezco.*" Esta no es una tendencia sorprendente, dada la manera como el Encapsulamiento se ha extendido en el planeta –y sigue extendiéndose–. Todo este confinamiento en la seguridad de nuestros hogares nos deja, a veces, con una sensación de aislamiento. Los humanos necesitamos y ansiamos el contacto social. El mundo todavía nos atemoriza, y por eso nos conectamos con las personas que son menos amenazantes: aquellas que comparten nuestros intereses y pasiones. Cuanto más fragmentadas están nuestras identidades y divididos nuestros días, más ansiamos conectarnos. Aliarse con las personas de la misma mentalidad, establecer una relación con aquellos que tienen los mismos intereses y necesidades es reconfortante y estimulante.

Aun el escritor aislado puede aventurarse a intercambiar ideas con colegas autores en un grupo literario o en una colonia de artistas como la legendaria Yaddo en Saratoga Springs, Nueva York. El interés común confiere a los miembros del Clan un vínculo inmediato. Quizá sea la Sociedad de Dentistas Buceadores (SDB), o los Moles [Topos] –no los amantes de los animales o los operativos de la CIA sino un grupo de trabajadores del metro o mineros–. En Baltimore, está la Congregación de Trasplantados de Médula del Hospital Johns Hopkins, donde los sobrevivientes de este delicado procedimiento quirúrgico se reúnen para dar gracias e intercambiar historias de guerra. En Los Ángeles, nos encontramos con LADIES (La vida después del divorcio es eventualmente sana), un Clan de ex esposas de astros de la pantalla y ejecutivos que encuentran fuerzas para discutir la tenencia y custodia de sus hijos y la asignación de pensiones por divorcio. A imitación de la conocida película *The First Wives' Club,* los grupos de mujeres divorciadas se están uniendo en toda la nación para procesar sus experiencias.

Nuestro interés creciente en el estatus fomenta la tendencia al sectarismo. Los clubes privados están informando un aumento repentino de sus asociados –desde el Princeton

Club en Manhattan hasta el Boise Bridge Club. Las listas de espera y las exorbitantes cuotas de inscripción hacen poco para disuadir a los aspirantes. De hecho, algunos aspirantes contratan consultores para que los asesoren sobre las admisiones. Hay una satisfacción vanidosa y un aura de seguridad cuando usted pertenece a un bastión de pares –ya sea que se base en un interés compartido en el golf o el tenis, o en haber asistido a la misma facultad, o simplemente para dejar al resto del mundo afuera–. No sorprende entonces que el Sectarismo atraiga a los encapsulados.

Los ejemplos de la tendencia al Sectarismo van de lo sublime a lo ridículo y se pueden encontrar en todos los estratos de la sociedad. Los clanes pueden ser políticos, económicos, comunitarios, espirituales, o de naturaleza virtual. Pueden tener 20 miembros o 20.000. Algunos están rígidamente estructurados con un líder indiscutido y una multitud de seguidores. Otros son modelos de igualdad.

Los adultos jóvenes están respondiendo a la llamada del Clan: la fraternidad y la asociación estudiantil femenina han adquirido una popularidad renovada en el ámbito universitario. También hemos observado que el Grateful Dead –ahora desorganizado después de la muerte de Jerry García– no es el único conjunto de rock capaz de liderar un clan de fanáticos. En estos días, grupos ambulantes de "roqueros" marchan incesantemente detrás de las bandas durante meses. Y aquellos que lo hicieron a través del fango del festival Woodstock II serán para siempre los miembros de un Clan, así como la generación que los precedió creó vínculos inmutables en Woodstock y Altamont.

Otro tipo de Clan gira en torno de los programas de consultas radiales. Estos constituyen un nicho, un refugio acogedor para los solitarios y los verbosos, una especie de comunidad virtual. En las largas horas de la noche, las voces en la oscuridad proporcionan un puerto seguro para los perdidos y desahuciados –y con demasiada frecuencia

Clanes sanadores

El Instituto Nacional de Salud Mental de los Estados Unidos ha estimado que más de 500.000 tipos diferentes de grupos de apoyo se reúnen en comunidades de toda la Nación. Simplemente consulte la guía telefónica o llame a su centro comunitario local. Solamente bajo la Letra "A", junto a Alcohólicos Anónimos, usted encontrará a los Asmáticos, las víctimas de Abducciones Alienígenas, los individuos con miembros Artificiales y los fóbicos al Avión. Difícilmente sea una exageración decir que para cada problema hay un clan de asistencia o cura. Y por cada clan de asistencia hay probablemente una docena o más de espacios de conversación y anuncios en el Internet. Cualquiera que sea su vicio o defecto, desde morderse excesivamente las uñas hasta practicar el sexo compulsivo, otros con el mismo problema querrán conversar con usted.

Incluso los colegios secundarios están organizando sus propios grupos terapéuticos por edades. Si usted es alumno del Austin High en Texas, puede elegir asistir a Alcohólicos Anónimos, Narcómanos Anónimos, Cocainómanos Anónimos o Sobrevivientes del Incesto –todo durante la jornada escolar–. Recientemente, el Austin High también ha iniciado un programa para las muchachas que han sido golpeadas por sus novios, y otro para los novios que son golpeadores.

En el mejor de todos los mundos posibles, los clanes de asistencia constituyen un lugar para tratar de resolver problemas, desahogarse de sus secretos y encontrar una comunidad de intereses con los otros. Son los espacios de reunión de estos clanes donde las personas comparten sus desdichas y alegrías. Constituyen un lugar para hablar y escuchar, para participar en un diálogo reconfortante. Para millones de norteamericanos, estos clanes representan el equivalente de un lugar sagrado, una "familia" que es más afectuosa, participativa y alentadora que aquella en la cual han nacido.

se oye la reacción airada de un guardián de la extrema derecha–.

¿Oyó alguna vez hablar de la Society for Creative Anachronism? Estos aficionados a la cultura medieval se reúnen vestidos con trajes de época para evocar los placeres de la poesía, la música y la cultura del siglo XI. En cuanto a los aficionados a un tipo diferente de mundo fantasioso, algunos clanes se congregan en torno de la televisión. Los lunes por la noche, los fanáticos de *Melrose Place* –desde Spokane hasta San Petersburgo– se reúnen para mirar el programa, hacer apuestas y predecir qué personajes dormirán juntos, cómo resultará un romance, o quién será rechazado. Y también estaba la talentosa Ellen DeGeneres que era presentada como una lesbiana en *Ellen*, una serie que fomentó miles de reuniones animadas en los hogares de gays y lesbianas en los Estados Unidos.

Alcohólicos Anónimos (AA) ha llegado a ser uno de los clanes más grandes en ese país. Las personas que viajan con frecuencia pueden pedir una lista detallada de las reuniones en las ciudades que visitan y utilizar el programa como una manera de conectarse con individuos que enfrentan desafíos similares. Sabemos de una mujer de Nueva York que prácticamente viaja en línea recta desde el aeropuerto de Los Ángeles hasta las reuniones de AA en Malibu como una manera eficiente de anunciar "aquí estoy" a sus amigos de la Costa Oeste. Luego abre su agenda y anota sus citas para los almuerzos y las cenas (pero no las copas).

Recuerdo cuánto nos gustaban esos pequeños bares íntimos como "Cheers". Algunos clanes tienen su base de operaciones en cantinas, mesones, cafés o gimnasios barriales; en síntesis, un lugar que sea tan protegido y acogedor como su propio Capullo, pero que ofrezca un cambio de escenario, un poco más de estímulo, y ese aliciente necesario del contacto humano.

En el East Village de Manhattan, el café Résumé exhibe listas de empleo para ayudar a sus parroquianos bohemios a encontrar trabajo, así como servirles pizza y helados. En Beverly Hills, ha surgido un clan de aficionados a los cigarros en Havana, un sitio donde la gente se reúne para disfrutar "puros" y compartir los placeres no tan políticamente correctos de un buen fumador. En la Nochebuena, los judíos norteamericanos que se sienten abandonados pueden asistir a uno de los nueve "Bailes Matzo" que se llevan a cabo en todo el país. Iniciada en Boston, la fiesta/baile se ha extendido a Washington, San Francisco y Boca Raton, en Florida.

Supongamos que cuando usted mira por la ventana de su living, todos sus vecinos son personas que usted ha elegido. ¿Parece ciencia ficción o quizá el Stepford Suburb? En realidad es fundamental en el sectarismo, y la cohabitación lo está haciendo realidad. El concepto de una vivienda comunitaria surgió en Dinamarca, Suecia y los Países Bajos hace alrededor de 20 años. La cohabitación está en sincronía con el sectarismo en los Estados Unidos. Aparecida inesperadamente en el área de Rhode Island hasta Bainbridge Island, en Washington, se basa en las viviendas grupales y comprende aproximadamente 30 unidades. En la mayoría de los casos, los residentes –una mezcla de familias profesionales jóvenes y algunos solteros mayores– tienen viviendas separadas pero disfrutan de instalaciones comunes, como áreas de recreación, jardines, lavaderos y a menudo un salón comedor. Estas comunidades buscan un retorno a la vida pueblerina, donde uno conoce y auxilia a todos sus vecinos. Las niñeras abundan, siempre habrá alguien para llevar su chico a la escuela si usted está engripado, sólo se necesita comprar (y reparar) una cortadora de césped, y eso es todo.

¿Qué es lo que induce a las personas a cohabitar? Las razones son variadas. A veces, es simplemente un caso de mentalidades similares con un espíritu hogareño. Por lo general, son ecológicamente conscientes, pero en lugar de abordar el concepto global de "cambiar el mundo", se concentran en la meta más circunscripta de "cambiar *mi* mundo". Otras veces, los cohabitantes están unidos por circunstancias demográficas o de vida. En cuanto a las personas que no tienen una pareja o tienen el nido vacío, la *cohabitación* puede ofrecer una manera de conectarse con los otros. Una pequeña aldea tribal en el norte de California estaba formada por un grupo de amigos de larga data –cuatro parejas casadas y tres mujeres solteras, todos entre los 50 y los 60 años– que tenían la firme convicción de que vivirían más tiempo y llevarían vidas más activas si cohabitaban. Pescaban, hacían vino, usaban computadores en común, y se mantenían ocupados manejando exitosas industrias caseras, como una librería/pastelería local. Y eran felices.

Las grandes comunidades de los años sesenta, basadas en el consumo de marihuana, el amor libre y la búsqueda de utopías eran muy populares en esos tiempos. Pero los aspectos más moderados de las comunidades –el sentido de solidaridad y de responsabilidad, las tareas y los recursos compartidos– hacen vibrar una cuerda en muchos corazones. (En una ocasión me reuní con nuestro cliente de Burton, Stuart Rose, y compartimos la idea de adquirir algunos cientos de hectáreas en algún sitio, como Montana, vendiendo lotes de 4 hectáreas a los amigos, compartiendo una biblioteca y una casa central para vivir en paz y tranquilidad).

En un sentido más amplio, todos los miembros de los clanes están comprometidos en una forma de separatismo social, como los peregrinos que llegaron a Massachusetts escapando de la opresión y para llevar una vida mejor. Un miembro de una comunidad cooperativa lo definió así: "La manera como hemos estado viviendo no sirve. Las fa-

El lado oscuro del Clan

Desafortunadamente, los clanes pueden llegar a ser caldos de cultivo para la intolerancia y la violencia. Están surgiendo grupos ilegales y clanes de sectas peligrosas. Bandas o cuadrillas armadas ambulantes pintan inscripciones anónimas obscenas sobre los muros, o asaltan tiendas para hurtar mercaderías en masa. Estos grupos no están confinados al centro de las ciudades: las bandas de "yuppies" suburbanos en los alrededores de Denver, San Antonio, Omaha, Phoenix y White Plains en Nueva York están emulando a los famosos Crips and Bloods. Aún más temibles son los grupos incitadores de odio, de la supremacía blanca, y los cabezas-rapadas que incitan a la guerra santa racial, utilizando el Internet para propagar su ponzoña –con instrucciones para fabricar bombas caseras–.

Las bombas en la ciudad de Oklahoma han concentrado severamente la atención sobre las acciones de los clanes antigubernamentales que están replegados en rincones ocultos de los Estados Unidos. Principalmente, los supervivientes del ala derecha residentes en las así llamadas comunidades de promisión. Ellos están en contra del pago de impuestos y básicamente pretenden que los dejen vivir "al margen del sistema". Puede ser muy fácil desaparecer (eludiendo los registros de impuestos federales) a lo largo de una carretera polvorienta en las áreas escasamente habitadas de Idaho o Montana. La nueva peculiaridad es que el movimiento marginal se está extendiendo hacia zonas más pobladas del mundo. Un artículo publicado en el novedoso periódico semanal *The Observer* de Nueva York, hablaba del nuevo concepto de "ciudadanos soberanos". Una mujer llamada Sharon Biggs dicta "un curso de 40 semanas en tres etapas... sobre cómo apartarse exitosamente del sistema". El camino de la soberanía comienza con la eliminación de las tarjetas de Seguridad Social, las licencias de conducir, las libretas de casamiento, las constancias electorales, las pólizas de seguro, las tarjetas de crédito y las cuentas bancarias.

A medida que aumenta el descontento con el tipo de gobierno establecido, y que los Estados Unidos pierden parte de su poderío como superpotencia mundial, podemos esperar más expresiones de conductas al margen de la fantasía de frontera por parte de individuos que se sienten impotentes, engañados, oprimidos y traicionados. El hecho de aislarse, ser totalmente autosuficiente, rodearse de vallas para protegerse a usted mismo y a sus vecinos son acciones que pueden presagiar dificultades en el mundo circundante.

milias son reducidas y están diseminadas, de modo que nuestros chicos no tienen posibilidad de disfrutar de un gran sistema de apoyo. Rara vez ven a sus abuelos y la mayor parte de los ancianos son tratados como parias. La sola idea de pedir prestada una escalera al vecino, o incluso una taza de azúcar casi ha desaparecido. Estamos anhelando un contacto más profundo, más significativo".

La idea del sectarismo ha sido aprovechada tanto por las megalibrerías como por las librerías independientes. Han llegado a ser bastiones comunitarios para aquellas personas que pretenden identificarse como amantes de los libros e individuos sensibles. Joyce Meskis, propietaria de la cadena de librerías Tattered Cover de Denver, las describe como "salones hogareños" que ha estado tratando de crear desde 1974. Sofás bien mullidos, sillones de orejas, estanterías de madera, y alfombramientos de pared a pared proporcionan un espacio cálido y acogedor donde los clientes pueden disfrutar de sus lecturas favoritas mientras beben un café caliente y prueban pasteles.

En estas librerías sectaristas, la atmósfera acogedora hace sentir suficientemente seguras a las personas para conversar entre ellas, ya sea acerca del misterioso Océano, o de la ocarina. Usted se siente cómodo porque puede estar casi seguro de que todos los clientes son razonablemente instruidos, inteligentes y comparten un amor por los libros y la literatura. La megalibrería Barnes & Noble en el oeste de Manhattan ha llegado a ser un sitio popular para encontrar compañías apropiadas –es más probable que las personas inicien una relación con una charla más sobria y serena que la habitual en los bares de gente sola–.

En los últimos años, los círculos de costura, los clubes de bridge y las partidas de póker han empezado a atraer a una nueva generación de entusiastas nostálgicos, lo cual le ha dado al sectarismo un sesgo indiscutiblemente *rétro*. Una diseñadora de Indiana que se unió a un grupo de mujeres que cosen con fines benéficos dijo: "Es algo creativo, calmante, y una gran excusa para reunirse con algunas amigas y charlar". Artichoke Joe's en San Bruno, California, es un salón de póker que funciona las 24 horas y congrega a más de 300 personas a la vez, desde profesores universitarios hasta cocineros.

Desde luego, el Internet está produciendo una nueva generación de ciberclanes. Cuando falleció un aficionado al ciberespacio de cuarenta años, sus amigos organizaron un velatorio on-line. Si bien nunca lo habían conocido personalmente, su familia virtual guardó luto por él durante semanas en las redes que el extinto frecuentaba. Muchas personas visitan salones de tertulia virtuales oprimiendo las teclas de un computador instalado en su café-bar favorito. El Café CyberSmith en Cambridge, Massachusetts, es uno de los numerosos cafés en toda la nación que están en sincronía con los clanes cibernéticos.

¿Cómo es unirse a un Clan on-line? Sus miembros dicen que es una experiencia fundamental. Su argumento: en una época llena de prejuicios y odio, la comunicación on-line es una expresión más noble, más pura. No cuenta

¿Cuáles serán los futuros negocios en sincronía con el sectarismo?

Los asesores de convivencia, similares a los asistentes sociales matriculados, reunirán a los futuros vecinos o cohabitantes. Los centros distribuidores de comunidades en el Internet permitirán a las personas publicar las vacantes en esas comunidades y seleccionar a los aspirantes.

Habrá más empresas en sincronía con los clanes de asistencia: cruceros o excursiones consagradas al bienestar físico y espiritual, librerías, casas de discos, videoclubes, centros vacacionales, sanatorios e incluso servicios de encuentros amorosos.

He aquí una idea de nuestro cliente Ameritech, Jim Firestone (ahora en IBM): "En el futuro no muy distante, todos tendremos una 'ventana' en nuestras cocinas, un monitor de televisión con pantalla extrachata que nos mostrará principalmente una imagen placentera. Los domingos por la mañana, de 8 a 10 horas estará encendido. También lo estará en la cocina de mi madre, en las cocinas de mi hermana y de mi hermano y así sucesivamente, al mismo tiempo. Si usted pasa por allí dirá 'hola'. Ocurrirá en el tiempo real, como en los viejos tiempos cuando nos asomábamos a una ventana o conversábamos a través de la cerca. Usted podría hacer lo mismo con cualquier tipo de comunidad de intereses".

su apariencia, cómo se viste ni de dónde proviene. Lo que importa es lo que usted dice y cómo lo dice.

Por eso no sorprende que las aventuras románticas –conocidas como "amores en red"– prosperen. Hemos leído de un matrimonio virtual donde la novia que vivía en Washington, y el novio que estaba en la selva tropical amazónica, se conocieron electrónicamente y se enamoraron a través de las discusiones acerca de la ecología internacional. Tienen *disquettes* que documentan toda su relación. Más allá de los amores románticos, ahora ya todos estamos enterados del trillado sexo cibernético. Los propios servicios on-line admiten haber tenido un alto porcentaje de crecimiento.

Los clanes están en todas partes y se van formando nuevos cada día. Contribuyen a determinar nuestra cultura y a definir nuestras vidas. Además, proporcionan oportunidades casi ilimitadas, tanto a las empresas como a los individuos. Las posibilidades de estar en sincronía con el sectarismo son infinitas.

LA FANTASÍA DE AVENTURA

Los consumidores anhelan la excitación y el estímulo de las aventuras libres de riesgo, como una manera de escapar al estrés y al tedio.

"Cuando usted se siente seguro en el hogar, desearía estar teniendo una aventura; cuando usted está viviendo una aventura, desearía estar seguro en el hogar." Esta es la cita de Thornton Wilder que sirve de introducción para esta tendencia a la Fantasía de Aventura, que depende más del vuelo de la imaginación que de los vuelos en un Jet B-52 a nuestros seminarios.

La fantasía de aventura consiste en procurarse emociones y sorpresas en pequeñas dosis. En desviarse de la senda trillada sin aproximarse demasiado a la orilla. Necesitamos aventura y excitación, siempre y cuando todavía podamos acostarnos a las 11 de la noche. Incluso la intrépida piloto Amelia Earhart dijo con más deseos que esperanzas: "Algún día, quisiera escribir una obra acerca de lo divertido que es viajar a través de los mapas... sin dejar nunca el hogar".

Todos queremos sentirnos valerosos, abiertos a nuevas experiencias, participar del banquete de la vida. Pero la verdad es que la mayoría de nosotros llevamos vidas muy rutinarias: empleo, familia, hogar. Y esos empleos rutinarios traen consigo su parte de estrés, tensión y ansiedad. Anhelamos esa emoción fugaz que nos transporta de lo mundano a lo mágico –y luego nos deposita sanos y salvos en tierra firme. Esta tendencia puede consistir en una exploración de lo exótico (encargar *lumpias* indonesias en lugar de las habituales empanaditas chinas), penetrar en lo esotérico (visitar un vampire-bar –colmillos opcionales– en lugar de bailar en su discoteca preferida), o flirtear con lo prohibido (ostentar un tatuaje temporario sobre sus bíceps o muslos).

La fantasía de aventura consiste en ser un explorador imaginario, usar los equipos de los verdaderos deportistas: un cronógrafo Breitling que fue fabricado para determinar la velocidad de crucero de un piloto o un tosco reloj Tag Heuer que funciona hasta una profundidad de 200 metros. La mayoría de nosotros probablemente jamás volemos en un jet ni busquemos un tesoro en un galeón sumergido, pero tener el mismo equipo que aquellos que lo hacen nos permite un contacto fugaz, alimenta nuestra fantasía, despierta nuestra imaginación y nos ofrece una victoria por sustitución.

Para muchos de nosotros, la comida es un camino a la gratificación instantánea de la fantasía de aventura –es un recurso rápido, fácil y accesible. Por ejemplo, considere algo tan simple como la salsa mexicana. Introducida a nivel nacional sólo en la última década, hoy este condimento versátil se vende más que el *ketchup*. Una vez que nuestras papilas gustativas han sido inflamadas por los jalapeños (ajíes picantes mexicanos), ansiamos la "enchilada" completa de la cocina al sur de la frontera. Hoy, los restaurantes mexicanos han llegado a ser un lugar tan común como los puestos de hamburguesas.

¿Exploró últimamente su supermercado local? El surtido de comidas exóticas se ha incrementado desmesuradamente –los proveedores de alimentos han captado el mensaje potente y aromático de la Fantasía de Aventura. Las "comidas de fusión", que combinan las múltiples cocinas étnicas para crear sensaciones de sabor únicas, ahora están a la orden del día. Al combinar la cocina mexicana e italiana, el *gourmet* de Señor Félix ha dado con una lasagna sudoccidental, mezclando la ricotta y la mozzarella, con salsa de tomate y salsa picante entre capas de tortillas o panqueques. Otras mezclas aventurosas son la pizza burritos, las roscas de pan con sabor a nachos (tortillas de queso), las pizzas de salmón ahumado y queso de crema, los rollitos de carne Tex-Mex, y la salsa Thai.

Sobre el tema de los sabores más fuertes: por primera vez en la historia el más especiado y brioso Dr Pepper ha desplazado a la Pepsi Diet como la gaseosa de cuarta posición en los Estados Unidos, después de la Coca-Cola Classic, la Pepsi y la Coca Diet. Y hace poco se introdujo una vodka con ginseng con un sabor que va más allá de la toronja y la grosella. No son sólo los sabores más fuertes y extraños los que ahora están en demanda. Los envases sorprendentes también están a la orden del día. Arizona Iced Teas construyó su empresa virtualmente sobre la base de sus latas de gran tamaño y sus marbetes interpretativos. La bebida Toga de Saratoga Springs tiene marbetes con chispeantes tiras cómicas que cambian de argumento cada seis meses (un panel de jóvenes de 18 a 25 años contribuyen a crear las líneas de la narración).

La Fantasía de Aventura crea oportunidades, globalmente, con astucia de aprovechar las diferencias nacionales. Se necesitaron 100 años para introducir el té helado en los Estados Unidos, pero todavía es prácticamente desconocido –es decir, todavía es una aventura– en muchas otras partes del mundo. Muchas veces, lo que es común en un

Restaurantes temáticos

Los restaurantes temáticos están floreciendo en los Estados Unidos y en el extranjero, apelando a las fantasías que todos tenemos de ser roqueros (Hard Rock Cafe), estrellas de cine (Planet Hollywood), motociclistas (Harley-Davidson), modelos (el Fashion Cafe), o simplemente buenos muchachos con un alto desarrollo hormonal (Hooters). Analice una gran cadena de restaurantes temáticos de Broadway. El primero estará en Los Ángeles, demostrando que incluso los residentes de la capital del cine fantasean con estar en la Great White Way (la gran vía de la farándula y los teatros de Broadway).

lugar constituye una novedad sorprendente en otras partes. Cuando McDonald's se instaló en Moscú, India y Pekín, generó un aluvión de consumidores ansiosos. Considere la reciente afición de los norteamericanos por las "empanadas" sudoccidentales. Estas tapitas de masa envuelven una gran variedad de rellenos y nos hacen fantasear con la comida de montaña –sin tenedores, sin derrames, sin problemas–.

Un camino natural hacia la Fantasía de Aventura es a través de las actividades al aire libre. Lo demuestra el furor del patinaje. Cuando usted desciende por una empinada carretera rural o por una transitada acera urbana, se siente como un piloto de pruebas operando el simulador. Esta tendencia también da cuenta de los 9 millones de bicicletas de montaña vendidas en los Estados Unidos durante los últimos cinco años. (El modelo más en boga: las bicicletas plegables de BMW. Están bien diseñadas, son robustas, veloces y fáciles de transportar.)

De las sesiones de movilización mental con jóvenes de 18 a 24 años hemos aprendido que sus fantasías de aventu-

Havana

La división Aramis de Estée Lauder le pidió a BrainReserve que diera con un posicionamiento para las fragancias masculinas del futuro. Un tema clave que surgió de nuestra investigación fue el escapismo. Los hombres que entrevistamos necesitan fantasear con una fragancia y sentirse trasportados a otro lugar, otra identidad. Una de las fantasías favoritas era la elegancia latina en todas sus manifestaciones seductoras: la guitarreada flamenca, la corrida de toros en Pamplona, el machismo de Antonio Banderas, los placeres de un puro, la sensualidad del trópico. Como resultado, Aramis desarrolló la colonia Havana con su aire sensual de peligro.

ra giran en torno de la "realidad": un anhelo de estar inmersos en una condición de vida totalmente auténtica. Considere el éxito de la serie *Real World* de pseudo-cine-verdad emitida por MTV. Allí no se puede encontrar ningún dios del rock ni reina adolescente. Pero sí siete muchachos corrientes (bueno, siete muchachos corrientes muy atractivos) que se reúnen en una casa con una cámara filmadora. Y ya sea que usted esté mirando *Real World* desde las costas de Venecia, California o Londres, puede esperar una buena dosis de inmaculada realidad. Tribulaciones de los empleados principiantes. Batallas sobre el espacio del refrigerador. Intentos frustrados de aventuras románticas. No es gran teatro, es Fantasía de Aventura.

Hay un reverso de esta generación, una minoría considerable que no tiene ningún interés en la fantasía segura. Adhieren a la fantasía del rock-tabú de Marilyn Manson; el nihilismo de Trent Reznor que clama "antes morir que permitirle el control"; o el éxito discográfico del momento, el "Perdedor" de Beck, en el cual el cantante rezonga sociopáticamente (si bien un poco satíricamente), "Nena, yo soy un perdedor, ¿por qué no me matas?".

Los cosméticos excitantes, como Urban Decay, también estimulan la fantasía de aventura de esta generación. Esta compañía de Mountainview, California, ha tenido un gran éxito con los colores de sus esmaltes de uñas como Uzi, Gash [Cuchillada], Bruise [Puñetazo] y Acid Rain [Lluvia ácida].

¿Qué hay de nuevo acerca de los músicos iracundos y los chicos que los siguen? La actitud. Existe un culto desafiante y atroz por la autodestrucción. Las drogas pesadas están jugando un papel funesto. El éxtasis es la droga de opción para las situaciones delirantes, a menudo seguida de un trago de Special K (originalmente un sedante para gatos). Los hongos, los alcaloides cristalinos, e incluso la heroína (adecuadamente calificada como "veneno") han llegado a ser repentinamente elegantes, y ensalzados en las páginas de las revistas mundanas como *Details.* ¿Acaso es el temor a un mundo inquietantemente complejo lo que está dejando a tantos de nuestros jóvenes en las garras de las drogas? Desgraciadamente, para aquellos que continúan abusando de las drogas, la Fantasía de Aventura pronto se convertirá en una muerte real.

La cultura y la música "Got" (abreviatura de gótico) están adquiriendo una posición firme entre los estudiantes universitarios. Los devotos del Got –influidos en parte por los libros de vampiros de Anne Rice– se visten con capas ondeantes y joyas de plata, experimentan con la androginia y el sadomasoquismo y viven en un mundo de fantasía que remite al siglo XIX y al futuro simultáneamente.

Pero si bien es cierto que hay sectores de la población que rinden culto al "sexo, a Satanás y al rock and roll", la gran mayoría evita trasponer los límites de lo real, y opta por las encarnaciones menos amenazantes de la fantasía de aventura.

La fantasía de aventura de los norteamericanos se extiende a su obsesión por la celebridad; este es uno de los rasgos más fuertes de su personalidad nacional. Esta fascinación parece estar alcanzando nuevos niveles de intensidad. ¿Acaso no hay límites para nuestra curiosidad acerca de las vidas privadas de nuestras estrellas de cine, cantantes populares y políticos? Amamos a nuestras celebridades y nos encanta conocer todos los detalles sórdidos de su intimidad. ¡Muéstreme a alguien que pueda resistirse a mirar los titulares de la prensa sensacionalista mientras hace fila en el supermercado! Aun cuando en cierto nivel sabemos que ellos son solamente humanos, fantaseamos que sus vidas son infinitamente fascinantes, excitantes y llenas de romances, adulaciones y champaña.

Es natural que deseemos desesperadamente poseer algo de nuestros dioses terrenales. Considere los precios cobrados en el remate de las posesiones de Jacqueline Onassis o de Pamela Harriman, la manía incesante por los discos de colección de Elvis Presley, el furor por los vestidos de la Princesa Diana, los 7.000 dólares pagados en remate por el sostén metálico que Madonna usó en su Girly Tour. Sólo recientemente, un editor de Nueva York anunció que iba a publicar el testamento de Jacqueline Onassis en forma de libro, ¿qué podría ser más personal e íntimo que eso? ¿Quién entre nosotros no ha soñado, al menos fugazmente, con ser una estrella de cine? Esto es tan norteamericano como *Seinfeld* y el pastel de manzana.

El atractivo de la transformación personal –el anhelo de convertirse, aunque sólo sea por un rato, en alguien más hermoso, más elegante y más excitante– es un componente importante de esta tendencia. Las transformaciones son un tema central en los programas de la televisión y en las revistas femeninas. Las tomas fotográficas de fantasía que prometen imágenes donde aun la muchacha más fea se puede parecer a Cindy Crawford están generando un negocio floreciente. En Japón, grandes cantidades de mujeres están firmando contratos para una excursión de prueba de una nueva personalidad, llamada Dress Up Tokyo. La Hato Bus Company conduce a los participantes a un hotel de lujo donde a todos se les da una nueva apariencia: vestuario, maquillaje, peinado, e incluso consejos sobre ceremonial, y cómo sentarse y caminar con elegancia. Las mujeres eligen vestidos de noche extravagantes o vaporosos vestidos de novia blancos y son fotografiadas en poses favorecedoras. Otra fantasía japonesa se llama Transformación-en-Maiko (o aprendiz de Geisha). Unos miles de mujeres japonesas dejan una vez por año sus vidas rutinarias para jugar el rol provocativo y sensual de la geisha.

¿Se acuerda cuando los chicos querían ir de campamento para aprender a nadar, navegar y hacer lazos? Ahora las vacaciones veraniegas preferidas de los estudiantes secundarios son en un campo espacial real –y en sincronía con la tendencia– en Hutsville, Alabama. Allí, los jóvenes astronautas experimentan la falta de gravedad, y aprenden cómo operar y aterrizar una cápsula espacial. Más aún, los adultos aficionados a la astronáutica ahora también pueden unirse a esta fantasía de aventura. Y los estadios de fútbol, béisbol y baloncesto son otro gran éxito. Por un considerable honorario los ancianos aficionados a los deportes pueden vivir su fantasía y realmente jugar contra sus héroes.

El espacio exterior ocupa un lugar apreciable en los corazones de los aventureros de la fantasía. La película *Viaje a las Estrellas* ha tenido tantas continuaciones que la tripulación del *Enterprise* está empezando a tambalearse: han adquirido barriga y arrugas. Las películas futuristas como *Men in Black*, *Independence Day* (*El día de la Independencia*) y *The Fifth Element* (*El quinto elemento*) convocan a enormes multitudes –nos encanta ver a la madre tierra defenderse contra los invasores alienígenos–. El canal Sci-Fi (de ciencia-ficción) ha repuesto todos esos viejos programas de Buck Ro-

Sueños vanos

Hojee el *Manual de propietarios* de la Compañía J. Peterman. Su dueño, John Peterman, comenzó con un producto, una chaqueta larga de lona para el jinete, publicitada en revistas como *The New Yorker.* Usted se la ponía y –¡de inmediato!– era un vaquero fuera de serie, original y a la moda, no un corredor de bolsa en una sofocante oficina. Los ofrecimientos siguientes que tuvieron éxito fueron: un sombrero modelado según el de Hemingway, un suéter de capitán de barco remolcador, un saco azul estilo David Niven, una camisa Gatsby, una blusa Laureen Bacall, e incluso pantalones a la Garbo. La filosofía del fundador es: "La gente quiere cosas que sean difíciles de encontrar. Cosas que tengan historia, pero una historia real acerca de ellas. Evidentemente, la gente quiere cosas que hagan parecer sus vidas como ellos desearían que fueran". J. Peterman ha captado tan bien esta tendencia que su fundador, el epónimo J. Peterman, es uno de los personajes (el jefe de Elaine) en *Seinfeld.*

gers, aquellos en que Buck aparecía sofocantemente sentado en un estudio, mirando la maqueta de cartón de una "Metrópolis Futura". En 1998, se anunció que habrá un canal de cable Future durante las 24 horas, que cubrirá los nuevos progresos en el desarrollo de productos e invenciones científicas, del tipo de "The Future in Review", uno de nuestros nombres favoritos para un programa especial de la televisión acerca de BrainReserve. La reedición de la trilogía *Star Wars* de George Lucas ha movilizado a los aficionados a este cine que formaron filas interminables en las principales ciudades del país a fin de adquirir este éxito económico para una nueva generación. Y el galardonado programa televisivo *The X-Files* se convirtió en un clásico de la Fantasía de Aventura en su primera emisión.

Los aventureros de la fantasía están sintonizando el canal Discovery para profundizar en materias más serias –como galaxias, agujeros negros, y si los dinosaurios fueron exterminados por un meteorito errante o por un virus. Hay algo innegablemente fundamental en el hecho de comprender lo frágil que es nuestro planeta, y cómo podría ser destruido en un instante por la colisión violenta con un meteorito.

En alguna parte entre el cielo y la tierra está el ciberespacio. Una de las más poderosas sincronías con la fantasía de aventura está relacionada con el intrincado sistema de circuitos del microchip. Desplazándose a través del ciberespacio, los aventureros de la fantasía pueden ampliar sus horizontes como nunca antes. Hay páginas para cada pasatiempo, cada obsesión y cada fetiche existentes.

Los viajeros cibernéticos pueden conversar directamente con sus celebridades favoritas, escribir críticas cinematográficas o ingresar a un espacio de conversación erótica, presentándose como Marilyn Monroe o como John F. Kennedy. El espacio de Wild Dog en la red ofrece una cabalgata en Mongolia y una travesía del Himalaya sobre una motocicleta antigua. Hay 500 opciones más para elegir en www.Wild-Dog.com. En el anonimato electrónico inmediato del ciberespacio nuestras fantasías más profundas se pueden realizar oprimiendo simplemente una tecla.

Otro juego electrónico muy popular que está en sincronía con la fantasía de aventura es el *Doom* y sus sucesores, el *Doom II* y el *Doom Gunn* –y las más recientes ediciones de *Riven* y *Quake*. La próxima novedad: las películas, los libros y las galerías virtuales *Doom*. Una alternativa más moderada es el *Myst*, un juego de CD-ROM deliberadamente no violento. O considere a los compañeros de Xanth, el juego basado en los libros del escritor de aventuras Piers Anthony, o el *Death Gate*, inspirado en los ambientes fantásticos de las novelas más exitosas de Margaret Weis y Tracy Hickman. En cuanto a las fantasías intergalácticas

Safari suburbano

La Fantasía de Aventura está detrás del éxito increíble del Range Rover en el mercado de los Estados Unidos. Estos robustos vehículos de doble tracción, originalmente fabricados para escalar las dunas de arena del Sahara y atravesar los vados fangosos de las montañas, ahora transitan sobre el asfalto de las calles de la ciudad en grandes cantidades. En un Range Rover, el conductor descuella sobre la ruta, capaz de enfrentar cualquier desafío, avanzando directamente sobre él. Ya se trate de hielo, nieve, fango, agua y selva. Sin dificultad. No importa que la mayoría de nosotros no nos hayamos aventurado más allá del tránsito señalizado de nuestras rutas interurbanas. Al volante de nuestras máquinas de fantasía de doble tracción, somos cazadores de fieras y exploradores todo-terreno.

Con el gran incremento de las ventas de los vehículos de doble tracción, ¿no se ha preguntado alguna vez cuanto más grandes, amplios y difíciles de manejar pueden llegar a ser nuestros automóviles? Hemos vaticinado que pronto estaremos manejando vehículos utilitarios más pequeños, más fáciles de maniobrar y estacionar, con menos mantenimiento y consumo de combustible, y con volantes más blandos y mullidos. Mientras escribimos este libro, BMW y Swatch están planeando introducir un nuevo concepto de automóvil. Un pequeño vehículo para dos pasajeros de 2,5 metros de largo, con un consumo de 1 litro de gasolina cada 180 kilómetros. Su precio en el mercado será de 10.000 dólares. Su nombre –que se explica por sí mismo–: Smart. También hemos visto un retorno a los automóviles elegantes, similares al nuevo BMW convertible.

Pero ¿por qué, nos preguntamos, no pueden haber automóviles modulares? Completamente adaptables, convertibles o de capota rígida, aptos para realizar cualquier fantasía. Con el agregado de una maletera para viajes, un techo transparente para el turismo, un elevador hidráulico para ver el tránsito desde arriba. Quizás incluso un dispositivo como el centro de "acordeón" plegado que tienen algunos autobuses largos y serpenteados –con diferentes "acoplados" para agregar, de acuerdo con su fantasía actual.

internacionales nos hemos enterado de que el difundido juego electrónico japonés *Megami Tensei* ha llegado a las costas norteamericanas.

Las superagencias también están haciendo sincronía con la Fantasía de Aventura. En Travelfest, una agencia de turismo-aventura en Austin, Texas, los aventureros pueden realizar todos los traslados necesarios desde el equipaje hasta las almohadas inflables. Lo más novedoso: los clientes pueden visitar electrónicamente lugares exóticos (y no tan exóticos) para seleccionar hoteles y atracciones. También pueden comparar los precios de los hoteles y las tarifas de las aerolíneas e incluso comprar pasajes y conseguir hospedaje, todo en el acto.

El Virgin Group Ltd. se puso en sincronía con la supertienda cuando inauguró el centro musical y de espectáculos más grande del mundo en la renaciente Times Square de Nueva York. La megatienda tiene 150.000 cassettes y discos compactos, cuenta con un café donde se ofrecen representaciones en vivo, un cinematógrafo con cuatro pantallas y un restaurante informal llamado Official All-Star Cafe. El conjunto constituye un lugar ideal para la fantasía de aventura.

En Bass Pro de Springfield, Missouri, se les enseña a los clientes a enlazar las moscas artificiales, y pueden poner a prueba su destreza en un estanque de truchas interno. También hay una gama de ballestas y pistolas en el lugar, además de un taxidermista residente.

Los parques de diversiones, que han estado suministrando fantasías de aventura a los norteamericanos durante más de 100 años, están nuevamente en auge. La precursora de todos los juegos, la montaña rusa, ha llegado a ser un emblema nacional, una diversión nostálgica que ocupa un lugar preeminente en la conciencia colectiva de nuestra nación. Pero la montaña rusa tradicional ha quedado en el pasado: se están construyendo otras nuevas y más aterradoras en toda la nación. Elitch Gardens en Denver cuenta con la Twister II, una montaña serpenteante y retorcida que le hará poner los pelos de punta. Y en Las Vegas, el Stratosphere Tower Hotel tiene dos montañas rusas sobre su azotea. Los ocupantes bajan 300 metros en picada con el estómago revuelto por encima de la elegante explanada.

Cada año aparecen nuevos juegos de alta tecnología para deslumbrar, deleitar y aterrar. Houston tiene el Mayan Mindbender, un juego excitante encerrado en una enorme pirámide, sobre el cual usted baja y sube abruptamente en la más tenue luz mientras ante sus ojos desfilan cosas horrendas que brillan en la oscuridad.

Además de sus juegos famosos, Disneylandia y Disney World ofrecen una Fantasía de Aventura de baja tecnología y alto romanticismo: las bodas de cuento de hadas. La novia usa un vestido copiado de la Bella Durmiente, Blancanieves o Cenicienta y llega no en una limosina sino en un carruaje tirado por caballos. ¿Qué tal unos zapatitos de chocolate para el postre y unas hermanastras menos que bonitas (en realidad empleadas de Disney)?

En SeaGaia, Japón, los aventureros de la fantasía pueden cabalgar sobre las olas en la playa cubierta más grande del mundo. O practicar *windsurf* a través de un agitado lago bajo techo en un parque en las afueras de París. O practicar alpinismo en uno de los parques de escalamiento de muros disponibles en todos los Estados Unidos –toda la emoción de escalar las alturas con ningún riesgo de deslizamiento ni caídas serias–. Japón tiene incluso una ladera artificial creada dentro de una galería comercial, donde la nieve está siempre perfecta. En el Reino Unido, el Tamworth Snowdome ostenta una pista de 9.155 metros de nieve verdadera. La fantasía de aventura también es parte del atractivo de la Mall of America, que está construida en torno de un parque de diversiones en gran escala.

BrainReserve ha identificado una corriente dentro de la Fantasía de Aventura que nosotros llamamos Primitivismo. Es acerca de los hombres y mujeres que oponen su ser civilizado al primitivismo de la madre naturaleza. El Primitivismo es la razón por la cual 275.000 personas por año surcan en balsa las agitadas aguas de la cabecera del río Arkansas en Colorado. O por la cual la navegación en kayak ha llegado a ser uno de los deportes excitantes de los años noventa. O el motivo por el cual los viajes en carromato en Nepal han llegado a ser una excursión de alto estatus en la década. Y por el cual los alpinistas ricos (y muy a menudo mal preparados) escalan montañas como el Monte Everest, a veces con consecuencias trágicas, como escribe Jon Krakauer en su libro exitoso *Into Thin Air*.

Y para aquellos turistas que están cansados del hotel tradicional de cinco estrellas, existe la categoría cada vez más difundida del "lujo rústico". Muchos viajeros están gastando miles de dólares para hacer excursiones en Nueva Guinea con los miembros de una tribu local, pasearse con los elefantes en la India, viajar en carromato hasta una llanura desértica en Australia y pasar sus lunas de miel en tiendas sobre la estepa africana. Los turistas osados en el más nórdico Jukkasjarvi, Noruega, pagan una alta cifra en dólares para hospedarse en el espectacular Ice Hotel, un enorme iglú esmeradamente diseñado –y anualmente rediseñado–. Las sillas, las mesas e incluso las camas están hechas de hielo, y luego cubiertas con una espesa piel de reno para mayor comodidad. ¿Es rústico? Indudablemente. Pero, en última instancia, seguro. En su extremo, el primitivismo consiste en poner a prueba su temple, elevar su nivel de resistencia, pero con una ducha caliente (o una vodka fría) aguardando al final de la jornada.

Para los primitivistas más moderados, hay una cantidad creciente de deportes de orientación (llamados deportes pensantes por sus devotos). Los participantes son deja-

¿Cuál será la próxima novedad?

La división cosméticos de Dior acaba de lanzar Mascara Flash, un proceso de teñido instantáneo, que le permite agregar un toque de color o reflejos a sus cabellos.

La división computadores de Sony está poniendo a prueba el concepto de parques cibernéticos de avanzada ofreciendo juegos de realidad virtual excitantes. Si el primer prototipo –inaugurado a fines de 1997 en San Francisco– tiene éxito, Sony planea un programa nacional destinado a ciudadanos adultos.

dos en los bosques con sólo un mapa y una brújula. Esta puede ser una competencia o desafío solitario, o una competición entre pares para ver quién puede encontrar su camino más rápido. Hay una competición en Suecia, el O-Rigen, que atrae aproximadamente a 25.000 participantes.

Otra manera cada vez más popular de responder a la llamada del Primitivismo es un deporte denominado rastreo (*tracking*). Los participantes se acercan a la naturaleza al pasar hasta una semana en un territorio desconocido, valiéndose por sí mismos y encontrando su camino en la espesura. Es una versión de alto concepto del explorador indio: tener buena vista y ser ligero de pies.

La Fantasía de Aventura satisface una necesidad humana básica de estímulo y excitación. El peligro es seductor, y cuando nuestros corazones se aceleran el torrente de adrenalina nos hace sentir vivos, vitales y conectados con nuestro ser animal. Con la mayoría de las personas atrapadas en tareas sedentarias y a menudo triviales, aun las emociones más indirectas pueden introducir una alentadora sensación de alegría en sus vidas.

Para estar en sincronía con la Fantasía de Aventura, concéntrese en lo cotidiano y trivial, luego agregue una pizca de peligro, y un poco de excitación. Incorpore algo de incertidumbre y riesgo –mientras garantiza la seguridad–. En BrainReserve, consideramos que la Fantasía de Aventura juega un papel clave en el marketing futuro. El mensaje para el consumidor es: usted puede ser un héroe, un explorador, un cazador, un ídolo, una leyenda, en su propia mente o en su propio tiempo, a menudo en el espacio de un minuto.

LA REIVINDICACIÓN DEL PLACER

Cansados de que les digan qué es bueno para ellos,
los consumidores rebeldes son indiferentes
a las normas y regulaciones.
Están liberándose y saboreando públicamente
los frutos prohibidos.

No más Goody Two-shoes. ¡Adiós a la Rebeca de Sunnybrook Farm! Adiós, Mary Poppins. La nueva tendencia a la Reivindicación del Placer significa que estamos hasta la coronilla de la autoprivación en nombre de lo que es saludable, cortés o políticamente correcto. Como consumidores, estamos preparados y dispuestos a buscar el placer. No el goce dulce y puro, alegre y animado, sino los placeres ocultos y prohibidos de la gratificación instantánea y completa. Estamos liberando nuestros inconscientes y satisfaciendo sus necesidades. Placer... como una reivindicación. Estamos fumando desafiantemente, bebiendo mucho más, untando nuestros filetes con mantequilla, haciendo alarde de nuestras pieles, atiborrándonos de golosinas, y rechazando el salvado de avena por añadidura.

¿Por qué este cambio semidestructivo? Porque tratábamos de ser ciudadanos modelo y ejemplos de virtud y la vida todavía nos deparaba sorpresas. Nos habíamos quedado sin trabajo; nuestros hijos se rebelaban; las tasas de cáncer continuaban en aumento; los coches se estrellaban y los aviones se caían desde el cielo. A pesar de seguir todos los consejos "correctos", todavía estábamos padeciendo ataques al corazón, úlceras y angustia. Ahora, hastiados de todo esto, estamos devolviendo golpe por golpe, exaltando nuestra gloria, y derribando todos los obstáculos.

Un ejemplo que viene al caso: La Escuela de Salud Pública de Harvard informó que, contrariamente a los descubrimientos previos, la mayoría de las margarinas no son mejores que la mantequilla para la salud. Después de todos estos años de evitar la más sabrosa mantequilla, los consumidores se rebelaron. Las ventas de algunas margarinas –como Promise de Unilever, para citar una– declinaron tanto como un 32 por ciento en cuestión de semanas. No pasa una sola semana en que el *establishment* médico no se contradiga sobre un tema u otro –desde la margarina hasta las mamografías, el betacaroteno o el café–. El resultado neto: hemos dejado de escucharlos, nos hemos vuelto escépticos y cínicos acerca de sus descubrimientos. A esto se suma la creciente insatisfacción de los consumidores con las compañías de prestaciones médicas orientadas a la ganancia y usted se encuentra con una cuantiosa población que va a dictar sus propias reglas en lo que concierne a su salud.

Estamos en un período de merecido jolgorio. Y cuando tomamos una decisión equivocada, lo hacemos conscientemente. Conocemos las consecuencias, pero a veces nos sentimos como si estuviéramos pidiendo un martini y completando nuestro grueso y jugoso bistec con un cigarro o dos.

Estamos hartos de la "gente perfecta". La cantidad de norteamericanos que dicen haber tratado de evitar las grasas ha disminuido aproximadamente en un 50 por ciento.

Estamos cansados del tofú (queso de soja), hastiados del salvado. La comida es uno de los grandes placeres de la vida y ya no vamos a privarnos de él. Las ventas de emparedados de salchicha están creciendo y las pizzas de más venta son enormes mezclas de masa rellena con tres tipos de quesos y un montón de capas de *pepperoni* por encima. En los restaurantes, las ventas de pescados hervidos inocuos para el corazón están declinando, mientras las almejas y calamares bien fritos con alto contenido graso y calorías están haciendo furor. ¡Rebélate América!

Los desayunos al estilo campesino de tocino y huevos han vuelto. Incluso la American Heart Association ha elevado su consumo recomendado de huevos enteros a cuatro o más por semana (hay menos colesterol en las yemas de lo que originalmente se pensaba –aunque se van a contradecir nuevamente–). Los platos de queso –comprendidos entre las entradas copiosas y los postres deleitables– están haciendo su retorno en los restaurantes exclusivos de ambas costas.

Nuestra fuerza de voluntad se ha debilitado por el momento, y en realidad no nos importa. ¡Y tenemos un gusto nacional por los dulces! (pero usted ya lo sabía). Los cereales cubiertos de azúcar están siendo consumidos por los adultos tanto como por los niños. Estamos comprando galletitas en grandes cantidades y helados por kilos. Las ventas de helados cremosos de Ben & Jerry se han triplicado durante los últimos seis años. Para completar la revancha, los fabricantes de helados de alta calidad de algún modo convierten todos los deleites prohibidos –desde el dulce de malvavisco hasta las nueces, la pasta de chocolate y la mantequilla de maní– en sabores cada vez más fantásticos. Si bien los yogures todavía se consideran saludables, los congelados de alta calidad se parecen a sus contrapartes, los helados, en su contenido calórico y graso. En otras palabras, nos gusta el yogur de vainilla no graso, pero nos gusta más cuando contiene su-

¿Cuál será la próxima novedad?

Nuestra marcada inclinación por las gratificaciones suculentas no muestra signos de debilitamiento, la clave es dar con algo original e increíblemente delicioso, algo que haga exclamar: "¡Sí, vale las calorías y los gramos de grasa que contiene!".

¿Qué le parece una cadena de concesionarias, simplemente llamadas Baba's, donde se sirvan variantes del sabroso –y graso– manjar francés, *baba au rhum*?

Considere una fábrica de strudel que vende masas mantecosas de strudel rellenas con todo tipo de ingredientes, desde pasas y nueces hasta mariscos y pescados. O pastelerías al estilo dinamarqués, especializadas en pasas de ciruela, semillas de amapola y esas difundidas masitas hojaldradas, las "garras de oso". ¿Y qué tal si completamos todo con una espesa crema Devon o su equivalente turco el *kaymuk*?

¿Qué le parece una cadena de panquequerías en gran escala? ¿Quién se podría resistir a los esponjosos panqueques de leche cortada con mantequilla y verdadero jarabe de arce?

Un lector avezado podría imitar a los vendedores ambulantes belgas/holandeses que venden patatas fritas crocantes y deliciosas. Se cortan de mediano espesor, se fríen bien y se venden en conos de papel. ¿Por qué no ponerse totalmente en sincronía con la Reivindicación del Placer y ofrecer mayonesa con limón para mojar en ella, como hacen los holandeses? Agregue un toque de exotismo con una variedad de ketchup especiado y disfrute.

Deléitese con la carne grasa, ¿qué le parecen unos tamales de queso y cochinillo servidos en perfollas de maíz, una especialidad de América latina?

¿No podría alguna compañía tabacalera astuta ponerse en sincronía con la Reivindicación del Placer y el mercado del fumador social ofreciendo cigarros de hierbas (no, no ese tipo de "hierba"), envueltos en papeles atractivamente diseñados? ¿O cigarros que desprendan un humo levemente coloreado? ¿No sería interesante incorporar algún tipo de aromaterapia –imagine cigarros que podrían cambiar su estado de ánimo, controlar su apetito, incluso energizarlo–?

ficientes aditivos para sorber una dieta en dos tragos.

Y dé un vistazo a las estanterías de su supermercado: patatas fritas por todas partes. Los norteamericanos gastan casi 20.000 millones de dólares por año en bocadillos y aperitivos. Los "doritos" todavía figuran entre los tentempiés favoritos de los norteamericanos, seguidos por cada posible variación de patatas, arroz y vegetales fritos.

También estamos bebiendo líquidos cargados de calorías. Sorprendentemente, las gaseosas endulzadas con azúcar y dotadas de cafeína están gozando de una renovada popularidad, mientras las ventas de las gaseosas dietéticas se han estancado.

En el ámbito de las comidas rápidas, el Crispy de KFC no tuvo éxito mientras su plato de pollo más reciente, el Popcorn Chicken, sumergido en pasta y frito, es un ganador. McDonald's (el más grande proveedor de comidas rápidas en el mundo) intentó compensar sus apuestas ofreciendo una hamburguesa de más bajo contenido graso llamada McLean DeLuxe, así como una robusta hamburguesa de 250 gramos con salsa de queso, bautizada Mega Mac. ¿Adivine cuál tuvo más éxito en este mundo indulgente? Incluso en la ciudad de Los Angeles, ultra consciente de la salud –donde todos parecen vivir de los brotes de alfalfa y del aerobismo– las ventas del Mega Mac superaron 60 veces a las del McLean. Hace poco Mickey D eliminó el McLean de su menú. Wendy's también ha ingresado en la competencia peso pesado con su Big Bacon Classic, una verdadera orgía de carne, tocino, queso y mayonesa.

El ritmo en el cual estamos consumiendo hamburguesas es casi vertiginoso. El alimento básico de todos los norteamericanos se pide en los restaurantes más a menudo que cualquier otra comida: anualmente, se comen 5.200 *millones* de hamburguesas en los restaurantes de la nación. Y esto sin contar todas las hamburguesas que se fríen en las parrillas de los jardines privados.

Si naciéramos nuevamente carnívoros estaríamos apenas saciados de las pequeñas hamburguesas. Queremos los cortes más gruesos, más tiernos y más veteados (léase grasos) del mejor lomo, bistec o filete. A propósito, hay auténticos restaurantes-asadores brasileños, llamados *rodizios*, en los cuales los meseros recorren las mesas llevando carnes asadas en enormes brochetas. Los comensales hacen señas a los meseros, quienes les sirven gruesos trozos de ternera, cochinillo, cordero y más ternera hasta que les digan basta.

Una advertencia crucial para esta tendencia a la juerga: la Reivindicación del Placer no es un estilo de vida. Podemos estar buscando un bistec chisporroteante, pero sólo lo hacemos una vez por semana (oh, está bien, quizá dos veces). Un grupo que se autodenomina el Club de la Carne Roja (Red Meat Club) –un clan reivindicador del placer– se reúne para atiborrarse de carne una vez por mes; sus miembros se encuentran, encargan un cuarto de res, y pasan un buen momento trinchando y consumiendo. Esto está muy bien para un núcleo duro de un partido político,

Deshágase de la balanza

La Coalición 5 de Mayo (no es ningún grupo revolucionario mexicano) promulga el Día Internacional Sin Dieta, que el grupo describe como "un día para renunciar a la tiranía de la delgadez, proclamar su liberación de las exigencias de la dieta y las industrias de la moda, y celebrar las variadas formas y medidas de la gente en nuestro mundo". Miriam Berg, la coordinadora de la Coalición, nos urge a todos a prestar atención a nuestros organismos y alimentarlos si necesitan ser alimentados. Se supone que cada 5 de mayo usted se pondrá una cinta azul claro en la solapa, se deshará de su balanza de baño, ¡y comerá como un puerco!

pero hay muchas otras personas que son renuentes a admitir una debilidad por la carne roja. Conocemos a un neoyorquino que se proclamaba vegetariano pero no podía resistirse a entrar a hurtadillas en la casa de su vecino para mordisquear furtivamente de un plato lleno de bistecs de costilla. ¡Esta es la reivindicación del placer!

La comida no es el único desahogo en la Reivindicación del Placer. Como los bebedores durante la Prohibición, los actuales fumadores rebeldes se juntan para encender sus cigarros. Las investigaciones revelan que la declinación de 25 años en el consumo de cigarros puede estar deteniéndose. Esto contribuye a respaldar una nueva actitud agresiva, una especie de alarde farisaico. Los fumadores intransigentes están cansados de ser parias sociales; están saliendo lentamente de la clandestinidad, de las zonas reservadas y de los corredores. Están hartos de los nico-fascistas que les niegan su derecho básico a fumar.

El hecho de fumar ha llegado a ser una audacia, celebrada en las películas que narran la vida de jóvenes ciudadanos desilusionados. Sorprendentemente, los adultos con formación universitaria que ganan más de 35.000 dólares anuales también están incrementando el consumo de cigarros. Estos individuos que se declaran "fumadores sociales" están consumiendo concienzudamente menos de un paquete por semana.

Esta moderada aproximación al cigarrillo parece estar en sincronía con las tendencias. En otra época fui una fumadora de dos paquetes diarios. Hace más de una década, renuncié completamente al cigarrillo. Pero durante los últimos años he adoptado un "consumo planeado", de vez en cuando para evitar la sensación de privación. Y no he ido más allá de eso. El hecho de estar consciente del tabú de fumar, pero ser capaz de mantenerlo bajo control, resulta excitante. Produce una sensación de transgresión que se revela en un placer ilícito. La perfecta Reivindicación del Placer.

Los cócteles también están en sincronía con la Reivindicación del Placer. No sólo el vasito tradicional de ginebra con unas gotas de vermut en una copa en forma de V, sino las nuevas variantes de los años noventa. A fin de adaptarse al paladar de la generación más joven, estos "martinis" son más dulces que secos. El Four Season Hotel de Manhattan ha ideado un menú exclusivamente a base de "martinis". ¿Está con ánimo para un martini Bellini, un martini-strawberry Metrópoli, o un martini-crema de menta Candy Cane? Acérquese a la barra –los fumadores son bienvenidos–.

La música *Lounge* (de salón) –liderada por la nueva puesta en vigencia de Esquivel y las actuales bandas "hot" como Combustible Edison y Squirrel Nut Zipper– está teniendo un gran éxito en las tiendas de discos y en los cafés cantantes de todo el país. Pasado de moda y sólo un poco cursi, esto está en perfecta sincronía con la Reivindicación de Placer: dormir en una barraca levemente ahumada, beber un martini y encender un cigarro.

La marihuana, a menudo considerada la mayor consumidora de dinero de los Estados Unidos, es más fuerte que nunca (más popular y de consumo más intenso). En 1996, los electores de California aprobaron –por abrumadora mayoría– un referéndum obligatorio para hacer legal la marihuana con propósitos medicinales. Con una receta médica en mano, los fumadores de "hierba" ya no tienen que temer el arresto. Muchos creen que esta ley es el primer paso hacia la eventual legalización. Lo más sorprendente es que los electores en la conservadora Arizona aprobaron una ley aún más liberal.

La "hierba" apela al impulso de la Reivindicación del Placer porque es algo perverso y prohibido, pero rara vez se piensa que tiene las consecuencias graves de las drogas más pesadas. Y las fragancias y accesorios asociados con la droga se remontan a los hedonísticos y despreocupados años sesenta.

La elegancia del cigarro

Los cigarros cubanos han estado prohibidos en los Estados Unidos desde 1962, pero ha florecido un próspero comercio clandestino en torno del tabaco Montecristo que cuesta 36 dólares y requiere cien días para mezclar, secar y enrollar. Mientras encienden un cigarro los fumadores pueden sentarse y hojear *Cigar Aficionado*, un éxito del genio de la publicidad Marvin Shanken. Sus modelos de portada recientes van desde el corpulento Rush Limbaugh a las megacelebridades Arnold Schwarzenegger y Demi Moore. En 1996, las ventas de cigarros se estimaron en 3.000 millones de dólares.

Hace poco, el Monkey Bar de Manhattan organizó una "tertulia de fumadoras", exclusivamente femeninas, y alrededor de 150 mujeres pagaron 95 dólares para asistir a la cena. Fumaron cigarros de sabor a vainilla con su champaña, y otros más grandes (que requieren experiencia con el corta-cigarros) con el café. En toda la nación están surgiendo salones de cigarros con pesados sillones de cuero y enormes ceniceros. Los aficionados a las tagarninas confluyen en ellos para fumar sus odoríficos puros e intercambiar opiniones sobre las marcas y mezclas de tabaco. Incluso Godiva Chocolates ha entrado en acción ofreciendo cigarros de chocolate individuales como una alternativa dulce (la Reivindicación del Placer coincide con el Sectarismo). Y los consumidores no son los estereotípicos peces gordos sino estudiantes universitarios y ejecutivos jóvenes de ambos sexos.

No estamos ejercitándonos tan fanáticamente como hicimos en el pasado. "Ningún dolor, ninguna ganancia" es un refrán en decadencia. Hablar de salud y buenas condiciones físicas desde la comodidad de un BarcaLounger es la última moda del ejercicio. Un 60 por ciento de los adultos norteamericanos admiten que no se están ejercitando –en realidad, simplemente no se están fatigando–. La principal excusa: la falta de tiempo. Pero incluso entre aquellos que tienen tiempo, hay una cantidad considerable que simplemente no disfrutan agotándose. Las personas que detestan el ejercicio están ignorando el papel pudoroso jugado por los que se entrenan fanáticamente. Su refrán es: "¡Es mi cuerpo y me echaré (en la cama) si deseo hacerlo!".

Hasta la palabra ejercicio ha sido recientemente reemplazada en el léxico oficial: el Consejo de Aptitudes Físicas de la Presidencia ahora se refiere a los ejercicios de entrenamiento como la "actividad física" más benigna y ambigua. En los términos de la Reivindicación del Placer, la palabra "ejercicio" connota aparatos de gimnasia y pesas, mientras que una agradable caminata (deteniéndose quizás a lo largo del camino para tomar un cappuccino con strudel) podría calificarse como el desarrollo de una "actividad física". En el largo plazo, la caminata podría ser mejor para su sistema digestivo demasiado activo y su psiquis demasiado tensionada.

Al parecer, todos los días se introduce un nuevo "ab exerciser" (facilitador de la actividad física) o un nuevo dispositivo acondicionador aeróbico en alguno de los canales de compra desde el hogar. De algún modo, cada uno promete ser más fácil de usar y menos penoso que el último. Inevitablemente, nos estamos orientando hacia las máquinas de "ejercicio pasivo" que hacen el trabajo por nosotros mientras nos reclinamos frente a la megapantalla del televisor.

Esto nos remite al tema de la lipoaspiración. Este procedimiento, en el cual la grasa es literalmente succionada del cuerpo, es el tipo de cirugía plástica más frecuente en los Estados Unidos. En la actualidad, esta intervención es relativamente segura y accesible, y hay pocos estigmas asociados con ella. Los reivindicadores del placer están diciendo: "Al diablo con el esfuerzo y los jadeos. Simplemente, anestésienme y conecten la aspiradora".

Otra gratificación que está en sincronía con la Reivindicación del Placer es la piel, que representa un símbolo de lujo. Las ventas de pieles aumentan a medida que los aficionados a ellas desafían a las asociaciones ecológicas. Como Wall Street y el auge económico, la gente desea hacer alarde de su éxito e influencia. Qué mejor manera de hacerlo que adoptando las pieles y diciendo "nadie puede decirme qué debo hacer", una actitud emblemática de los reivindicadores del placer.

Los salones de bronceado son más populares que nunca. Un apuesto e idóneo colega de San Francisco, llamado Chuck Holmes, tiene una cama solar de lujo en su hogar. Cuando le pregunté, "¿No es peligrosa?", contestó: "¡Qué diablos, vivir es peligroso!". Esta respuesta parece resumir en gran parte la filosofía de la Reivindicación del Placer.

Los mismos peligros reales del sida y de otras enfermedades de transmisión sexual, así como la campaña contra la promiscuidad indiscriminada, hicieron mucho para moderar la revolución sexual de los años sesenta. Pero hoy, el erotismo ha vuelto con fuerza renovada, alimentado por la seguridad que prometen las conexiones cibernéticas. La revista *Penthouse* registró más de 800.000 visitas en su primer día en Internet. Y sobre la World Wide Web, *Playboy* no sólo está mostrando historias e imágenes de sus chicas, también ha formulado un pedido a todas las mujeres de más de 18 años para que comuniquen por correo electrónico sus medidas exactas y una foto de ellas, usando un bikini –o menos–. El alquiler de películas para adultos da cuenta de una gran proporción de las ganancias de los vídeos. Dado que algunas cadenas como Blockbuster se niegan a adquirir películas calificadas X, muchos videoclubes familiares han encontrado un nicho en el alquiler de estas películas. En algunos casos, el alquiler de cintas pornográficas supera el 50 por ciento de sus operaciones. La industria pornográfica en sí misma –si bien difícilmente se pueda considerar un modelo de práctica empresarial ética– ha encontrado una suerte de aceptación en las corrientes principales de la cultura. Las revistas *The New Yorker, Esquire* y *Details* han publicado extensos perfiles de las estrellas y directores del cine pornográfico.

Al abrazar el erotismo, los reivindicadores del placer también están reaccionando a la santurronería moralizante de la norma religiosa. Las jugarretas sexuales y financieras de Pat Robertson, Jimmy Swaggart y Jim Bakker –entre otros– han desenmascarado la hipocresía de esos árbitros culturales autoelegidos. A los norteamericanos simplemente no les gusta que nadie les diga cómo tienen que vivir sus vidas, y cuando alguien lo hace, la vena rebelde que guió a nuestros padres fundadores y todavía rige a través de nuestra personalidad nacional reacciona orgullosa y se pronuncia por la reivindicación.

La clave para estar en sincronía con la Reivindicación del Placer es proporcionar a los consumidores una gratificación y un lujo ocasionales, pero no apologéticos. Sea el proveedor de estos placeres sin barreras –y sin riesgos–. Como adujo el pintor Paul Gauguin, "Siendo la vida como es, uno busca la revancha".

LAS PEQUEÑAS GRATIFICACIONES

Los consumidores ocupados, sometidos a las tensiones de la vida diaria, buscan una gratificación de efecto rápido y se recompensan con lujos accesibles.

Si buscamos deleitarnos en la Reivindicación del Placer –suponiendo que "vivir bien es la mejor revancha"– ¿cómo concedernos pequeñas indulgencias? ¿Acaso un bistec, un vaso de vino, un cigarro o un postre suculento no son una pequeña gratificación? Técnicamente, sí. Pero en la Reivindicación del Placer hay un sesgo de resentimiento, una decisión de avanzar y ser rebelde, una actitud de "a quién le importa lo que piensan los demás". Un espíritu vengativo. Las Pequeñas Gratificaciones constituyen una tendencia más generosa, más conciliadora; está más orientada a tratarse bien uno mismo y no irse a la quiebra en el proceso.

La psiquis norteamericana está experimentando una transformación. La proliferación reciente de las reducciones empresariales, junto con la economía global, han hecho que nos cuestionemos nuestra invencibilidad y nuestro status como la potencia económica mundial indisputada. Crecimos imaginando que la calidad de vida inevitablemente mejoraría de generación en generación. Tuvimos ventajas y lujos materiales que nuestros padres jamás habían tenido; ¿era eso para lo que ellos trabajaron? Después, sin previo aviso, las reglas cambiaron y la promesa se rompió, se hizo añicos, arrojada en la pila de basura.

La mayoría de los norteamericanos no tenemos tanta estabilidad laboral ni hacemos tanto dinero como nuestros padres; no podemos estar seguros de que nuestras habilidades sigan siendo vendibles; de que la Seguridad Social siga siendo solvente; de que seamos capaces de enviar a nuestros hijos a la universidad; de que siempre ahorremos juntos el dinero para amortizar la casa de nuestros sueños. En realidad, no hay muchas cosas de las que *podamos* estar seguros. Estamos trabajando más duramente y disfrutándolo menos.

A fin de reducir nuestro estrés y bajar nuestros niveles de ansiedad, estamos recurriendo a los lujos mínimos y a las gratificaciones menores. Esto no resuelve nada, pero nos hace sentir orgullosos y un poco más ricos durante un breve pero reconfortante momento.

¿Alguien puede culparnos por entregarnos de lleno a las Pequeñas Gratificaciones? Este es un viejo método de conseguir una reparación emocional (cuando la marcha se hace dificultosa, y el agotamiento es extremo). Estamos tristes, estamos desesperados y nos sentimos con derecho a cierta gratificación sensorial. Algo para deleitar el olfato, acariciar la piel, y lo más importante de todo, estimular nuestras papilas gustativas. Una de las maneras más fáciles de gratificarse es con nuestras bocas abiertas.

Lo que buscamos en las pequeñas gratificaciones comestibles es la alta calidad: uno no puede permitirse esas licencias en las comidas de todos los días. Tampoco puede conseguir un gran alivio psíquico con un alimento despreciable. Por naturaleza, ciertas comidas son tan irresistibles y especiales que estamos dispuestos a pagar demasiado por ellas. En realidad, deseamos pagar de más, sólo para sentirnos un poco despojados. Más... indulgentes. Escogemos dos hermosos champiñones Portobello de tamaño plato en lugar de una gran cantidad de pequeñas setas blancas corrientes. Nos olvidamos del Mazola y llevamos a casa una pequeña botella de aceite de oliva con una ramita de albahaca para rociar nuestros spaghetti.

Cuando usted piensa en las Pequeñas Gratificaciones, piensa en una jarra de zumo de naranja recién exprimida, una canasta de rechonchos higos morados, un tazón de quinotos agrios, un plato de gruesos espárragos blancos (del tipo que los belgas sirven con mantequilla negra), una pasta de alcauciles para untar (¿cuántas hojas deben ser desechadas y cuántos corazones desmenuzados, para obtener un pote de pasta?), y unas bolsas de bizcochos Tuscan bañados en chocolate. ¿Qué tal un plato de avena cocida con leche? El cuáquer irlandés de grano entero, envasado en un atractiva lata de aspecto serio, es increíblemente sabroso y se vende increíblemente bien.

A veces cuando nos sentimos en el límite de nuestras fuerzas y necesitamos un poco de mimos, unas minivacaciones pueden ser exactamente la Pequeña Gratificación que el terapeuta prescribiría. Un fin de semana en un lugar cercano con cama-y-desayuno. Una tarde en un minibalneario urbano que incluya sauna, aromaterapia y un tratamiento facial. O algo tan lujurioso y simple como un masaje de espalda. ¿Por qué no ir a los Great American Backrub Shops de Bill Zanker donde se puede recibir un masaje lujoso "BlackRub Plus de 10 minutos por 16,95 dólares"? Una noche en un motel menos que sugestivo para encender algunas chispas eróticas. Incluso una visita de media tarde a un museo local o unas butacas de palco en

Pan de corteza dura

En los Estados Unidos, los panaderos emprendedores están abriendo comercios que se especializan en panes frescos y de corteza dura. En el increíblemente mundano Ecce Panis de Nueva York es difícil elegir entre las *focaccias* calientes y crocantes, rematadas con tomates disecados; los famosos panes trenza, entrelazados con cebollas, anchoas y aceitunas; y los rústicos panes redondos de campo. Los precios harían palidecer a más de un ama de casa, pero los amantes del pan hacen filas para comprar estas hogazas.

la ópera pueden significar un escape gratificante y renovador.

Sin embargo, hay momentos en que los artículos de alto estatus son apropiados: usted puede no ser capaz de entrar en una de las joyerías Bulgari diseminadas en todo el mundo para adquirir un reloj de oro firmado (cuesta alrededor de 14.000 dólares). Pero podría darse el lujo de gastar 320 dólares en uno de sus modelos de cuadrante negro de edición limitada (esto es, si puede encontrar uno; se venden todos en una semana).

La revista *Fortune* calificó a estos artículos de "utilidad decadente", explicando que "ahora el estatus reside en la utilidad y el valor duraderos". El autor del artículo llamó a BrainReserve para pedir nuestra opinión sobre la materia. Entre mis respuestas estuvo este punto de vista muy orientado a la Pequeña Gratificación: "la gente pretende productos de calidad real con una historia y una tradición ética".

La tendencia a las Pequeñas Gratificaciones no muestra signos de debilitamiento. Es como una malla protectora debajo del cable de alta tensión de nuestras preocupa-

La fiebre del oro

La gente se ha vuelto loca por el oro, mejor dicho, por un licor suizo llamado Goldschlager Cinnamon Schnapps. La botella es como un globo de nieve. Pero en este caso, la "nieve" son copos de oro comestible, suspendidos en el aguardiente.

ciones. Un bálsamo para nuestras mentes. Es una tendencia muy reconfortante.

Las estilográficas constituyen una Pequeña Gratificación perfecta. Las plumas de fuente que cuestan más de 50 dólares constituyen el segmento en más rápido crecimiento dentro del mercado de los instrumentos de escritura. Cada año se venden estilográficas Mont Blanc, Dunhill y Cartier por un valor de más de 300 millones de dólares. Mont Blanc incluso ha abierto su propia *boutique* para vender sus estilográficas de edición limitada, algunas con el nombre de luminarias de la literatura como Ernest Hemingway y Agatha Christie. Toda la serie de estilográficas de categoría superior no sólo está destinada a los obsequios de graduación y "mayoría de edad". Son pequeñas gratificaciones, adquiridas para sacar a relucir el poeta que llevamos adentro y durar (al menos) toda una vida.

El ritual agradable de una taza de té caliente es una pequeña gratificación deleitosa, que se obtiene sin culpa por las calorías o la disminución de la cuenta bancaria. La marca Celestial Seasonings ha sido precursora en el mercado de los tés especiales. Ahora nos estamos gratificando con el Cranberry Orange, el Passion Fruit, el Moroccan Mint, y las mezclas más exóticas de Macadamia Nut y Coconut Rum Creme.

Takashimaya, una de las tiendas por departamentos más originales de Nueva York, está consagrada a hacer del té una pequeña gratificación. Además de las elegantes bolsitas de té de papel de arroz, ofrece cucharas de té de madera pulida y palillos de cañamiel para revolver. En un mercado sueco vimos repisas alineadas con largos cilindros conteniendo diferentes variedades de hojas de té, para que los clientes puedan combinar sus propias infusiones. Uno de los tés del mercado, llamado Tropical Beach, incluía pequeños trozos de ananá disecado, mango, papaya, naranja, corteza de naranja, hibisco y coriandro. Delicioso. Y preparado a pedido para un merecido deleite.

Los empresarios astutos están abriendo salones de té. Los salones de Tea Luxe, en Boston y Cambridge, Massachusetts, sirven tanto como 120 variedades de tés en una atmósfera distendida, inspirada en los moderados salones de té británicos. Sólo se agrega un sentido del orden y del control –un toque de un mundo hace tiempo desaparecido– a la experiencia de la Pequeña Gratificación.

Finalmente están llegando a los Estados Unidos los hoteles en pequeña escala (pequeña gratificación) que alcanzan los mismos niveles del Draycott de Londres o L'Hotel de París. Antes escasos en Nueva York, ahora constituyen una alternativa de los albergues residenciales urbanos o de los hoteles-boutique a escala humana, como el Inn en Irving Place, el Franklin en Morgans, el Shoreham, el Wales (del diseñador John Barman), y el Mansfield. San Francisco tiene la Sherman House y el Nob Hill Lambourne (donde, en lugar de un bombón de chocolate para las buenas noches, los huéspedes reciben saludables tabletas antioxidantes, junto con una enigmática esquela, como: "Ninguna almohada es más reconfortante que una conciencia tranquila"). Estos pequeños hoteles confieren un aura refinada a las Pequeñas Gratificaciones, haciéndonos sentir especiales –aunque más no sea por una noche demasiado efímera–. Dejemos a las muchedumbres en los megahoteles de 1.000 habitaciones del centro de la ciudad.

La satisfacción instantánea ofrecida por los productos de baño y belleza es muy alta en cualquier lista de pequeñas gratificaciones. Demeter's Atmosphere ofrece perfumes de espliego, cedro, naranja o geranio, que usted puede vaporizar en cualquier lugar: en la articulación de sus muñecas o de sus rodillas, en su toalla mohosa de playa, sus zapatillas de tenis o simplemente en el aire como un desodorante de baño o de coche. Inhalar un aroma embriagador, que nos libere de nuestras rutinas y nos transporte a un paisaje de Gauguin o a un jardín de Monet, puede ser un bálsamo sensual supremo.

Considere el éxito de los negocios Body Shop de Anita Roddick y Origins de Estée Lauder. Por menos de 25 dólares usted puede satisfacer sus anhelos de lucir joven, aseado, afeitado y relajado. Las tiendas ofrecen un deleitoso conjunto de artículos de aromaterapia –infusores, inhaladores, quemadores de aceites, almohadas perfumadas, máscaras fragantes para ojos– todas pequeñas gratificaciones que ofrecen ese añorado e inmediato aliciente. ¡Qué maravilla meterse en la bañera para darse un remojón prolongado y voluptuoso en un agua fragante y tranquilizadora! Ahhh.

En nuestra agitada ciudad o barrio suburbano, la naturaleza misma llega a ser una Pequeña Gratificación. En los días templados, los oficinistas se apiñan en los parques cercanos, para refrescarse al aire libre, el último en nuestro glorioso planeta. Conocemos a muchas personas que dejan todo cuando tienen un día terrible, suben a sus coches, y conducen hasta los refugios de aves o la reserva natural más cercana. Un corto paseo al aire libre es una pequeña gratificación, placentera y renovadora.

Y, en su infinita sabiduría, la madre naturaleza nos ha concedido nuestra pequeña gratificación original: las flores. Ya se trate de una rosa roja de tallo largo sobre nuestro escritorio o de un ramo de Calix & Corolla enviado a su madre, las flores frescas han pasado de ser un artículo

¿Cuál será la próxima novedad?

Estar en sincronía con la tendencia puede significar dar a una vieja tonada un ritmo nuevo. Una manera es reducir la escala, reformular, o convertir artículos de alto precio en Pequeñas Gratificaciones. Hemos estado soñando con:

- Un Balneario Golden Door a sus puertas.
- Unos binoculares Range Rover de visión nocturna.
- Una canoa Chris-Craft de caoba.
- Unos elegantes cubiertos Porsche o BMW
- Un radio-reloj Steinway perfectamente montado.

de ocasión a una pequeña gratificación. Usted puede encargar crisantemos, rosales miniatura, aves del paraíso, y árboles bonsai por teléfono o computador durante las 24 horas del día. El negocio de las flores está en sincronía con la tendencia y se encuentra en pleno auge, generando una gran cantidad de dólares. Por ejemplo, 1-800 FLOWERS registró un aumento del 35 por ciento en sus ingresos, con lo cual rondó los 300 millones de dólares en 1996.

Millones de norteamericanos –residentes urbanos, sin hijos y felizmente solteros– se han convertido en cariñosos (a menudo hasta el extremo de la obsesión) amos de mascotas. Si no podemos proporcionarnos a nosotros mismos o a nuestros hijos toda la abundancia material que desearíamos, siempre están las mascotas para las pequeñas gratificaciones. ¿Quizás a su gatita castrada le gustaría conocer el sabor de lo salvaje? Con el vídeo *Super Kitty*, que ofrece una hora de gorjeos de pájaros con ratones escurridizos y ardillas saltarinas, puede ponerla en contacto con sus instintos básicos y mantenerla entretenida mientras usted está en la oficina. Las últimas páginas de las revistas *Cat Fancy* y *Dog Fancy* ofrecen impermeables para mascotas, lechos para perros, transportadoras para gatos, perfumes, colutorios y una amplia gama de deslumbrantes accesorios para perros. Incluso hay una página en Internet para las personas que diseñan capas para las diferentes razas caninas.

Las supertiendas de mascotas, emporios gigantescos de 1.000 metros cuadrados o más, están aportando 15.000 millones de dólares anuales a la industria de las mascotas. Un gran negocio. Estas tiendas de mascotas siguen el mismo concepto que Home Depot: almacenar todo lo que usted posiblemente podría necesitar para "gratificar" a su mascota, desde ripio para la pecera hasta alimento para jerbos y pasta dentífrica para el control del sarro. Estas cadenas dominan el arte de convertir las compras en un entretenimiento. Hay concursos, cachorros para acariciar, sorprendentes iguanas, fotos que crean ilusiones ópticas para usted y sus mascotas. Alientan a los clientes a comprar con sus mascotas, y cuentan con un espacio para entrenamiento y juego con la correa extensible. Incluso algunas tienen "mostradores de ensaladas" para perros. En lugar de lechuga y trocitos de tocino, usted encontrará cueros crudos masticables, galletas de imitación y tiras de tasajo bovino.

En realidad, las Pequeñas Gratificaciones constituyen una tendencia importante y perdurable. Más allá de cuáles sean nuestras circunstancias, todos ansiamos sentirnos consentidos y privilegiados. Aquellos que pueden permitirse grandes gratificaciones se marchan a Canyon Ranch por una semana. El resto de nosotros adquirimos una pequeña porción del Sueño Americano y nos deleitamos con ella. Las compañías perspicaces deberían dirigir firmemente sus productos a este vasto mercado que ansiosamente mete la mano en su cartera cuando encuentra una Pequeña Gratificación irresistible e instantáneamente disfrutable.

¿Hoy ha participado de una Pequeña Gratificación? Si no lo ha hecho, ¿qué está esperando? Usted se la merece.

. A LAS FUENTES DE ESPERANZA Y SEGURIDAD

Al volver a sus raíces espirituales,
los consumidores buscan lo que fue agradable,
valioso y espiritualmente
gratificante en el pasado para sentirse seguros en el futuro.

Las malas noticias: nuestra sociedad está a la deriva. Las buenas noticias: todavía está a flote.

Aun cuando hemos estado yendo al garete en el mar de la vida –nuestros valores, principios morales e ideales se han desmoronado y destruido– estamos reavivando nuestros espíritus tratando de aferrarnos a una línea de esperanza, una conexión que nos una a nuestra raíz espiritual. Después de décadas de materialismo y mezquindad, estamos buscando respuestas más simples. "Sí", decimos, "pueden arrebatarme las cosas externas –mi empleo, mi cartera, mi coche– pero no pueden privarme de mi esperanza más profunda". Hay un viejo refrán italiano que dice: *L'ultima che si perde è la speranza* (Lo último que se pierde es la esperanza). Afortunadamente, todavía no hemos llegado a eso. Y tenemos fe en que eso nunca suceda: el animal humano es adaptable, diligente e infinitamente ingenioso.

Por eso no sorprende que nos estemos volcando hacia el interior para mantener viva la esperanza. Hace años en *Lo que vendrá: El informe Popcorn*, anticipamos: "Esta década será testigo de una transición total de la existencia vivida con vértigo a un retorno al hogar y la autoprotección. Experimentaremos una nueva moral, nuevas religiones".

Pero para muchas religiones establecidas esto parecía ser parte del problema. Sus homilías familiares parecían trilladas, rígidas y no referidas a las realidades de la vida a fines del siglo XX. La gente empezó a buscar su alimento espiritual en otras partes. En BrainReserve, llamamos a los pioneros de este movimiento la Tribu Mística. Algunas tiendas de Manhattan como Enchantments y Star Magic hicieron un rápido negocio con las velas de las diosas, las esferas de la armonía, las máquinas de ondas, los anticuados calidoscopios y los descifradores astrológicos. Muchos pueblos pequeños tienen comercios especializados en cristales, geodas y ámbar místico. Los más importantes diseñadores de joyas han seguido una tendencia mística, desde los crucifijos bizantinos y malteses a los collares talismanes de Robert Lee Morris.

Varias encuestas han confirmado el atractivo del misticismo. Un estudio de la revista *Self* informó que el 84 por ciento de los encuestados dijeron que creían que "un poder superior escucha y responde a las plegarias", el 76 por ciento creía en los milagros, el 63 por ciento en la vida después de la muerte, el 55 por ciento en la percepción extrasensorial, el 51 por ciento en Satanás, el 46 por ciento en las experiencias extracorporales, y el 39 por ciento expresó que "habían sido testigos o experimentado personalmente un milagro".

Evidentemente, casi no caben dudas de que en las arenas movedizas de la vida moderna hay un profundo anhelo

–una necesidad– de desarrollar las bases de un sólido mundo interior. Este es el fundamento de las Fuentes de Esperanza. Al buscar las respuestas a los grandes problemas de la vida, estamos lanzando una mirada hacia atrás, a lo que era seguro, sano y reconfortante en el pasado. Nos estamos sumergiendo profundamente en nuestra memoria colectiva, en busca de algunas pruebas de fe que nos ayuden a atravesar el caos cotidiano y nos guíen en un nuevo siglo. Aun cuando el cambio raramente ocurre de repente –un problema importante el 31 de diciembre a las 23 seguramente seguirá siendo un problema importante a las 12 del 1º de enero– pensamos cuidadosa y supersticiosamente en los momentos cruciales. Pensar en el año 2000 es tres veces pavoroso. Todo ese esfuerzo para nada. Esta no es la víspera de un Año Nuevo corriente. Es el comienzo del tercer milenio. Cincuenta generaciones atrás, en el año 1001, el tiempo pasó a la velocidad de una carreta tirada por bueyes. ¿Cómo será el mañana? ¿Habrá más desastres naturales? ¿Acaso la proliferación reciente de tifones, tornados, inundaciones, terremotos y erupciones volcánicas es una advertencia de Dios de un juicio final inminente? ¿La Nueva Era cumplirá su promesa del amor universal? ¿Aparecerá otro u otra Mesías?

La indagación espiritual en el núcleo de las Fuentes de Esperanza es una búsqueda concentrada. Estamos en busca de ese *algo* intangible que una vez les diera sentido y orden a nuestras vidas. Queremos sentirnos parte de un todo reconfortante y eterno en lugar de ser piezas insignificantes en una maquinaria incontrolable. Queremos sentirnos conectados a nuestro trabajo, nuestra diversión, nuestro planeta, a nosotros mismos. Escudriñamos las estrellas y esperamos encontrar un consuelo en la creencia de que un poder superior está manteniendo todo en su sitio en este vasto universo. Como escribió el poeta inglés Alfred Tennyson, "Comparta todas sus inquietudes con Dios; eso mantiene la esperanza".

La búsqueda de una Fuente de Esperanza en la vida ya no se puede descartar como algo sobrenatural, extravagante o místico. Ha pasado de ser una creencia de los grupos marginales de California a una corriente nacional. Condé Nast, el grupo editorial que publica *Vogue*, *Glamour*, *GQ*, *Gourmet* y *Vanity Fair*, ofrece a sus empleados una pausa *t'ai chi* al mediodía. Sostienen que esto inspira un parentesco colectivo e irradia energía. ¿Quién de nosotros no se beneficiaría con una pausa diaria de meditación? Incluso el provocador Howard Stern –dedicado a todas las cosas ofensivas y ultrajantes– proclama las virtudes de su práctica de meditación dos veces por día.

Para aquellos que no pueden encontrar un lugar tranquilo para meditar (y en esta época quién puede, con esas máquinas modernas que repican, pregonan, gimotean, blasfeman o zumban), hay muchos refugios serenos en los Estados Unidos. En California, está el monasterio budista zen Tassajara, el Centro de Meditación Spirit Rock, y el Zen Mountain Center de 65 hectáreas en las Montañas de San Jacinto. Y en el norte del estado de Nueva York, está el Zen Mountain Monastery. Todos estos son lugares donde usted puede meditar para regocijo de su mente.

Una de las mayores atracciones de estos centros es el silencio total. En la Insight Meditation Society de Barre, Massachusetts, usted puede pasar tres días, diez días o tres meses de retiro silencioso: sin conversación, sin distracciones, sólo viviendo cada momento presente con plenitud. Después de esta experiencia de paz interior y exterior, su estado de ánimo mejora, su mente está más concentrada y alerta. La experiencia renueva su cuerpo y cura sus enfermedades: el dolor crónico se reduce; el insomnio desaparece; mejora la fertilidad. Usted puede mantener esta felicidad pronunciando un mantra (una simple palabra, frase o sonido) una o dos veces por día durante diez minutos más o menos. Es muy diferente del mantra *yuppie* regido por la ansiedad: prosperar, prosperar, prosperar.

Estos refugios no están todos necesariamente inspirados en el zen. Existen claustros más tradicionales como la Abadía de Gethsemane, cerca de Louisville, Kentucky, y la Wainwright House en Rye, Nueva York, que reconfortan en las transiciones de la mitad de la vida. Los visitantes pueden ir a "experimentar el conocimiento" de sus futuras identidades. En Wisdom House de Litchfield, Connecticut, establecido como un santuario religioso con un énfasis en el feminismo y las humanidades, usted se puede retirar para profundizar su fe. En Darien, Connecticut, las Hermanas Católicas de Saint Brigitta han establecido la Vikingsborg Guest House como un lugar que dispensa "techo y comida" para los cansados de la vida. Incluso en Londres, usted tendrá una posibilidad de relajarse en el ultramundano Life Center, situado en un viejo edificio eclesiástico, con un equipo de terapeutas holistas que ofrecen digitoterapia, alimentos no alergénicos y yoga.

De acuerdo con el pensamiento jungiano, el mar conserva la memoria colectiva (y el futuro) de toda la humanidad. No es sólo que las olas del océano nos calmen sino que el agua misma es un símbolo de algo espiritual. Después de todo, ¿no fue el mar nuestro primer hábitat? ¿Todos tenemos una memoria molecular de nuestras antiguas especies ancestrales? ¿No es asombroso que con tanta frecuencia miremos hacia el mar en nuestro viaje hacia la plenitud? Vamos a la playa e instintivamente nos sentamos sobre la arena o nos apoyamos en una roca, contemplando la interminable extensión del agua. (Para aquellas regiones sin litoral marítimo hay un vídeo de 60 minutos llamado Olas del Océano).

Esta contemplación hipnótica, según Jung, nos remite al flujo, al nacimiento y a los bautismos –y a aquellos meses de inocencia flotando en el útero de nuestra madre–. Nos conecta con nuestro pasado espiritual.

Jung también tuvo una teoría remota de que los penetrantes sonidos que emiten las ballenas y delfines podrían

El resurgimiento de Buda

Según Helen Tworkov, editora de *Tricycle*, una revista budista de moda con más de 150.000 lectores, Norteamérica está al borde de un descubrimiento en el dharma budista, un florecimiento del conocimiento que ha iluminado a incontables millones de almas en todo el mundo. Esta publicación trimestral se refiere a todo, desde la realidad virtual hasta "el despertar con Prozac". Incluso describe a individuos corrientes como Phil Jackson, entrenador de los Chicago Bulls, que han estado aplicando los principios zen en su vida laboral. Y gracias a mediadores célebres como Richard Gere, Oliver Stone, Ellen Burstyn y Tina Turner, la remota pureza de las enseñanzas del Dalai Lama es ahora conocida por millones de observadores de los Estados Unidos. Lejos de ser adictos o fanáticos, muchos de los budistas norteamericanos declarados, incluyendo a algunos Rockefeller, son personas poderosas y vinculadas.

ser rayos láser que se elevan al cielo. En Japón, hay una videoterapia del delfín para reducir el estrés. Un monje del Centro de Rehabilitación Dolphin Ki del Templo Kyoto le guía mientras usted ve un vídeo de delfines nadando y comunicándose. Conecte esto con la grabación verdaderamente imponente de los *Cantos de las ballenas jorobadas* y podrá encontrar un alimento espiritual. Para tener una comunión más completa con nuestras raíces evolutivas deberíamos hacer de esto una prioridad universal para detener la contaminación de nuestras aguas. ¿O acaso no nos estamos contaminando nosotros mismos?

Cualquiera que sea la necesidad espiritual específica de cada persona, hay algo que es evidente: estamos todos al comienzo de un gran despertar, una época de renacimiento espiritual y religioso. La diferencia con este renacimiento es que hay un escaso consenso acerca de quién o qué es Dios, qué constituye el culto, y qué significa este resurgimiento para el futuro de nuestra civilización. Después del materialismo orientado a la avaricia de los años ochenta estamos tratando de volver a poner pasión y sentido en nuestras vidas cotidianas, para estar en contacto con los antiguos valores –la fe, la esperanza y la caridad–. La reunión cumbre del presidente Clinton sobre el voluntariado congregó a una constelación de las más grandes y brillantes figuras de los Estados Unidos en una acción común para el compromiso y la comunidad. Es una nación que está tratando de recuperar su espíritu perdido (o al menos empañado).

Una manera como la gente puede encontrar esa esencia es a través de una relación con lo divino, la máxima expresión de la esperanza. ¿Qué otra cosa podría explicar la presencia de los 400.000 adolescentes que fueron a oír al papa en Colorado? ¿O que, como autor, Juan Pablo II tenga no uno, sino dos best-sellers mundiales? ¿O que después que los católicos norteamericanos han eliminado exitosamente el latín de sus servicios, estén comprando con avidez un disco compacto del papa rezando el rosario en ese idioma antiguo? ¿O que el papa sea un vendedor importante, tanto que para su visita de 1995 a la Costa Este, se bendijeron y vendieron 23 productos papales oficiales?

Además de llevar a cabo la ceremonia todavía sagrada del matrimonio, los clérigos tienen que asumir una nueva responsabilidad en la tendencia más reciente: los rituales de divorcio. Las parejas, supuestamente las que todavía mantienen un diálogo, se reúnen frente a un ministro o rabino para recordar los buenos tiempos en la relación y perdonar los agravios mutuos.

La necesidad de la esperanza ha encontrado expresión en todas las religiones del mundo, ya sea que reverencien al Dios del Antiguo o Nuevo Testamento, a Buda, a

La feligresía

La asistencia a los servicios religiosos está en aumento. Concurren más personas a la iglesia que a todos los espectáculos deportivos juntos. Las megaiglesias a veces tienen que rentar el estadio más cercano para alojar a los miles de fieles que acuden a la misa del Domingo de Resurrección. Algunas tienen grandes pantallas de televisión para mostrar a los líricos de las nuevas versiones "pop" de los himnos. A menudo los servicios incluyen bandas de rock, bailarines y humoristas talentosos. A fin de atraer más feligreses, muchos ministros han estado contratando comediantes profesionales para divertir a la audiencia con chistes sanos. Y los sermones se han vuelto más liberales; a menudo están llenos de consejos más prácticos y políticos que la Biblia. Los críticos de estos métodos no tradicionales pueden temer que esta sea una McDonaldización de la religión, pero ¿no está más cerca de la comunicabilidad de las iglesias primitivas, cuando el pueblo anhelaba el espectáculo tanto como la espiritualidad?

Alá, a Brahma, a los poderes superiores anónimos o al conocimiento de uno mismo. Estas expresiones se pueden encontrar en una cantidad de elecciones que los consumidores de cada índole están haciendo.

La música original "soul" es una manera popular de estar en sincronía con las Fuentes de Esperanza. Las ventas de discos compactos en librerías religiosas están incluidas en el sistema de sondeo de los 10 éxitos discográficos de *Billboard.* Warner Bros. y Sony han creado importantes divisiones de música cristiana. Y lo que MTV hizo por el rock, el canal musical Z lo hará por las canciones religiosas cristianas. También existe una audiencia reducida pero fanática de los discos compactos que Lys colecciona de los cantantes legendarios. Han sido obtenidos de grabaciones históricas que lograron sobrevivir a la Segunda Guerra Mundial, dándonos la posibilidad de escuchar las voces de tenor lírico del "Caruso de las sinagogas", Josef Rosenblatt, y de Gershon Sirota, que murió en el ghetto de Varsovia.

¿No es sorprendente que en esta era de "rap and roll", una colección de cantos gregorianos, *Chant* (otra vez en latín), entonados por los monjes benedictinos de Santo Domingo de Silos, haya podido lograr un récord de ventas discográficas? En sólo nueve meses se vendieron casi 3 millones de discos. Su continuación, *Chant Noel*, se convirtió en un clásico navideño. La moda comenzó en Europa y rápidamente se extendió a los Estados Unidos. Hay un montón de versiones en ese país: *Chill to the Chant*, *Beyond Chant*, *Quietude* y *Old Roman Chant*. Sus armonías etéreas y sus repeticiones hipnóticas crean una base para profundizar el pensamiento meditativo.

Elegimos personas –incluso aquellas con antecedentes dudosos– que puedan guiarnos hacia nuestra raíz espiritual. De acuerdo con un artículo de portada de la revista *Life*, "Astrology Rising", la astrología está experimentando su auge más grande en 400 años. Según una encuesta reciente, el cuarenta y ocho por ciento de los norteamericanos dicen que la astrología es válida, y a medida que nos aproximamos al tercer milenio el mercado anual de los libros sobre astrología ronda los 20 milllones de dólares. Una antigua astrología india llamada *Jyotish* imparte conocimientos prácticos así como místicos. Los psíquicos y quirománticos ya no son considerados "cursis". En algunos restaurantes, es posible que le lean su destino en la borra del café. Y para aquellos que prefieren resolver su enigma en casa, siempre está la Psichic Friends Network de Dionne Warwick y sus numerosas imitadoras. Por 3,95 dólares el minuto, usted puede comunicar telefónicamente sus preguntas y recibir una "respuesta psíquica" a sus problemas. (Una advertencia: un ex empleado violó las normas éticas, afirmando que los consultantes telefónicos eran retenidos en la línea durante 22 minutos, de modo que una llamada promedio podía costar más de 80 dólares. Utilice su cronómetro.) Si bien estas hadas místicas a menudo no son más que actrices sin empleo y madres solteras tratando de hacer unos dólares, no cabe duda de que su popularidad es un claro indicador de las Fuentes de Esperanza.

Si todavía tiene dudas acerca del resurgimiento de las Fuentes de Esperanza, simplemente escuche el batir de las alas cuando los ángeles descienden a la tierra en cantidades inauditas. Ángeles mundanos, ángeles adolescentes, ángeles de fantasía, ángeles protectores, ángeles festivos e incluso ángeles caídos. Un artículo de portada de la revista *Time*, "The New Age of Angels", citó una encuesta indicando que el 69 por ciento de los norteamericanos creen que los ángeles existen y el 46 por ciento creen que tienen sus propios ángeles guardianes personales. Unos 20 millones de televidentes sintonizaron el programa especial de la NBC *Angels: The Mysterious Messengers*. Supuestamene a estas criaturas aladas se les ha concedido el poder de transmitirnos pequeñas comunicaciones sagradas escritas por Dios. Y pueden envolvernos en el fervor de una protección y amor incondicionales.

La CBS pretende alcanzar el paraíso a través de *Touched by an Angel*, un programa semanal acerca de las visitas terrenales de un ángel. El programa es un gran éxito popular que habitualmente figura entre los 10 programas mejor calificados de la lista Nielsen. En una vertiente más seria, el éxito de Broadway *Angels in America, Parte I y II*, representa a una actriz alada que desciende de los cielos para ofrecer un consejo sincero pero críptico sobre la salvación del mundo. La obra ha merecido varios premios importantes, incluyendo el Tony y el Premio Pulitzer, y está en vías de convertirse en un clásico norteamericano.

Los ángeles actuales son como guías que gentilmente despiertan lo mejor de nosotros mismos, conduciéndonos hacia la senda correcta. Son nodrizas espirituales. Los teólogos han sugerido que estos ángeles ofrecen a las personas desilusionadas de la religión tradicional un nuevo puente seguro a Dios.

Ponerse en contacto con las raíces ancestrales es otra forma de recurrir a las Fuentes de Esperanza. La American Genealogical Society informa que una cantidad inusitada de personas están tratando de rastrear su linaje. En realidad, la genealogía se considera como la tercera afición más popular en los Estados Unidos. Más que proporcionarle un árbol genealógico, lo hace echar anclas en su historia familiar. Algunos programas de computación hacen más fácil el rastreo, como *Family Ties* para Windows o DOS y el magnífico *Family Tree Maker Deluxe CD-ROM.*

Los vínculos familiares importan. En vista de que ahora todo se considera genético, desde las pautas de votación liberal hasta el adulterio, usted puede crear su propio "genograma" –o árbol de conductas– que le revelará características multigeneracionales. Libros como *How Healthy Is Your Family Tree?* y *Voices in Your Blood: Discovering Identity through Family History* le guiarán a través de este proceso esclarecedor (y a veces inquietante).

Muchas personas se han sentido inspiradas a hacer peregrinajes para dar con las tumbas de sus ancestros. ¿Llegará a ser más popular la práctica de sacar calcos de las lápidas sepulcrales? Los descendientes de seis millones de personas que perecieron en el Holocausto hacen visitas emotivas a los pueblos familiares, en busca de restos esparcidos de las antiguas posesiones de la familia y de los registros de nacimiento y fallecimiento que aún quedan. El escritor Elie Wiesel, ganador del Premio Nobel y sobreviviente de un campo de concentración, nos dice una y otra vez, "No lo olviden nunca". El Museo del Holocausto en Washington, Estados Unidos, también evoca esa época abominable y espera que sus recordatorios mantengan presente el pasado, para que no se permita que esos horrores vuelvan a suceder. En 1996, la asistencia al museo llegó casi a dos millones de personas. Lo recorremos conmovidos, jadeando en el furgón real del museo, impresionados por las fotografías, con el corazón doliente por sus testimonios registrados. Enfrentarse con las verdaderas profundidades de la inhumanidad del hombre es una experiencia emocional intensa, que nos hace reflexionar profundamente en busca de explicaciones y de un sentido, de un propósito para vivir de una manera ética y esclarecedora.

Recordar y honrar a los muertos aparece bajo otras formas, desde el magníficamente esculpido Monumento a Vietnam hasta los tristes episodios narrados en el Edredón SIDA.

Indudablemente esta es una nueva era, una era en que los mensajeros de Dios usan una tecnología moderna para difundir el evangelio. La religión televisada ha establecido una conexión íntima con el público. Los televangelistas están invadiendo los canales de cable. El canal Faith & Values (Fe y Valores) transmite las 24 horas del día, llegando a casi 20 millones de hogares. Charlton Heston protagoniza una serie de vídeos bíblicos, filmados en Tierra Santa. Hemos visto a miles de judíos jasídicos alrededor de un hospital de Nueva York, esperando que su rabino de 92 años les diera una señal de que él era el Mesías. La gran diferencia con los días de Cristo fue que estos judíos jasídicos rusos usaban transmisores electrónicos para comunicar rápidamente la Palabra entre sí. (La última noticia: ahora que el rabino ha fallecido, su tumba está cubierta con miles de mensajes y facsímiles.) ¿Por qué la gente en 1997 tiene que rendir culto de la misma manera que lo hacía hace 50 años?

Ojalá tuviéramos un dólar por cada oportunidad en que escuchamos a alguien decir piadosamente: "A propósito, acabo de terminar *The Celestine Prophecy*, y cambió mi

Raíces sostenedoras de la esperanza

Para los norteamericanos negros, que reclaman alguna versión de la cultura africana –a través de los nombres, las prácticas religiosas, la música, la ropa y las comidas africanas– esta es una manera de establecer un vínculo con la herencia borrada por la tragedia abrumadora de la esclavitud. Si bien la mayoría de los afronorteamericanos jamás pueden esperar rastrear a sus verdaderos antepasados –los traficantes de esclavos los "cazaban" como si fueran animales y se negaban a reconocer conexiones humanas como la familia y la casta–, la celebración comunitaria de la cultura africana ofrece un fuerte sentido de la pertenencia y de la historia.

Hace casi 25 años se creó una festividad espiritual que los afronorteamericanos pueden llamar realmente suya, el Kwanza. Celebrada aproximadamente en la misma fecha que la Navidad y el Hanuka, el Kwanza es una festividad familiar que dura siete días, durante los cuales los seres queridos se reúnen para festejar y encender velas dedicadas a los principios guía. Un principio es el "Uja-ama", una palabra swahili para designar la economía cooperativa. En una exposición de pequeñas empresas celebrada en Nueva York, se presentaron más de 300 participantes para mostrar los productos de la festividad del Kwanza, telas y esculturas africanas y representaciones de Nia Umoja, la contraparte de Santa Claus.

vida". Este libro es una de las muchas obras espiritualmente edificantes que siguen bien posicionadas en la lista de best-sellers. La profecía está referida a un antiguo manuscrito peruano que revela nueve conocimientos clave sobre la vida misma. Su misión es transportarnos desde el mundo material hasta el espiritual. El autor James Redfield describe un cuadro de un futuro utópico en el cual seremos recompensados por el esfuerzo intelectual en lugar del esfuerzo muscular. Su premonición más asombrosa: si usted puede elevar suficientemente su energía espiritual, puede llegar a ser invisible. ¿Seremos todos capaces de flotar desapercibidos, creando confusión?

Otro gran éxito editorial que está vendiendo millones de ejemplares es el libro de Betty J. Eadie, *Embraced by the Light*, un relato acerca de su experiencia de "muerte" en 1975 mientras estaba siendo operada y su retorno cinco horas más tarde con los secretos de Jesús. Hay otro libro similar, *Saved by the Light* ("Salvada por la la luz", Javier Vergara Editor, Buenos Aires) de Dannion Brinkley, quien nos cuenta su experiencia dramática de ser sorprendido por un rayo que le muestra una "catedral del conocimiento" de los acontecimientos futuros, para resucitar más tarde en una morgue. El hecho de que los libros *Light* sean evidentemente verídicos y actuales los hace menos cósmicos y premonitorios que *The Celestine Prophecy*. Para una población de *baby-boomers* que está envejeciendo, abordar el problema de la mortalidad y las experiencias próximas a la muerte es imperioso, ya que nos permite una aproximación reconfortante a la luz brillante del final del túnel.

Originalmente publicado por el propio autor, *Mutant Message Down Under*, de Marlo Morgan, que narra una jornada espiritual con los aborígenes de Australia, vendió más de 350.000 ejemplares antes de que HarperCollins adquiriera los derechos. Una historia similar es la de la minibiblia del conocimiento doméstico: *Meditations for Women Who Do Too Much*. Este libro vendió aproximadamente un millón de ejemplares en su versión original para computador antes de ser publicado por una casa editorial.

El yoga es uno de los grandes éxitos de los noventa. Yoga, que significa "unidad" en sánscrito, tiene las mismas raíces que la palabra "yugo", que encierra la doble connotación de "unir" así como "disciplinar". Esta "disciplina"

¿Cuál será la próxima novedad?

Satanás retorna. Si los ángeles están en todas partes, ¿los demonios pueden estar tan a la zaga? El ardiente Satanás, el Príncipe de las Tinieblas, y su tribu encornada han cautivado nuestra imaginación durante mucho tiempo; nuestra "aureola" de santidad se ha desvanecido. Conectados con el aspecto tenebroso, tratando de encontrar cierta paz en la comprensión –aunque no siempre en las enseñanzas– de ellos, los ángeles caídos pueden tener un gran auge en el futuro. Podemos quedarnos fascinados con las "buenas" cosas durante el mismo tiempo. ¿Acaso los norteamericanos no han glorificado siempre al fugitivo diabólico (Jesse James), al gangster despiadado (*El Padrino*), al vigilante cruel (Bernard Goetz)? El asesino Charles Manson, estando preso, publicó un álbum, *Commemoration*, sobre los antecedentes del Diablo Blanco. Las pinturas de John Wayne Gacy se vendieron a precios muy altos en remate. El "Dr. Muerte" Jack Kevorkian ha embarcado a toda la nación en el debate acerca de si es un salvador o un sádico que se deleita con la muerte.

para la salud de la mente y del cuerpo, que tiene 4.000 años de antigüedad, está desafiando al deporte del aerobismo. Los ejercicios violentos parecen demasiado aproximados a la vida real. Con el yoga usted consigue abandonar el mundo cotidiano y concentrarse en su interior. Su serena intensidad incrementa su flexibilidad, mejora su concentración (ideal para los jugadores de golf), y desarrolla grupos de músculos inutilizados. Solamente en un barrio de Manhattan hay una amplia selección de centros de yoga: Yoga Zone, Urban Yoga Workout, Iyengar Yoga, Astanga Power Yoga y Sivenanda Yoga Vedanta Center. Los centros de yoga se han diseminado por toda la nación con la misma rapidez que las barras de café. Ya hay un número telefónico gratuito para encontrar una clase de yoga en su área (800-359-YOGA).

Si usted no puede encontrar un profesional, siempre puede seguir una clase televisada de yoga en Lifetime o PBS o comprar uno de los innumerables vídeos de yoga, como el *Jane Fonda's Yoga Exercise Workout* o el atractivo *Buns of Steel Yoga*. La *Yoga Journal* es sólo una de las numerosas publicaciones mensuales con una circulación en rápido crecimiento. Y algunas celebridades practicantes de yoga como Raquel Welch, Woody Harrelson y Sting están difundiendo esta práctica que hoy es más popular que nunca.

Existe todo un mercado para el yoga. Los yoguis necesitan equipos con detalles específicos para que los pantalones no se estiren en las rodillas y los cinturones y puños no ciñan. Hay almohadones de meditación y bancos plegables para sentarse durante el día, esteras de caucho antideslizantes, ejercicios PowerYoga de alta energía (algunos se venden por más de 30 dólares), incienso para estar con ánimo, y todo tipo de fajas, bandas, almohadones y varas para ayudarle a enderezar su columna vertebral y elongar sus músculos.

Para una orientación específica en la empresa, puede leer *Jesus CEO: Using Ancient Wisdom for Visionary Leadership*, de Laurie Beth Jones, basado en las habilidades motivacionales usadas por Cristo en sus relaciones. Un alto modelo para emular. También está *Sphericles –The Business Oracle: Your Intuitive Guide to Enlightened Business Behavior*, de Joanne Black y Christine Roess. Las esférulas mencionadas en el título son mármoles numerados; el estuche viene con un manual de instrucciones explicando lo que significa cada número. Para utilizar sus energías creativas, usted mete la mano en una bolsita de terciopelo, saca tres mármoles y luego lee lo que dice el libro acerca de sus opciones. Supuestamente surte efecto, "no porque haya algo mágico en ellos, sino porque la magia está en usted". E incluso si usted no encuentra la solución empresarial perfecta, introducir la mano en la bolsa durante una reunión de negocios puede incitar un diálogo creativo eficaz. La agencia publicitaria Bates Worldwide aparentemente coincide con esto: ha encargado 1.000 estuches para regalo.

Algunos de los directores ejecutivos más liberales que conocemos están consultando a guías espirituales para que los ayuden a comprender sus negocios. Contratan a personas como Charles Nunn, quien durante el transcurso de su carrera empresarial comprobó que tenía "dotes intuitivas" y que podía "interpretar" a las personas y las situaciones de una manera notablemente precisa. Al principio es contratado para asistir a las reuniones de la junta, presentado simplemente como un "consultor", y luego, después de eso, informa al presidente sobre lo que él "presiente" que realmente va a ocurrir. Es simultáneamente un hechicero y un estratega empresarial.

Si la "consulta intuitiva" no es de su preferencia, quizá lo sea el "análisis arquetípico". Esto incluye a un experto en mitos que analiza los estilos de gestión y las personalidades de su equipo ejecutivo. Usted realmente puede averiguar qué arquetipos (magos, guerreros, exploradores, viajeros, etc.) están activos en su compañía y qué trayectorias están siguiendo. ¿Por qué esto es interesante? Bueno, un equipo gerencial superior con muchos "guerreros" puede actuar bien frente a la competencia, pero esos mismos guerreros se pueden comprometer en una disputa interna constante. Un "viajero" circunscripto a un escritorio puede rebelarse a sus restricciones. Una preponderancia de exploradores podría significar una escasez de personas para las tareas de rutina.

En todo el espectro de la tendencia hacia las Fuentes de Esperanza –desde la religión hasta la junta empresarial y el misticismo– hay una veta común. Todos estamos en busca de un significado que trascienda lo corporal, lo ma-

Cuerpos celestiales

La moda puede estar en sincronía con las Fuentes de Esperanza. Un equipo de diseño muy sincronizado de Arnhem, en los Países Bajos, atrae clientes con la verdadera magia y erotismo expresados en sus prendas. Geert de Rooij y Hans Demoed llamaron a su compañía The People of Labyrinth (La gente de los laberintos). Los dos hombres sólo producen tantas prendas como pueden imprimir en su taller. Las telas de seda delgadísimas y las pieles suaves impresas con mensajes poéticos parecen lujosas creaciones del siglo XVI y tienen una demanda a nivel mundial.

Cada seis meses cambian sus temas, de los Ángeles al Ensueño y su favorito, Tauro. Cuando alguien tiene un capricho, pueden aceptar el encargo de diseñar a medida. Recientemente, Hans refirió la historia de una mujer encinta que pidió un cubrecama especial sobre el cual pudiera dar a luz a su bebé. Confeccionaron un edredón con "un simbolismo que expresaba cosas impactantes en la vida: águilas, leones, manos, coronas, viejas referencias como la Era Glacial y la meditación y nuevas referencias como el ADN". Los precios son altos, pero cada pieza es una obra de arte.

terial, lo temporal. Deseamos ansiosamente encontrar una piedra mágica que nos conecte con el pasado, con el futuro, con la eternidad. Queremos actuar correctamente en la vida, pero siendo humanos no estamos seguros de la mejor manera de alcanzar esa meta honorable. Y de este modo vamos en busca de una esperanza. Si bien puede ser que no siempre la encontremos, o que ocasionalmente se nos escape de las manos, la búsqueda en sí misma es un acto de crecimiento espiritual enriquecedor y gratificante.

EN LÍNEA CON EL INDIVIDUALISMO

Al sentirse desconectados
en la Era de la Información despersonalizada,
los consumidores se vuelcan a los productos
y servicios individualizados y a la medida.

Yo, Mí y Mí mismo son las fuerzas rectoras que hay detrás del Individualismo. "Mí" requiere una personalización; "Mí mismo" requiere una persona con un nombre, no un consumidor anónimo con un número; y "Yo" exige una atención individual y un servicio personal.

En la generación pasada, el potencial del ser humano llegó a ser un principio de la cultura norteamericana. En muchísimos libros de autoayuda, en las revistas y en la tele visión, en los retiros y seminarios, se nos ha dicho que cada uno de nosotros es un ser humano único con un derecho básico a la felicidad y la realización. Hemos llegado a ser seguros y asertivos, un conjunto de individuos que se exigen lo mejor de sí mismos.

El Individualismo se manifiesta *en todas partes.* Los consumidores quieren estar en el asiento del conductor

–en muchos casos, muy literalmente–. El asiento del conductor en el Mustang de Faith Popcorn se puede programar para tres personas diferentes. Esto es el individualismo: pensar en el confort individual de un consumidor.

El Mustang de Faith es sólo el comienzo del individualismo automovilístico. Un aviso impreso del Lincoln Continental expresa astutamente: "Conoce su voz, su altura, inclusive su peso. (Pero no se preocupe. También sabe cómo detenerse.)" El resto del mensaje detalla cómo el Continental ofrece un discado telefónico activado mediante la voz (sólo pronunciando un nombre) y cómo la suspensión se adapta a su peso y carga (equipaje, comestibles, etc.) para que el coche permanezca nivelado y tenga un andar suave. Un aviso del Lexus resume sucintamente el mensaje del Individualismo: "Durante centurias el hombre se ha adaptado a su medio. ¿Qué pasaría si fuera a la inversa?".

El Individualismo significa que la empresa debe llegar a ser más personal –tratar de responder a las necesidades a menudo idiosincrásicas del consumidor. A medida que el viejo horario de 9 a 5 se está tornando un anacronismo exótico, las empresas se apresuran a adaptarse. Antes las tiendas y restaurantes que permanecían abiertos día y noche eran los únicos comercios en sincronía con el Individualismo. Pero ahora tenemos una cadena de fotocopiadoras que atiende las 24 horas, Kinko's, para tirar copias de informes a las 3 de la mañana. Tenemos un supermercado importante y una cadena de farmacias de descuento que permanecen abiertas a toda hora. Muchas tiendas de venta por catálogo recibirán su llamada sin cargo en cualquier momento de la noche o del día. Y no nos olvidemos de los casinos que nunca cierran, ni de las capillas de Las Vegas que están dispuestas a celebrar bodas con la urgencia que se requiera.

Para los periódicos, el Individualismo es realmente una cuestión de supervivencia. Teniendo en cuenta que el 50 por ciento de los jóvenes entre 18 y 24 años dijeron en una encuesta que jamás compraban un diario, la respuesta obvia es transmitir las noticias on-line. Esto permite a un periódico organizarse por temas, de modo que los lectores puedan ignorar todos los que no les interesen. Aquellos que no desean detenerse a leer las noticias empresariales ni los negocios mundiales (ni entintarse los dedos en el proceso) pueden explorar y buscar la información que les interesa.

En 1989, solamente 42 periódicos se habían aventurado en la publicación on-line; hoy cerca de 3.000 están tomando ese rumbo. Por ejemplo, el *New York Times* se publica on-line todos los días. La "primera plana" es una pantalla de íconos gráficos (empresa, deportes, espectáculos). Los lectores pueden conectarse (de más de una manera) con sus pasiones. Una de las ventajas de las noticias on-line es averiguar qué hay "detrás de la historia". Para los verdaderos entusiastas de las noticias, es posible acceder a una información en profundidad como las transcripciones de las conferencias de prensa, los mapas, los antecedentes judiciales, y los archivos fotográficos. Los periódicos on-line han llegado a ser un descubrimiento valioso de la información personalizada.

La tienda de vídeos Blockbuster y la compañía IBM están trabajando juntas para desarrollar una máquina que permita a los consumidores seleccionar sus discos compactos (CDs) a la medida, entre cientos de miles de canciones e intérpretes. Time Warner fue la primera en editar una película interactiva; a cada miembro de la audiencia se le proporciona un dispositivo manual y vota para decidir cuáles serán las opciones de los personajes y cuál será el resultado. ¿La muchacha seduce al galán? Oprima "A". ¿Matan al malvado? Oprima "B". Las películas interactivas en el futuro estarán en sincronía con una generación acostumbrada al vídeo y los juegos de computación, y habituada a dirigir la acción de sus entretenimientos sobre la pantalla.

La autoexpresión

En ninguna parte la individualidad y el punto de vista personal son más importantes que en el arte. ¿Qué mejor alternativa para la autoexpresión que a través de la música, la pintura, la escritura o la actuación? ¿Qué mejor manera de estar en sincronía con los consumidores? Los restaurantes, los cafés, las librerías e incluso algunas peluquerías están usando sus paredes desnudas como un espacio de "exposición".

Pernod Liquors se ha asociado con Liquidtex para auspiciar exposiciones de arte en restaurantes de la ciudad de Nueva York. Usted puede conseguir ese licor de regaliz, algunas pinturas, y recibir una tela con las instrucciones para "expresarse usted mismo".

Malibu Comics, la sexta revista de tiras cómicas más vendida de los Estados Unidos, ha visto el potencial comercial de alentar a los artistas caseros. Hace poco organizó una competencia "Cree su propio héroe", e invitó a los aficionados a las tiras cómicas para que dibujaran y describieran a un nuevo superhéroe.

Las aerolíneas también han adherido a la causa triunfante del Individualismo. Un aviso de United Airlines comunica a los pasajeros de primera clase "planee su propia experiencia de vuelo". Usted puede escoger una comida importante o un ligero refrigerio, establecer el ritmo de la cena, elegir las horas para dormir. Solía suceder que si usted no comía en el momento que pasaba el carro, la comida se desvanecía en el aire. Swissair seduce a los clientes de primera clase con la promesa de que "cada minuto que usted pasa con nosotros es su momento. Para que lo pase precisamente de acuerdo con sus deseos". Esto incluye a un conserje en Zurich o Ginebra que lo ayuda a pasar por el control, a manejar el equipaje, a abordar oportunamen-

Pasaporte al futuro

Para acelerar los trámites en las aduanas, el Servicio de Inmigración y Naturalización de los Estados Unidos ha lanzado un programa piloto llamado INSPass. Este sistema biométrico registra sus huellas digitales sobre una tarjeta del tipo cajero automático. Los viajeros preseleccionados consiguen evitar las filas en los aeropuertos Kennedy o Newark insertando la tarjeta en una máquina y pasando sus manos sobre un analizador. Si esto se llega a aceptar a nivel mundial, usted jamás necesitará un pasaporte para atravesar una frontera.

te, y a despachar sus maletas a su casa u hotel. En los vuelos nocturnos hay un perfecto servicio de noche, Dream Time Service, que le suministra una manta, sábanas y almohadas. ¿Está despabilado? Mire su propio monitor personal de vídeo con una opción de más de 30 películas. Otra aerolínea tiene juegos de computación sobre los respaldos de los asientos, incluso en los de segunda clase.

La compañía Virgin Atlantic Airways, fundada por un emprendedor británico muy creativo, Richard Branson, ofrece una propuesta única. En los vuelos exclusivos, se pueden comprometer masajistas para eliminar las contracturas de su cuello y hombros, aplicar digitopuntura sobre sus pies o aliviarlo con fragantes aceites de aromaterapia. Incluso es posible conseguir una manicura (si bien no es posible el pulido de las uñas, ya que están prohibidas las sustancias inflamables). Ya en tierra, los pasajeros de primera clase y de clase ejecutiva pueden acceder a un servicio de peluquería, tratamiento facial y manicura sin cargo en el casino de Heathrow. Con las apuestas jurídicas sobre las aguas internacionales, la aerolínea está tratando de establecer videojuegos de apuestas en vuelo. ¿Parece algo traído de los cabellos? No para Virgin. Esta aerolínea iconoclasta ya tiene un crupié en el aeropuerto de Heathrow, donde se puede jugar en una mesa de blackjack para los pasajeros frecuentes. Otros aeropuertos previsores también están tratando de hacer las escalas individualmente más atractivas.

El Individualismo inspira a The Body Shop cuando esta tienda recibe un pedido de su loción de menta favorita y se la envía por correo de acuerdo con un calendario que usted personalmente establece. Lo mismo es válido para la distribución del café "Encore" de Starbucks, que le permite programar su propio horario de entrega y luego cambiarlo tantas veces como desee.

Otra estratagema (¿sincronía?) con el Individualismo es aventurarse por el camino trillado para tentar a una nueva audiencia. En los últimos años, el mercado de los consumidores entre 18 y 35 años ha estado evitando las galerías comerciales y las tiendas por departamentos. ¿Qué hacer? Llevar la montaña a ellos. Por ejemplo, Calvin Klein introdujo su exitosa fragancia unisex, CK One, en las tiendas Tower Record de los Estados Unidos. ¿Por qué no vender yogures de bajas calorías en las buenas tiendas de deportes? ¿Mochilas en las tiendas de cafés? ¿Comidas congeladas en los clubes de vídeo? Usted aprovecha las circunstancias.

El Burton Group, una cadena británica de establecimientos minoristas, acudió a BrainReserve para que lo ayudáramos a reposicionar una de sus divisiones, Dorothy Perkins, una cadena de tiendas de ropa para mujeres y niñas. Nuestra estrategia se llamó De Lazos & Puentes, lo cual significa que las tiendas tenían que llegar a ser más individualistas creando lazos más estrechos con el cliente. Por ejemplo, sugerimos que permanecieran abiertas durante más horas para atraer a las mujeres empleadas, que blanquearan y utilizaran sus escaparates de exhibición, y

Servicio dinámico

El Individualismo le permite a una compañía convertir un problema en una ganancia. Un caso en cuestión: en un viaje reciente a Hawaii vía San Francisco, la cremallera de mi maleta sobre ruedas fabricada por Tutto de Hammacher Schlemmer se abrió y era imposible subsanar el problema con un alfiler de seguridad. Afortunadamente, las oficinas centrales de la tienda donde la compré se encontraban precisamente allí en San Francisco. Si bien era un fin de semana, Susan Lee de Tutto personalmente me entregó una nueva maleta. ¡Esto es convertir algo negativo en una experiencia resonantemente positiva! El servicio personalizado de Tutto (sentí que ellos realmente se preocuparon por mi problema y se comprometieron a resolverlo) me convirtió en una clienta leal.

que trasladaran sus cajas registradoras desde el fondo hasta el frente de las tiendas. Pero la contribución más importante, relacionada con la firme tendencia al Individualismo, fue aconsejarles que desarrollaran una base de datos de todas las compras, de modo que en las futuras temporadas de venta cuando entraran una blusa, una falda, una chaqueta o un accesorio combinables, ellos pudieran llamar a las clientas particulares e invitarlas a venir o incluso enviarles el artículo a sus hogares para que lo vieran. Este concepto formaba parte de una premisa largo tiempo sostenida en BrainReserve: no debería haber diferencia en el servicio entre una tienda corriente y una de alta categoría. Todo el mundo pretende la misma cantidad de atención. Si usted puede brindarla, adquiere un cliente de por vida.

Las tiendas Dorothy Perkins prosperaron bajo este nuevo enfoque individualista. Nos agrada pensar que

Individualismo extremo

En un intento de hacer que la correspondencia generada por computación parezca más humana y personal, CD-ROM ha introducido las "Handwritten Fonts" (fuentes manuscritas). Contienen 300 tipos de letra que se parecen al manuscrito humano. Son ideales para las cartas de agradecimiento. Aún más correcto desde el punto de vista individualista, usted puede enviar una muestra de su escritura y, en unas pocas semanas, recibir una fuente de tipos que reproducen su propia escritura.

BrainReserve es parcialmente responsable de un 91 por ciento del incremento en sus ganancias –previas al pago de impuestos– durante seis meses.

Recientemente recomendamos a una compañía farmacéutica que hiciera lo posible para conservar los antecedentes médicos de un individuo de por vida. O que guardara los antecedentes médicos de todos los usuarios de medicinas recetadas en un archivo central. Esto podía servir como una referencia cruzada para que nadie tomara una combinación de drogas potencialmente peligrosa de diferentes farmacias, o si alguien estaba tomando una droga lixiviadora del calcio, como la prednisona, se le pudiera aconsejar que tomara suplementos de calcio. La idea implícita: sin importar dónde usted se mueva, sin importar qué médicos consulte, habrá una historia clínica coherente sobre usted. ¿No sería ventajoso saber cuántas veces en su vida ha estado bajo tratamiento con antibióticos y cuáles fueron más eficaces?

Para el individualismo ningún nicho es demasiado pequeño. Si usted puede estar en sincronía con un segmento de la población –y hacerlo con eficacia– tendrá el éxito asegurado. Después de que nos pidieran hablar en el Foro de Ejecutivos de la YPO (Young Presidents Organization) en Berlín, nos sorprendió ver cuántos de los asistentes habían hecho sus fortunas con productos altamente especializados. Esta tendencia ha llegado al extremo de fabricar hilos dentales más delgados para las personas con los dientes poco espaciados y "cintas" dentales más anchas para las personas con trabajos de puente. El Individualismo también está detrás de la línea personalizada de tarjetas de salutación de Hallmark que permite adaptar sus tarjetas con saludos especiales, expresiones de afecto y apodos.

Los norteamericanos son las personas más autocríticas y vanidosas del mundo. Se conocen y necesitan definirse, pero no que les digan cómo vivir y qué comprar. Exigen opciones, y cantidades de ellas. Ellos y sus familias son únicos y especiales y merecen este arco iris (oh, a propósito, también quieren escoger los colores). Las compañías e individuos que estén en sincronía con este concepto y mercado para magnificar el sentido de la autoestima (ego) de una persona, prosperarán.

Ergo, Individualismo.

EL PENSAMIENTO FEMENINO

La manera como las mujeres piensan y se comportan es de tal impacto, que ha causado un cambio en el marketing del modelo jerárquico al relacional.

¡Últimas noticias! Las mujeres son diferentes de los hombres. No inferiores, ni superiores: sólo diferentes. ¿Usted ya lo sabía? Sin duda, pero durante la década pasada, esto había sido políticamente incorrecto –y quizá incluso un poco peligroso desde el punto de vista social– para decirlo en pocas palabras. Bien, políticamente incorrecto o no, ha llegado el momento de hacerlo realidad.

Hemos entrevistado a más de 4.000 hombres y mujeres y les hicimos la siguiente pregunta: "¿Después de vivir y/o trabajar con una persona del sexo opuesto, usted diría que esa persona piensa de maneras significativamente diferentes de como usted lo hace?". Cada uno de ellos contestó: "¡Sí!".

La ciencia respalda esta idea. Difícilmente podamos abrir un periódico o una revista médica sin enterarnos de un nuevo descubrimiento acerca de las diferencias perceptivas y cognitivas entre los sexos. Debido a los grandes progresos en la tecnología de la imagen, los científicos han estado en condiciones de investigar la actividad de nuestro cerebro. Y –no es una sorpresa para nosotros– han confirmado que los hombres y mujeres procesan la información de maneras claramente diferentes.

Las imágenes del cerebro también indican que las mujeres tienen una mayor discriminación sensorial que los hombres. Por ejemplo, pueden leer el contenido emocional en las expresiones faciales con más precisión y facilidad que los hombres. Además, cuando las mujeres recuerdan acontecimientos dolorosos, muestran una mayor área de actividad de las neuronas de sus cerebros que los hombres. En otras palabras, los neurólogos han demostrado lo que ya todos sabíamos: que las mujeres están más en contacto con sus emociones, son más atentas y más compasivas. Anne Moir y David Jessel, autores de *Brain Sex: The Real Difference Between Men and Women*, escribieron que "las mujeres probablemente están 'escuchando' mucho más que lo que el hombre mismo piensa que está 'diciendo'". ¿Esto significa que las mujeres son mejores terapeutas? ¿Mejores vendedoras? ¿Mejores líderes?

En Canadá, la profesora Doreen Kimura ha estado trabajando sobre las diferentes maneras en que los cerebros de los hombres y mujeres perciben las relaciones espaciales. Piense en la manera como usted lee un mapa cuando está viajando en una autopista. Si es una mujer, es muy probable que despliegue el mapa en la dirección que está enfrentando de modo que usted, el coche y el mapa estén orientados en el mismo sentido. Sin embargo, para la mayoría de los hombres la dirección en la cual el mapa está orientado importa poco. Los hombres ven el lugar de destino como algo separado y aparte de ellos y se orientan por la distancia y la dirección lineal. (Y cuando se les pregunta por las direcciones, la obstinación de los hombres es legendaria y muy reveladora). Esta fascinante diferencia de género tiene implicaciones para los creadores de videojuegos y programas de computación, e incluso para los arquitectos.

Este es otro hecho poco conocido con implicaciones interesantes: las mujeres pueden realmente ver mejor en la oscuridad que los hombres. ¿Cómo pueden usar esta habilidad especial? ¿Podríamos ser mejores fotógrafas? ¿Investigadoras privadas? ¿Obreras de la construcción del turno de medianoche? La escritora Anaïs Nin captó un aspecto esencial del Pensamiento y de la "visión" femenina en su declaración: "No vemos las cosas como son. Vemos las cosas como somos *nosotras*". Es decir, a través del filtro del Pensamiento Femenino.

En otro estudio revelador, se les pidió a dos grupos de hombres y mujeres que borraran de sus mentes todo pensamiento. Los resultados mostraron claramente una diferencia cultural: se observó que los cerebros "vacíos" de las mujeres estaban más activos en una región donde tiene lugar la expresión más compleja, mientras los cerebros "vacíos" de los hombres mostraron niveles de actividad más altos en la zona primitiva donde reside la agresión. Esto sugiere evidentemente una diferencia fundamental en las pautas de respuesta entre los hombres y mujeres, y puede indicar que la naturaleza –más que la educación– determina la manera como nos comportamos en el mundo.

El hecho es que los hombres y las mujeres piensan de manera diferente y tienen estructuras emocionales muy diferentes. Los sexos no se comunican de la misma manera, no buscan las mismas cosas, no compran por las mismas razones. En realidad, los hombres y las mujeres ven el mundo bajo una luz completamente diferente. Este es el principio fundamental del Pensamiento Femenino, una tendencia que tendrá un impacto profundo sobre todos los aspectos de los negocios y la sociedad en el siglo XXI.

No estamos diciendo que usted tiene que ser una mujer para estar en sincronía con el Pensamiento Femenino. Tampoco estamos diciendo que pueda darlo por sentado simplemente porque *es* una mujer (si bien los correctos cromosomas que lo generan vienen más naturalmente). No importa cuál sea su género, la clave para estar en sincronía con el Pensamiento Femenino es ser sensible y estar consciente de las diferencias entre los sexos y aprender cómo responder a las mujeres de manera que reconozcan y respeten esas diferencias. Ya sea una mujer joven con un título universitario recién obtenido, un varón director ejecutivo de 55 años de edad, o una mujer de 37 resuelta a dejar su empleo y seguir su sueño empresarial, el hecho de comprender el Pensamiento Femenino le ayudará a tener éxito en la vida y en los negocios (¡y quizá también en las relaciones!).

En gran medida, el Pensamiento Femenino es una función de la evolución. En los últimos 50 años, los roles sexuales en nuestra sociedad han experimentado una mar de cambios y no hay manera de volver atrás. En su biografía de Franklin y Eleanor Roosevelt, *No Ordinary Time* –ganadora del Premio Pulitzer–, Doris Kearns Goodwin evoca la Segunda Guerra Mundial cuando millones de mujeres norteamericanas contribuyeron al esfuerzo bélico yendo a trabajar en las líneas de producción. Goodwin relata un episodio de la vida de Eleanor Roosevelt cuando visitó la planta donde se fabricaban los B-24. "Una vez más, Eleanor manifestó una alegría especial al enterarse de que las mujeres 'estaban haciendo un trabajo magnífico, mejor de lo que esperaban'. Los supervisores informaron que las mujeres eran más pacientes con los detalles, más capaces de manejar tareas repetitivas sin perder interés, más ansiosas de aprender, menos propensas a ocultar su inexperiencia, más dispuestas a pedir y recibir instrucciones." A continuación, Goodwin cita a un ejecutivo varón de la compañía: "Si

Ella quiere conversar, él quiere comer

Un hombre y una mujer se sientan a una mesa. El camarero se acerca y se presenta. "Hola, yo soy André y soy un actor". (Como todos sabemos, ya no quedan verdaderos camareros en los años noventa.) La mujer está fascinada. Ella quiere saber en qué espectáculos está trabajando, si realmente lo puede ver actuar, dónde estudió, cuántos hermanos y hermanas tiene. El hombre no podría interesarse menos: quiere su cena, y cuanto antes mejor. A él le interesa completar el pedido; ella está interesada en establecer la relación. Esta es la esencia del Pensamiento Femenino.

ahora pudiera hacerlo a mi manera, diría 'al diablo con los hombres. Tráiganme mujeres'." Hoy las mujeres constituyen el 46 por ciento de la fuerza laboral de los Estados Unidos y en la lucha progresiva por la igualdad de oportunidades laborales han forjado una solidaridad que es una de las fuerzas rectoras que hay detrás del Pensamiento Femenino.

Esta solidaridad no se limita a las fábricas y oficinas. las mujeres establecen conexiones dondequiera que van –escuelas, campos de deportes, supermercados, gimnasios, trenes o aviones–. Casi todo encuentro llega a ser personal: las mujeres se preocupan por la dimensión personal. Esto tiene una enorme implicación para cualquier empresa que desee estar en sincronía con el Pensamiento Femenino: *cómo* vender a las mujeres puede ser tan importante como *qué* está vendiendo. Las mujeres buscan una relación antes de hacer una compra. Necesitan saber que habrá apoyo y un servicio personal después de comprar, un ser humano que estará cuidando sus intereses, alguien a quien puedan llamar con un problema o una palabra de elogio. Este deseo de conexión humana define no sólo la manera como las mujeres se relacionan con las compañías, sino cómo se comprometen con el mundo y, en última instancia, cómo cambiarán el mundo.

El Pensamiento Femenino está infiltrándose en cada rincón de nuestra sociedad y sacudiendo los pilares del poder desde los ayuntamientos hasta el Capitolio de los Estados Unidos.

Las mujeres –y el Pensamiento Femenino– tuvieron un impacto decisivo en la campaña presidencial de 1996. De acuerdo con las encuestas, las mujeres favorecieron a Bill Clinton sobre Bob Dole por un amplio margen, mientras los hombres votaron en forma más equitativamente dividida, inclinándose levemente hacia Dole. El comentario de Clinton "Siento vuestro dolor" puede haberlo convertido en el blanco de las burlas en *Tonight Show,* pero en su conjunto las mujeres lo consideraron más afín a ellas, es decir, más genuinamente preocupado e interesado en desarrollar un consenso que en librar batallas. No es descabellado sugerir que Clinton ganó las elecciones al ponerse en sincronía con el Pensamiento Femenino.

Consideremos a Ellen Malcolm de Washington y su idea: la Lista de EMILY. EMILY es la sigla de Early Money Is Like Yeast (El dinero oportuno es como la levadura): hace elevar la masa. La meta a largo plazo: cambiar la fachada del poder haciendo que el gobierno refleje fielmente la configuración de la población, que es 51 por ciento femenina.

La Lista de EMILY utilizó brillantemente un nuevo mercado, al pedir principalmente a sus miembros femeninos que ofrecieran una garantía de 100 dólares por dos candidatas femeninas recomendadas. De hecho, en 1997, la Lista de EMILY se convirtió en el comité de acción política más importante de los Estados Unidos. Cuando Malcolm comenzó en 1985, había solamente 12 mujeres demócratas en la Cámara de Representantes, y ninguna en el Senado. Después de cinco elecciones nacionales, la Lista de EMILY ha contribuido a elegir 42 representantes, 6 senadoras y 3 gobernadoras. ¡Este es un Pensamiento Femenino de gran potencia!

Las siete mujeres en el Senado de los Estados Unidos han demostrado una disposición a trabajar cooperativamente a través de las líneas del partido y han mostrado un notable apoyo –basado en el género– a los programas que benefician a las mujeres y a la educación.

La teoría implícita es que cuanto más mujeres haya en la política, más énfasis se pondrá en la atención infantil, en la reforma del bienestar social y en la asistencia sanitaria, los problemas así llamados femeninos. ¿Pero en última instancia no son problemas humanos?

La filantropía del Pensamiento Femenino también parece diferente. Suele ser conducida en una escala más íntima, más humana. Carole Isenberg, productora y guionista de Hollywood (*El color púrpura*), se asoció con Lynda Guber para fundar una organización sin fines de lucro llamada Education First, que aspira a enviar mensajes educativos a la comunidad a través de los medios de difusión. "Los medios son una increíble herramienta", afirmó Carole. Education First está conduciendo campañas de servicio público con luminarias como Richard Dreyfuss, así como introduciendo sutilmente los mensajes "siga estudiando" en las películas y las series de la televisión.

La propia compañía de Carole, Big Light Film, se concentra en ideas inspiradoras. "Las películas son como las barajas de tarot", dijo en nuestra entrevista. "Son muy metafísicas." Irrumpir en la cinematografía solía ser increíblemente difícil para las mujeres. En un esfuerzo por transmitir su buena suerte, Carole a menudo reúne a sus empleadas y les enseña los trucos. "Tenemos una responsabilidad de ayudarnos mutuamente", les dice.

En el pasado, cuando las mujeres sentían la necesidad de demostrar fuerza y resolución, como en la invasión de las Islas Malvinas por la "dama de hierro" Margaret Thatcher, eso se consideraba como una prueba de que una mujer podía ser tan ruda como cualquier hombre. Pero quizás ha llegado el momento de dejar de definir la "fuerza" de acuerdo con los parámetros masculinos. El Pensamiento Femenino sugiere que la verdadera fuerza de las mujeres puede no tener nada que ver con la guerra, y considerando la historia del mundo y las situaciones trágicas del pasado reciente en los Balcanes y en África central, no estamos del todo seguros de que librar una batalla sea una fuerza tan valiosa.

La primera dama de los Estados Unidos, Hillary Rodham Clinton, reconoce el poder del Pensamiento Femenino. En una reunión de aproximadamente 40 mujeres profesionales de Nueva York, ella instó al grupo a recordar el poder de la narración. "Piensen en todas las situaciones en que nos encontramos cada una de nosotras donde relatar una historia puede hacer pensar a la gente. Por ejemplo, una vez me senté junto a una ama de llaves de un hotel cuyo esposo estaba muy enfermo desde hacía algunos meses. Si no hubiera sido por la Ley de Licencia Médica y Familia, ella jamás habría podido ausentarse unos días de su empleo para cuidar a su esposo moribundo. Llegó a enterarse de la existencia de la ley debido a la necesidad urgente, pero dijo, 'La mayoría de las personas con las que trabajo, jamás han oído hablar de esta ley'." La Sra. Clinton terminó su disertación, diciendo: "Las mujeres que tienen una función en la empresa y el sector público necesitan reunir una audiencia y transmitir un mensaje más amplio, convirtiéndose en narradoras".

Cuando entrevistamos a Marsha Scott, la asistenta del presidente en la Casa Blanca, ella expresó las maneras positivas con que las mujeres se pueden comunicar. Marsha trata de aportar una perspectiva espiritual a su posición

Damas que no almuerzan

Cuando un grupo de mujeres interesadas nos reunimos se irradia una firme convicción de que "podemos hacer todo", incluso ser elegidas presidentas, quizás una presidenta *femenina*. En un almuerzo ofrecido por la reportera de noticias de la televisión Judy Licht, el día de San Valentín, nos quedamos sorprendidas por el poder de las mujeres trabajadoras.

Anunciado como una reunión anual para "Damas que no almuerzan", el grupo incluyó a las presentadoras Lynn White y Magee Hickey y personalidades de la televisión como Donna Hanover Giuliani, la mujer del alcalde; a las escritoras Nora Ephron, Erica Jong, Barbara Goldsmith Perry y Gael Green; a la presidenta del ayuntamiento de Manhattan, Ruth Messinger; a la fotógrafa Jill Krementz; a personalidades de la moda como Frances Grill de la Click Agency (usted puede intuir por qué nos gusta este nombre), la diseñadora Joan Vass y su hija Sara Vass de RRPP, entre otras.

En un sorprendente toque de Pensamiento Femenino, Judy recorrió el salón presentando generosamente por su nombre a cada una de las 60 invitadas, sin utilizar notas. Todas se sintieron muy bien de estar a la vista del público. Y la disertación nos hizo estar conscientes de la enormidad del talento femenino presente en el salón.

mundana. "Tener todo bien sincronizado –estar conectada con el mundo en un sentido más amplio– da una sensación poderosa e importante. Las mujeres desarrollan sistemas, redes de comunicación. Todo está allí, cuando hablamos de nuestras propias realidades."

Cuando John Gray escribió su libro de gran éxito editorial, *Men Are from Mars, Women Are from Venus*, señaló que las mujeres habitan en su propio planeta: un planeta donde se les paga solamente 72 centavos del dólar masculino (las mujeres conforman el 75 por ciento de los indigentes del mundo). Un planeta que ha instalado un techo empresarial de vidrio (si bien el "cemento" sería una descripción más exacta). Un planeta donde las guarderías diurnas son escasas, donde las mujeres no están debidamente representadas en el gobierno, y donde las enfermedades que las afectan no reciben la suficiente dedicación de la institución médica.

¿Por qué deberíamos suponer que podemos hablar a los hombres y a las mujeres del mismo modo cuando nuestra experiencia del mundo (además de nuestra química cerebral) es tan diferente?

La experta en lingüística Deborah Tannen, quien escribió *You Just Don't Understand –Women and Men in Conversation,* destacó los aspectos clave del Pensamiento Femenino en una entrevista de *People*: "Los hombres utilizan el lenguaje para preservar su independencia y mantener su posición en un grupo. Las mujeres lo utilizan para crear conexiones e intimidad".

Tannen y Gray insisten en que hablamos dos lenguajes diferentes, y en que tenemos que encontrar una nueva manera de comunicar en lugar de gritarnos mutuamente a través del vacío. Tenemos que ser traductores, intérpretes y diplomáticos. Después de todo, podemos vivir en planetas diferentes, pero compartimos el mismo inmueble.

Hay muchas maneras de utilizar este discernimiento para estar en sincronía con las mujeres cuando usted trata de comunicar lo que hace o lo que hacen usted o su empresa.

La manera de llegar a las mujeres consumidoras es apelar a sus fuerzas. Esto *no* significa publicar avisos que muestran a una mujer usando una corbata y unos absurdos anteojos negros, llevando un portafolio de cuero, e imitan-

Adoptar una nueva actitud

Un excelente ejemplo de un modelo de Pensamiento Femenino enfático es Beverly Havard, la actual jefa de policía de Atlanta. Su estilo particular (¿nos atreveríamos a decir femenino?) de liderazgo –mediante el ejemplo y el consenso– le valió su designación. Su estilo no-rudo, no-paramilitar significa que los oficiales de policía pueden enviarle faxes con cualquier sugerencia o queja pasando por alto la cadena de mando habitual. Todos los faxes obtienen una respuesta.

do las reglas y los roles masculinos. Tampoco significa intentar convencer al mundo de que todos somos iguales. Lo que significa es enfatizar –y luego aprovechar– aquello en lo que difieren las mujeres.

Esperamos y creemos que el desarrollo del consenso femenino (a menudo considerado como demasiado "conciliador") y de la sensibilidad femenina (a menudo patrocinada) serán recibidos como atributos apreciados para el éxito, no solamente en las empresas sino en todos los aspectos de la vida. En verdad, las mujeres tienen que recorrer un *largo camino* para alcanzar a los hombres en el potencial de ganancia y el bienestar material. Pero también es cierto que son cada vez más las mujeres que trabajan y toman decisiones acerca de la manera como gastar su propio dinero. Este mercado no puede ser ignorado ni mantenido en la categoría de los ciudadanos de segunda clase.

El Pensamiento Femenino significa que toda la imagen de las empresas cambiará: ya no habrá una guerra ganada derrotando abrumadoramente a la competencia, sino más bien un mosaico complejo para ser armado pieza por pieza, una relación a la vez. El Pensamiento Femenino surtirá efecto porque es eficiente, económico y *eficaz*. Es una manera de tender la mano, de recibirla, un compromiso social así como financiero. Por eso no sorprende que aquí, en BrainReserve, hayamos concebido la misión de nuestra compañía en torno del Pensamiento Femenino y que procuremos trabajar con socios empresariales cuya misión y valores podamos compartir.

Gun Denhart es una mujer emprendedora que también comprende instintivamente esta nueva ecuación atractiva. Ella inició su compañía –de 44 millones de dólares– Hanna Andersson, de venta de ropa infantil por catálogo, en Portland, su ciudad natal en Oregon. Introdujo un brillante concepto llamado "Hannadowns". Los clientes pueden devolver las prendas cuando sus hijos han crecido demasiado para usarlas, recibiendo un crédito del 20 por ciento para su próxima compra. Las ropas devueltas se donan luego a las instituciones de caridad. Cada mes, se reciclan más de 3.000 artículos de vestir y la lealtad del cliente a la "compañía benefactora" está garantizada.

¿Cuál es la implicación fundamental de esta nueva visión para la comunidad empresarial? Ninguna empresa prosperará sin practicar el Pensamiento Femenino. Y las compañías que han estado mucho tiempo dominadas por la perspectiva del Viejo Pensamiento se equivocan si piensan que esto se puede lograr mediante la incorporación simbólica de unas pocas mujeres en los puestos de alto perfil. El Pensamiento Femenino debe estar genuinamente integrado en todos los niveles, y el compromiso de la gerencia superior debe ser sincero y firme y estar respaldado por la acción.

Si usted piensa que esto de "mujeres en la empresa" no es ninguna novedad, recuerde que la igualdad de oportunidades todavía está en pañales. Observe minuciosa y honestamente y verá que todavía hay muchos muros (y techos de cemento) infranqueables.

No hace mucho tiempo, en una cena en Manhattan,

cuando el hombre que estaba sentado a la derecha de Faith –dueño de una compañía multimillonaria de mediana envergadura– dijo inopinadamente que la idea de la discriminación contra las mujeres en el ámbito laboral era exagerada, Faith apostó 1.000 dólares a que en su empresa no había una sola mujer dentro de los siete niveles de su elevada escala ejecutiva. Los otros comensales observaron en silencio mientras él recorría mentalmente su cadena de mando. Era una apuesta riesgosa. Siempre existía la posibilidad de una dirección nominal femenina de Recursos Humanos. Finalmente, el ejecutivo, claramente turbado, admitió que Faith había ganado la apuesta. Fue una victoria tan placentera como desalentadora, pero no sorprendente.

¿Cuál es el coste de "incorporar" a las mujeres? Algunas se quedan y rezongan, pero muchas hacen planes de irse tan pronto como tengan la oportunidad. Nuestra opinión es que al menos el 20 por ciento de las mujeres empleadas por las grandes compañías renunciarán para iniciar una nueva empresa por su cuenta. Cada vez que digo esto en un seminario empresarial, observo y veo cantidades de sonrisas y gestos de asentimiento.

No me encajonen

Conocemos a una mujer ejecutiva en una agencia publicitaria farmacéutica que consiguió un contrato de 30 millones de dólares para su empresa. Después que el acuerdo se firmó, el presidente de la compañía pasó por su oficina para felicitarla. Con la intención de mostrarle que ella encajaba perfectamente en la compañía, se sentó y dibujó una imagen de una caja.

"Esta es una caja", le dijo, como si estuviera hablando a un niño. "Yo estoy en esa caja y nuestros otros ejecutivos están en esa caja. ¿Ahora, dónde se ubicaría usted misma?"

¿Cuáles son ahora las novedades?

- One-A-Day Vitamins ha introducido una nueva línea con una fórmula para hombres y otra para mujeres. Su campaña de marketing proclama "Las personas son diferentes", un tema clave del Pensamiento Femenino.
- El Pensamiento Femenino también se ha aplicado en un aviso comercial destinado a cambiar la imagen "macho camionero" de las tiendas 7-Eleven de horario extendido. La compañía contrató a la actriz Brett Butler de la exitosa serie televisiva *Grace Under Fire*. Ella recorría la tienda, se sorprendía de encontrar su agua embotellada y su yogur favoritos, y finalmente preguntaba, "¿Esto es el paraíso, o qué?".
- Incluso el mundo deportivo, un antiguo bastión chauvinista de los hombres está comenzando a obrar en armonía. Hillerich & Bradsby, fabricante de los famosos bates de béisbol Louisville Slugger, ofrece guantes de softball y bates diseñados para mujeres deportistas. Anne Flannery, gerente de deportes femeninos en Spalding, lo expresa perfectamente: "Hoy la palabra 'P' es performance, no potencia".

Ella sonrió y señaló al espacio exterior de la caja. Él quedó satisfecho y ella parecía haber comprendido lo que él estaba tratando de decir. "Usted ha estado fuera de la caja", admitió el CEO, "pero nos gustaría que estuviera dentro de la caja con nosotros".

Ella sonrió nuevamente. Poco después, ella le dio la noticia y se llevó la gran cuenta consigo.

Moraleja de la historia: el Pensamiento Femenino no acepta la existencia de una caja. Las mujeres piensan más en términos de la inclusión en un círculo, acogedor, abar-

El techo de cemento

- Solamente 13 compañías integrantes de las 500 *Fortune* tienen una mujer entre sus cinco altos ejecutivos mejor remunerados.
- Más del 97 por ciento de los gerentes empresariales de más alta jerarquía en los Estados Unidos son hombres.
- Un 94 por ciento de los miembros de las juntas directivas de las 500 compañías *Fortune* son hombres.

cador, sin principio ni final. Esta ejecutiva no estaba interesada en estar encerrada en una caja sin aire con un grupo de muchachos. Ella quería un equipo.

Con mucha frecuencia escuchamos a las mujeres que se quejan de los empleos empresariales tradicionales: "Tiene que haber una mejor manera". Ese lamento está siendo reemplazado por la declaración orientada a la acción: "Lo haré a mi manera". Y para casi 8 millones de mujeres, "mi manera", de acuerdo con las últimas cifras de la Fundación Nacional de Mujeres Propietarias de Empresas, es iniciar sus propias compañías. Precisamente ahora, las compañías que pertenecen a mujeres emplean uno de cada cuatro trabajadores y generan alrededor de 2.300 billones de dólares en ventas. Las mujeres están iniciando empresas en una doble proporción que los hombres. Esto vale la pena repetirlo: en una *doble* proporción.

Cuando una mujer inicia una compañía, hay un cambio en cómo se define el éxito. Financieramente, todavía se trata (y siempre será así) de la supervivencia. Pero la motivación fundamental de una mujer para tener su propia compañía está más orientada a ponerse a prueba, a reconocer los problemas del horario flexible, y a hacer algo por el bien común.

Curiosamente, las mujeres que se han sofocado en un ambiente empresarial rígido a menudo se retiran en lo que generalmente ha sido considerado un feudo femenino: el hogar. Hoy más del 18 por ciento de todas las mujeres trabajadoras están manejando sus empresas desde su hogar y esa cifra está creciendo a pasos agigantados. El hogar puede ser donde reside el sentimiento, pero también es cada vez más un vivero del Pensamiento Femenino.

Podríamos hacer una lista interminable de las mujeres emprendedoras (yo misma incluida) que tuvieron una idea e iniciaron una empresa en sus mesas de cocina. En su autobiografía, *An Eye for Winners*, Lillian Vernon relata cómo inició su fenomenalmente exitosa empresa de venta por catálogo (en realidad toda la estampida de la venta por catálogo) en su mesa de cocina de fórmica, que todavía está en las oficinas centrales de la compañía, un símbolo representativo del poder del Pensamiento Femenino.

Consejo a las camaradas emprendedoras

Siga con lo que conoce. Las mujeres tienen una mejor oportunidad de lanzar un concepto empresarial existoso si está dirigido principalmente a las mujeres. Para concentrar aún más el objetivo, apunte a un mercado segmentado o de nichos. Si usted es de origen hispánico, considere el potencial inexplotado de los 27 millones de latinoamericanos que viven en los Estados Unidos –y los 200 millones en América Latina–. Compare sus ideas con el Banco de Tendencias (TrendBank), y si se ha basado en las tendencias en cuatro o más áreas puede ser la próxima emprendedora de éxito.

Cree una pequeña oficina fuera de la cocina y láncese. Las mujeres siempre han considerado la jornada laboral no en bloques de 8 o 10 horas, sino en un ciclo de 24 horas. Hillary Clinton resumió el aspecto inflexible del Pensamiento Femenino: "Para muchas mujeres, alcanzar la meta del día es un acto de coraje".

Estamos acostumbradas a ir a un empleo, recoger a los niños después de la escuela, ayudarlos con sus deberes escolares, leer un informe mientras cocinamos la cena, volver a trabajar cuando terminó la cena, tratar de dormir un poco, levantarnos si el bebé llora, llevar a los niños a la escuela, trabajar de nuevo, y así sucesivamente.

Usted comprende la situación. Nosotros creemos que esta va a ser la pauta de trabajo del futuro. Pero esta vez, las mujeres lo harán lanzando sus propias compañías. Una compañía típica conducida de acuerdo con el Pensamiento Femenino admite que usted tiene que abrir en horas convenientes para sus clientes/consumidores... o ir a sus casas a hacer la venta o explicar un producto. No se sorprenda si el éxito de la empresa induce a su esposo u otro ser significativo a unirse a ella. Hay mucho atractivo en el hecho de manejar su propio negocio.

Jáctese de sus ideas. Usted conoce el viejo proverbio de "conceder crédito donde el crédito es debido". Nosotros lo cambiaríamos por "atribuirse el mérito donde el mérito es debido". Reconozca su propio mérito. Muchos estudios revelan que cuando una mujer piensa en una gran idea, los hombres presentes la atribuyen al hombre que está a su derecha o a su izquierda (si en modo alguno la atribuyen). Las mujeres, por otro lado, alientan, reconocen y celebran cualquier idea ofrecida. Sin embargo, uno de nuestros errores más frecuentes es que nos disculpamos demasiado (en el empleo, en la conversación). Mascullamos "lo siento", cuando no hay ninguna necesidad. Damos directivas indirectas. Acentuamos las palabras al final de nuestras frases para que nuestras órdenes suenen más como preguntas apologéticas: "¿Quisiera que tuvieras ese informe para el martes?". También está el problema que llamamos "compartir/compartir": compartir la culpa cuando pertenece a otros, o compartir excesivamente el mérito –o aun peor, negar cualquier mérito– cuando la mayor parte si no todo debería ser nuestro.

Para Gayle Martz, una azafata de TWA, el gran cambio se produjo después que murió su novio. No mucho después de su muerte, se encontró varada en Corea a raíz de una escala prolongada, deseando ansiosamente la compañía de Sherpa, su cachorro Lhasa apso. Su respuesta: diseñar una jaula transportadora que respondiera a los requisitos de la aerolínea y que fuera fácil de transportar. El desafío: que su mascota estuviera cómoda y responder a las reglamentaciones de seguridad. Su jaula transportadora de estructura blanda se desliza bajo el asiento del avión, tiene cremalleras de acceso lateral y superior, enrejados de ventilación, un bolsillo práctico para los juguetes, bocados y cepillos, una correa para llevarla del hombro y manijas cortas para transportarla con facilidad.

Todos los que vieron el hermoso prototipo diseñado por Gayle querían uno igual. Trabajando desde su apartamento de un ambiente, con 5.000 dólares prestados por su madre, ella lanzó la Sherpa's Pet Trading Company. Tras un lanzamiento nacional exitoso, Gayle cambió su apartamento repleto de personas por otro de más espacio en el mismo edificio, donde ella y Sherpa seguirían trabajando en casa. El maletín Sherpa es ahora el transportador aprobado para su uso a bordo por Continental, Delta, Northwest, TWA, United y otras aerolíneas.

En una medida inversa, la estratega empresarial Karen Dubinsky inició su empresa en una pequeña oficina y luego, después de un mayor crecimiento, se trasladó a su recién adquirida casa particular en la ciudad. Ella piensa que el cambio a un ambiente hogareño la ha hecho pensar de manera menos empresarial, más familiar, más afín al

Pensamiento Femenino y más exitosamente. Además de una situación personal/laboral integrada, ella puede pasar mucho más tiempo con su pequeño hijo adoptivo, Jack Rose, que permanece cerca en el cuarto de niños ocupado en estrategias para su colección de animales embalsamados mientras su mamá resuelve los problemas del ámbito empresarial.

Si bien el hecho de comprender el Pensamiento Femenino puede proporcionar un valioso conocimiento sobre millones de consumidores, curiosamente son pocas las grandes compañías que han aprovechado totalmente la oportunidad. Una notable excepción es Saturn, la compañía automotriz con la política del "no-regateo". La idea de no discutir los precios está dirigida a las mujeres que tradicionalmente se han sentido intimidadas por el mundo agresivo y dominado por hombres de la venta de coches. Y por una buena razón. En una exposición de compra-venta de automóviles en Chicago, las mujeres blancas ofrecían precios que eran en promedio 142 dólares más altos que los de los hombres blancos. Más desalentador aún, las mujeres de color ofrecían precios que eran en promedio unos 875 dólares más altos que los ofrecidos por los hombres blancos.

¿Queda alguna duda de que Saturn, con su política coherente de precios y una campaña publicitaria que trata a las mujeres respetuosa e inteligentemente, se ha puesto en perfecta sincronía con las mujeres? ¿Cuántas veces usted ha visto coches publicitados por mujeres ligeramente vestidas, tendidas sobre el capó con una expresión seductora en sus rostros? ¿Sospecha a quién están dirigidos esos avisos? ¿Y sospecha a quiénes ofende?

En una investigación de BrainReserve donde se encuestaron 14 salones de exposición de automóviles, el vendedor de Saturn fue el único que voluntariamente abrió el capó para una clienta femenina. También fue el único que se ofreció a ayudar a calcular los costes mensuales, que recomendó a una clienta salir a dar una vuelta de prueba, y su stand era el único que tenía un lugar cómodo para sentarse y reflexionar con una taza de café o gaseosa. Y fue el único con un "rincón de guardería" donde las curiosas podían dejar a sus niños. Además, el personal de esa concesionaria se tomaba la molestia de felicitar y piropear gentilmente a una compradora femenina que se había detenido allí para elegir su nuevo automóvil. Algo diferente está ocurriendo en Saturn. Y está surtiendo efecto: la compañía ha desarrollado una secta de devotas feligresas.

Después de entrevistar a 500 mujeres para una de nuestras compañías clientas, descubrimos que las mujeres, si se les da la opción, preferirían comprar un coche desde el hogar. De esta manera, podrían evitar el tratamiento de "usted es invisible" que todas nuestras "compradoras clandestinas" informan: los vendedores suelen mirar directamente a través de cualquier mujer y dirigir todos sus comentarios al hombre que las acompaña. Un día, dejando de lado toda precaución, fuimos a ver un automóvil alemán de categoría y lo experimentamos de primera mano. Ningún vendedor se nos acercó durante los 20 minutos que pasamos en un salón de exposición Mercedes, aun cuando hicimos de todo, desde abrir y cerrar las portezuelas de los coches hasta patear ostensivamente los neumáticos.

Este tratamiento parece claramente insano –además de abiertamente ofensivo– especialmente a la luz de un artículo publicado en la revista *Working Woman* donde se informó que las mujeres firman los cheques y las pólizas de seguro del 50 por ciento de todos los automóviles nuevos en los Estados Unidos: ¡un segmento de 67.000 millones de dólares! Para el año 2000 esta cifra aumentará hasta el 60 por ciento. Esto junto con el hecho de que las mujeres influyen con otro 20 a 25 por ciento en la compra de todos los nuevos automóviles, y usted empieza a comprender el coste de tratar a las mujeres como Casper, el fantasma amistoso (pero invisible).

Viejo Pensamiento vs. Pensamiento Femenino

Analicemos lo que el Pensamiento Femenino más decididamente *no* es. La lista siguiente compara las perspectivas de la vieja manera de pensar –la manera como las empresas veían el mundo en el pasado– con el *Pensamiento Nuevo o Femenino*, para resolver tanto los problemas de relación como los empresariales.

Viejo Pensamiento	***Pensamiento Femenino***
Establece jerarquías verticales	Desarrolla equipos
Se concentra en las respuestas	Busca las preguntas correctas
Identidad rígida	Identidad adaptable
De un sólo propósito (el número uno)	De múltiples propósitos (los números dos y más)
Se resiste al cambio	Busca el cambio
Orientado a la meta	Orientado al proceso
La vida como una serie de destinos	La vida como una jornada o un viaje

Otro sector minorista que necesita urgentemente del Pensamiento Femenino es el de las tiendas de artefactos para el hogar. Cuando usted se aventura en una de estas tiendas como P.C. Richard o Wiz, trate de conservar la serenidad. Los vendedores hábiles sólo intentan cerrar el trato, invariablemente tratan de hablarle de acuerdo con un modelo que *ellos* necesitan para vender, y rara vez escuchan lo que *usted* necesita comprar.

¿No sería placentero tener un vendedor que pueda hablar informadamente acerca de cuál es el horno más apto para cocinar un postre o asar un pavo de 12 kilos? ¿Alguien que escuche sus necesidades y quizá le recomiende un modelo menos costoso que podría satisfacerlas? ¿Alguien que no intente hacerle firmar la garantía del servicio más prolongado del mundo, que proporciona nada más que un centro de reparaciones? Un aviso impreso de NEC CD-ROMs resume la necesidad de un criterio antichoques: muestra a una mujer seria sobre la leyenda, "No me mienta a mí". Esto revela que al menos una agencia publicitaria tiene en cuenta el Pensamiento Femenino.

BrainReserve ayudó a Chesebrough-Pond's a aplicar la perspectiva del Pensamiento Femenino en su plataforma de marketing actual y futura. Creemos que lo que motivará a las mujeres es un concepto que hemos identificado como Realismo femenino. El término indica que las mujeres procurarán hacer tratos con las compañías que reconozcan la realidad de sus vidas, no la fantasía de un director publicitario. El nombre de la crema facial Pond's de doble propósito, Prevent and Correct, simplemente describe lo que hace, sin extenderse sobre la "atractiva" mística francesa ni los "descubrimientos" bioquímicos misteriosos. Su aviso de presentación fue una fotografía de Herb Ritts donde aparecía una mujer con su rostro apoyado en sus manos. Sin modelos glamorosas, sin promesas fabricadas de detener el tiempo.

Se llegó a este concepto bajo la orientación de Patrick Choel, el presidente francés de Chesebrough-Pond's, de Natalie Danysh (quien equilibra su vida laboral con la realidad de criar a cuatro hijos), y de Mike Indursky. En su genuina honestidad, esta nueva orientación en la publicidad de los productos de belleza es un estilo que vemos en sincronía con los años por venir.

Cuando hablamos con los ejecutivos empresariales habitualmente machistas, pero no siempre, acerca de los conceptos basados en el Pensamiento Femenino, a veces tratamos de alterar sus nervios y esperanzadamente sus prejuicios. A menudo, su motivo principal para un "no" está firmemente arraigado en el Viejo pensamiento. "Nosotros no estamos conduciendo una institución social", nos dicen. "Estamos dirigiendo una empresa". No entienden nada en absoluto. Para tener éxito en el futuro, las empresas necesitan ser conducidas más como una institución social. ¿Y sabe por qué? Porque lo quieran o no los guardianes del Viejo pensamiento, las empresas son instituciones sociales. Difícilmente existen en un vacío, sino más bien tienen un gran impacto sobre las comunidades y los individuos. Quienes aplican el Pensamiento Femenino comprenden esto. Las compañías que adopten y practiquen los principios de participación y protección obtendrán una lealtad a la marca sin prededentes.

Las mujeres se conectan con las compañías que tienen un "espíritu empresarial" es decir, aquellas que contribuyen con parte de sus ganancias al medio ambiente, a las mujeres y a los niños. Para el asombro de algunos directores ejecutivos adeptos al Viejo pensamiento, las mujeres de hoy (y cada vez más hombres) no compran simplemente porque ven los anuncios comerciales, obtienen cupones o incluso un precio más bajo. Lo demuestra el éxito de Newman's Own, Ben & Jerry's y el fenómeno de los alimentos integrales representado por la cadena muy popular (y rentable) de supermercados Bread & Circus de Nueva Inglaterra.

Un enfoque en el Pensamiento Femenino también estará en sincronía con un negocio decididamente concentrado en la mujer –el de las toallitas higiénicas y los tampones. ¿No sería una gran idea para una compañía de productos personales educar mientras vende? ¿Por qué no suministrar información específica sobre la salud para cada edad, con los problemas pertinentes a la adolescencia, el posparto y el comienzo de la menopausia? Después de todo, durante algún tiempo, las compañías de alimen-

¿Cuál será la próxima novedad?

Durante mucho tiempo hemos estado diciendo que las principales compañías de productos de limpieza para el hogar podrían ser derrotadas si una empresa dirigida por mujeres decidiera vender un nuevo detergente. Su presidenta podría aparecer como vocero en los avisos comerciales para analizar el pro y contra de los quitamanchas. Su conocimiento provendría de la experiencia real de vida. Después de todo, ¿cuántos de los altos ejecutivos actuales han lavado alguna vez una blusa de seda, las sábanas de una cuna, o las medias de un niño que empieza a andar? Nuestra compañía hipotética de detergentes –llamémosla WASH– donaría un porcentaje de sus ganancias a los centros de puericultura y editaría información sobre consejos maritales y cuidado de los niños, junto con una línea de emergencia para abusos infantiles. Destinaría un porcentaje de sus ganancias a la necesitada y olvidada área de medicina femenina, y subvencionaría un programa para contribuir a alimentar a los niños de hogares con bajos ingresos. Ningún comerciante ni industrial importante ha aplicado esta idea todavía, pero nosotros no cesamos de hacer correr la voz.

tos para mascotas han estado publicando folletos sobre cada etapa de la vida de un animal. ¿Realmente nos sentimos mucho más incómodos que esas mascotas acerca de nuestros cuerpos? Nosotros llamamos a este tipo de educación del consumidor específica del género "Asistencia sanitaria". La información sobre una amplia gama de temas, desde las extraordinarias hormonas hasta el cáncer de mama y la preñez, se podría comunicar en circulares, tertulias hogareñas, conversaciones telefónicas y en sesiones de Asistencia sanitaria on-line. ¿Por qué las envolturas de los tampones no pueden llevar impresa una información que aliente el Pensamiento Femenino, como las 20 principales compañías dirigidas por mujeres y sus ganancias? O la envoltura podría exhibir incluso las obras de artistas femeninas, de la misma manera que la Vodka Absolut utiliza a artistas famosos para generar entusiasmo por su producto.

En una de nuestras sesiones de movilización mental, alguien dio con el concepto exitoso de una compañía como Disney –quizás en conjunción con Microsoft– abriendo una cadena de guarderías infantiles que abarque todos los Estados Unidos. Con la imagen saludable y la destreza de Disney para producir espectáculos exitosos centrados en el niño, ¿qué padre no se sentiría cómodo dejando a su hijo allí? Incorpore algunas herramientas de aprendizaje de Microsoft, incentivadoras de la inteligencia y a la vez divertidas, y las posibilidades de éxito serán enormes.

En BrainReserve, hemos dado con algunas ideas que podrían asociar a las compañías comerciales con las organizaciones sin fines de lucro para crear oportunidades que las beneficien a ambas. ¿Qué le parece una Organización Nacional de los Tampones Femeninos? O una Gran Coalición de Cosmética –similar al concepto de Body Shop, pero que contribuya a la creación de empleos, reservaciones indígenas (las únicas sin casinos) y comunidades de recursos disminuidos–. Quizás una Crema de Afeitar Health Crisis para hombres gays. Platos y vasos de papel reciclado Sierra Club. Tés de Hierbas American Cancer Society. Cuerdas de saltar, bicicletas fijas y cintas de caminar American Heart Association. Cuando los productos reflejan algunos de los estándares con los cuales vivimos, eso es Pensamiento Femenino.

Sorprendentemente, la tecnología ha resultado ser una de las mejores aliadas de las mujeres en la industria actual. Podríamos haber tenido problemas al programar nuestras viejas videograbadoras, pero sabemos cómo resolverlos recurriendo a la WIRE (Worldwide Information Resource Exchange). Como Harriet Rubin de Doubleday escribió en la revista *INC.*, "La tecnología no obtuvo suficiente reconocimiento por haber sido la aliada del feminismo. La tecnología ha eliminado la jerarquía. Cuando usted ingresa en una compañía que tiene sistemas de correo electrónico, no tiene que ser el hombre más recio ni el más grande bravucón. Esto ha eliminado las diferencias de género".

La tecnología puede proporcionar los medios para modificar sus percepciones básicas acerca de los roles de género. Consideremos a nuestra amiga y ex clienta Carol Peters, que ahondó en la especialidad "masculina" de la alta tecnología. Carol fue responsable de desarrollar una de las *workstations* gráficas más avanzadas del mundo, Iris Indigo, para Silicon Graphics. Poco después, renunció a su cargo para iniciar su propia compañía, daVinci Time & Space. Su misión es desarrollar programas de televisión interactiva que "capten" los intereses del niño y capaciten y luego adapten el programa al individuo, en lugar de imponerle un estilo de formato apto para todos. Esto es divertido, pero desafiante, y se basa en la rapidez con que cada niño responde a las diferentes indicaciones. El interés humano como promotor de la tecnología: un pensamiento muy femenino.

"Solamente lo consideraré un éxito si el 50 por ciento de nuestros televidentes son niñas", expresa Carol. "Espero que mi nuevo programa cambie las percepciones más elementales de los niños-niñas (cómo interactuar, cómo ver el mundo). Si podemos moldear una mente cuando todavía es suficientemente joven para ser abierta, nuestra misión se habrá cumplido. Para el momento en que hayamos crecido y trabajemos juntos, ya será demasiado tarde. Como una mujer en una compañía contemporánea, usted puede no ser tenida en cuenta porque no juega al golf ni orina de la misma manera. No importa cuán inteligente sea ni cuánto se esfuerce en su tarea, todavía no encaja en la 'norma' masculina. De modo que ha llegado el momento de cambiar la norma."

También hay un espacio de conversación on-line "Jane's Brain" para niñas de 12 a 19 años que, cuando se emitió por primera vez, excluía a los muchachos para dar a las niñas una oportunidad de prosperar. Ahora, como una experiencia del mundo real, se ha invitado a 10 jóvenes varones para que se unan a las 3.500 integrantes.

Los medios gráficos tradicionales tampoco son inmunes a la influencia del Pensamiento Femenino. Una revista llamada *New Moon* ofrece una alternativa al artículo usual de cómo vestir/maquillarse y conversar-con-los-muchachos. Fundada por un grupo de padres en Duluth, Minnesota, que estaban preocupados porque sus hijas eran insuficientemente consideradas –y subestimadas– por otras revistas, *New Moon* cubre temas políticos, ciberespacio, grupos de apoyo para hijos de pacientes con cáncer, y otros temas importantes.

El resultado final de la tendencia al Pensamiento Femenino, tanto en hombres como en mujeres, es que las personas y las compañías en *todas* las categorías pueden ser responsables y sensibles a su impacto sobre la sociedad y sobre las comunidades en las cuales actúan. Nuestras relaciones pueden evolucionar de un nivel transaccional a un nivel más profundo y más significativo. Nuestra vida –laboral, social y personal– puede enriquecerse, ser más plena y satisfactoria.

El Pensamiento Femenino se está difundiendo, no sólo en los Estados Unidos, sino en todo el mundo. Los años futuros verán un aumento de la solidaridad entre mujeres en las naciones desarrolladas y en aquellas sociedades dominadas por hombres que les niegan sus derechos humanos básicos.

Hemos registrado el Año de la Mujer y la Década de la Mujer. Pero la evolución (EVA-lución) continúa y las mujeres apenas están empezando a ser reconocidas. En BrainReserve, creemos que nos estamos aproximando al Milenio de la Mujer. Pensamos que en los próximos mil años, las mujeres encontrarán sus verdaderas fuerzas y las utilizarán para un mejor mundo real.

Pensamiento Femenino: usted no tiene que ser una mujer para ver su futuro.

APLICACIÓN DEL PENSAMIENTO FEMENINO

Un nuevo mercado para MetLife.

Una lección de vida que he aprendido de mis abuelos tenderos de barrio, fue que el primer lugar que uno debería buscar para una nueva empresa está cerca del hogar. Si usted no puede desarrollar nuevos clientes a través de sus amigos y parientes, lo mejor es explorar el vecindario. Ese fue el motivo por el cual, cuando mi hermana Mechele Flaum (presidenta de BrainReserve) y yo estábamos manteniendo una reunión en la nueva empresa, decidimos aplicar esta filosofía familiar.

Mechele dijo, "¿No sería agradable conseguir un encargo justo aquí en la ciudad de Nueva York?".

Yo dije, "¿Qué te parece si buscamos justamente aquí? Literalmente, aquí". (En esa época, nuestras oficinas ocupaban el piso 28 de la Torre MetLife sobre la Veintitrés y Madison.)

Ella respondió: "Geográficamente perfecto".

Esa misma semana, un poco más tarde, ya había arreglado una reunión de almuerzo con dos altos ejecutivos de MetLife, una de las compañías aseguradoras más innovadoras del área, que funcionaba en el piso superior. Esas personas eran Ted Athanassiades, presidente y director operativo (COO), y Harry P. Kamen, presidente de la junta y director ejecutivo (CEO) de MetLife. Si bien sabíamos que la compañía ya había estado activamente comprometida con grupos femeninos nacionales, fuimos preparadas con lo que considerábamos que era una pregunta crucial, basada en el Pensamiento Femenino: "¿A cuántas mujeres empresarias les venden ustedes?".

Ellos no tenían idea. Aun cuando hubieran formado un Centro de la Pequeña Empresa, no habían reunido datos de una manera que les permitiera identificar cuántos de sus clientes eran mujeres. Nosotras contábamos con una propuesta ambiciosa: "Permítannos investigar a las mujeres propietarias de pequeñas empresas y trabajar con MetLife para ayudar a esas mujeres a realizar su potencial, y sospechamos que eso representará un negocio de 1.000 millones de dólares para MetLife". Surtió efecto. Conseguimos el encargo, junto con la posibilidad de ser orientadas por un verdadero pensador del futuro, Jim Valentino, vicepresidente senior de MetLife. Lo irónico de este proyecto fue que en la última página de nuestra disertación final, habíamos mostrado cómo y por qué, si ellos creaban una División Pensamiento Femenino, el objetivo prioritario de un flujo de ingreso de 1.000 millones de dólares (inicialmente sólo una suposición entusiasta de nuestra parte) sería verdaderamente una posibilidad real –y factible dentro de los cinco años.

Esta fue nuestra idea para MetLife. Después de preguntar y escuchar a cientos de mujeres empresarias, de entrevistar a más de 50 ejecutivos de MetLife, y de realizar sesiones deliberativas internamente y con miembros del Banco de Talento de BrainReserve, llegamos a una premisa que consideramos que podía significar la base para una empresa $1B: transformar al agente de "seguros" en un agente del "éxito".

Habíamos oído de muchas mujeres (exactamente como yo) que habían iniciado sus propias empresas, a pesar de una seria carencia de conocimientos organizacionales. Varias veces comentaron que habría sido de gran ayuda haber tenido un mentor –alguien más conocedor y experimentado– para ayudarlas a planear qué tipo de sistema contable y remunerativo instaurar, qué tipo de sistema telefónico/informático adquirir, y qué tipo de personal incorporar.

Comprobamos con MetLife que este mercado femenino estaba siendo subestimado y deficientemente servido y, por lo tanto, no estaba adquiriendo suficientes servicios financieros. ¡Qué gran oportunidad! La primera compañía en demostrar realmente un alto nivel de interés estaría en condiciones de obtener lealtad y participación en el mercado.

También consideramos el precio de ignorar este mercado. Muy probablemente, algunos de los competidores de MetLife pronto estarían contemplando las mismas oportunidades y tratando de resolver los mismos problemas. El beneficio adicional era que esta medida podía incrementar la influencia general de MetLife en el ámbito de los servicios financieros y de seguros, ya que una vez que se ganara a las mujeres, éstas harían correr la voz.

Nuestra idea de base era crear un programa que respondiera específicamente a las necesidades de la mujer empresaria. Su denominación sería *FemaleThInc.*, y su misión ser el mentor de las mujeres empresarias para su futuro éxito financiero. La persona que contribuyó a hacer esto posible fue Judy Weiss, vicepresidenta del Centro para la Pequeña Empresa de MetLife (800-METLIFE), cuya experiencia la convertía en la ejecutiva indicada para conducir esta iniciativa atractiva y revolucionaria.

Los "agentes del éxito" serían conocidos como MetMentores. El concepto de mentor fue desarrollado como resultado de más de 10.000 entrevistas en las cuales las mujeres expresaron su deseo de hacer negocios solamente con las compañías en las que ellas pudieran confiar. Evidentemente, MetLife podía beneficiarse del hecho de ofrecer un nivel de servicio completamente diferente: el apoyo de un mentor en lugar de la venta tradicional.

He aquí una declaración característica de nuestras mujeres encuestadas: "Soy lo que usted podría llamar una analfabeta en materia de seguros. El lenguaje es siempre demasiado complicado y confuso. Todavía no he encontrado a alguien que pueda sentarse y explicarme bien los detalles".

En esencia, las mujeres que estaban dirigiendo pequeñas empresas podían ser considerablemente ayudadas por una fuerza de ventas auxiliar que les ofrecía información y asesoramiento sobre seguros y otros productos. ¿Nuestro propósito? Compensar esta fuerza de ventas con un estándar diferente, no con el valor monetario de la póliza que adquirían sino estimando cuánto hacían crecer a las empresas de sus clientas.

Nuestra investigación mostró que había seis áreas generales de interés para las mujeres empresarias que era necesario abordar:

1. El respaldo/desarrollo de sus empresas.
2. Las obligaciones múltiples con la familia/empresa.
3. La tensión del trabajo excesivo/el tiempo escaso.
4. El temor de agotar los recursos en una etapa posterior de la vida.

5. La falta de acceso al capital.
6. El deseo de una atención individual a los problemas.

Al comprender y utilizar el Pensamiento Femenino, es posible planear una estrategia empresarial que responda a las necesidades reales del mercado. Como ahora Met Life tiene la investigación detallada y el plan estratégico para responder mejor a los intereses de las mujeres propietarias de empresas, puede planear un curso de acción para ayudarlas a lograr los sueños de sus vidas.

Estoy orgullosa de esto, y estoy orgullosa de MetLife.

EN SINCRONÍA CON LA EMANCIPACIÓN

Al rechazar sus roles tradicionales,
los hombres están logrando una nueva libertad
para ser lo que desean ser.

La Emancipación es la palabra que hemos escogido para una tendencia que está comenzando a alzar vuelo. La otra cara del Pensamiento Femenino, se refiere a la emancipación de los hombres.

Las décadas de liberación femenina, la influencia persistente de los programas televisivos de debate como los de Oprah, Sally Jesse y Rosie, y el mensaje de Robert Bly y John Bradshaw "los hombres también tienen sentimientos" se han combinado para liberar al hombre norteamericano de las cadenas del machismo. Ser "varonil" ya no significa ser distante, desconectado, insensible, tenaz y analítico. Hoy a los hombres se les permite ser sensibles, admitir sus temores y debilidades, e incluso llorar.

¡Qué libre expresión del sentimiento!

Así como el Pensamiento Femenino libera a las mujeres para alcanzar su máximo potencial, la Emancipación permite a los hombres asumir su propio yo. Sentimental, si necesitan serlo; cándido, si están con humor; tiernos y protectores, cuando el instinto lo exige. En lugar de ser siempre el hombro sobre el cual apoyarse, se permite a los hombres ser vulnerables e incluso débiles, ser el más necesitado.

La Emancipación no es un "movimiento". Rechaza la mentalidad de grupo, reconociendo que cada hombre es único. La Emancipación exalta esa individualidad adondequiera que conduzca. Esto significa el fin para las suposiciones estereotipadas acerca de la conducta masculina. Que los hombres solamente estrechan las manos, pero no abrazan ni besan. Que los hombres no pueden recordar la compra de regalos de cumpleaños ni de tarjetas de aniversarios. Olvídelo. El hombre emancipado se ha liberado, puede hacer todo. Y tener éxito mientras lo hace.

¿Qué ha causado este giro de 180 grados? Han contribuido todas las tendencias complejas y relacionadas entre sí, sociales y culturales. Pero las principales fuerzas impulsoras de la Emancipación han sido, como es fácil suponer, las mujeres. Ha habido un cambio revolucionario en la manera como las mujeres se relacionan con sus familias, sus empleos, sus amistades, y –lo más importante– consigo mismas. Muy simplemente, las mujeres ya no aceptarán un rol secundario ni la tiranía de una sociedad patriarcal. Están ganando su propio dinero y exigen respeto, poder y el fin del acosamiento. Su exigencia a los hombres: seamos honestos aquí. Y los hombres han comenzado a conformarse.

Las mujeres se están abriendo camino hacia la auto-expresión, y los hombres están siguiendo sus pasos. Para algunos hombres "Ser todo lo que puedas ser" podría significar incorporarse al Ejército. Para otros, podría significar dar rienda suelta a una sensibilidad artística. Para otros –si la mujer en la familia tiene un mayor potencial de ingreso– podría significar quedarse en casa para cuidar de los niños; tres millones y medio de hombres lo hacen. (Una cantidad sorprendente de hombres encuentran satisfactorio el rol de esposo hogareño.) Y para muchos hombres "ser todo lo que puedas ser" significa alimentar su vanidad de maneras por mucho tiempo consideradas como impropias de un hombre.

La aceptación de la vanidad masculina es un gran cambio, pero difícilmente sin precedentes. Hubo un tiempo en que se alentaba a los hombres a ser atildados, presumidos y petimetres –con pelucas empolvadas y lunares postizos. Los guerreros, desde Alejandro Magno hasta el feroz samurai japonés, se educaban en la poesía y las bellas artes antes de abrazar las armas. En su libro *The Natural History of the Senses* ("Historia natural de los sentidos", Emecé Editores, S.A., Buenos Aires), Diane Ackerman relata cómo "los hombres de la antigüedad se perfumaban abundantemente. De manera que las intensas fragancias extendían su presencia, ampliaban su territorio". En el siglo V a.C, los atletas cretenses se untaban con aceites aromáticos antes de la competición. Los hombres egipcios asistían a las cenas adornados con guirnaldas de flores y bañados en perfumes. Los gladiadores romanos se frotaban con lociones aromáticas. Napoleón asistía a sus campañas bélicas usando lociones de rosas o violetas debajo de sus guantes.

Sólo desde la Revolución Industrial –cuando los hombres marcharon hacia las fábricas– la vanidad llegó a ser el territorio exclusivo de las mujeres. Podríamos decir que la Emancipación permitió a los hombres reclamar parte del territorio que por derecho es de ellos.

Como un modelo de rol para nuestra época de desmasculinización, el otrora recio Clint Eastwood renuncia a su estilo monosilábico para convertirse en el locuaz y poético Robert Kincaid en *Los puentes de Madison.* Usa sandalias en lugar de botas de *cowboy,* lleva una cámara en lugar de un rifle, y está siempre dispuesto a ayudar a preparar la

Posiciones cambiadas

A menudo se ha dicho que si los hombres y las mujeres pudieran cambiar sus posiciones durante un día, todos seríamos más sensibles a los problemas del otro. Bien, *Ladies'Home Journal (LHJ)* aceptó el desafío. Un número de la revista publicó lo siguiente: "¿Alguna vez se ha preguntado cómo sería vivir como un hombre? ¿O deseó que su esposo pudiera caminar en sus zapatos sólo un momento? Una pareja llevó a cabo un cambio de roles con sorprendentes resultados".

Después que *LHJ* concertó un intercambio de roles, completo, con cortes de pelo, depilación de las piernas, maquillaje profesional y ropas con relleno, la pareja "transformista" de unos treinta años salió al mundo como los sexos opuestos. Al final del experimento, compartieron sus hallazgos. Las mujeres, principalmente, sonreían más que los hombres, mostraban más expresión y entablaban conversaciones más animadas, mientras que a los hombres les resultaba más fácil vestirse y tenían más seguridad.

En el artículo, la verdadera mujer concluía que la mejor experiencia acerca de ser un hombre "era la sensación de ser capaz de ocupar un espacio. No tenía que sentarme con mis brazos cruzados y mis piernas juntas".

cena. *Los puentes de Madison,* que fue un éxito fenomenal como novela, es emblemática de la Emancipación. Kincaid no siente ninguna compulsión a demostrar su masculinidad; en realidad, revela el aspecto sensible y empático de su naturaleza.

En la cultura popular –las películas, la televisión, los libros y las revistas– y en las calles de nuestras ciudades y pueblos, estamos viendo cada vez más hombres que se comportan y visten de maneras que trastrocan los roles sexuales tradicionales. Algunos hombres exaltan el carácter andrógino usando sus cabellos largos, sus orejas perforadas, sus ropas de moda, sus cuerpos vigorosos pero no agarrotados. A diferencia de lo que ocurría hace años, este estilo de vestimenta y acicalamiento no pretende transmitir un mensaje político. Es un desenfado completamente natural, desinhibido. Todos los tipos de hombres, desde los camioneros hasta los contadores, están adoptando esta apariencia "acicalada". (¿Se acuerda del corte de pelo desgreñado y teñido y de la ropa suelta que solía usar el obrero de la construcción Larry Fortensky, ex marido de Liz Taylor?) Este estilo sólo llegará a consolidarse a través de los próximos años.

En esta época de Emancipación, los hombres han alcanzado la condición de objetos sexuales. Ahora las mujeres se desvanecen inexcusablemente ante la vista de los cuerpos masculinos. La libertad para comérselos con los ojos comenzó con los espectáculos de *striptease* de Chippendale y sus "quítatelo, quítatelo todo". Continuó con los avisos gráficos de los calzoncillos (abultados, con protuberancias y todo) de Calvin Klein. Ahora los champúes, las sopas, las gaseosas e incluso los automóviles están usando a los hombres como objetos sexuales para vender los productos.

La desnudez y el sexo pueden estar a la vista del público en estos tiempos, pero hay un nuevo recato surgiendo en la tendencia de la Emancipación. El clásico ritual de la transición de la adolescencia a la vida adulta en los varones se está postergando. Mantener la virginidad se está convirtiendo en un símbolo de orgullo, no en un estigma de vergüenza. Una encuesta sobre el sexo en los Estados Unidos muestra que el porcentaje de los hombres que nunca "lo" han hecho es mayor hoy de lo que fue hace algunos años. En las calles, a estos chicos se los llama "Chase", apócope de "chastity" (castidad) y, en su mayor parte, suscitan el respeto –no las burlas– de sus pares.

De hecho, un movimiento organizado, llamado *True Love Waits*, agrupa a miles de jóvenes que se han empeñado en mantenerse puros hasta el matrimonio. Esta es una nueva tendencia entre los adolescentes (¿podría ser este el comienzo de una declinación en la enorme cantidad de embarazos no deseados?). El libertinaje es considerado como una negligencia; la abstinencia se compara con la fuerza de carácter.

La revista no frívola de hombres *Men's Health* tiene una muy provechosa tirada de 1.300.000 ejemplares, un 400 por ciento de la circulación de los últimos seis años. Cubre todos los temas básicos acerca de la salud y el estado físico, además da consejos sobre cómo tener buen sexo, perder peso con mayor rapidez, vestirse para el éxito o la seducción, y cómo preparar una cena para dos a la luz de las velas.

La revista es solamente una de una cantidad creciente de publicaciones consagradas al cuidado y desarrollo del físico masculino. *Men's Fitness, Exercise for Men Only, Muscle and Fitness* y *Prime Fitness* (para hombres mayores) son sólo algunos de los títulos. A diferencia de las revistas del viejo estilo que solían desalentar la vanidad, esta nueva generación de revistas se recrea con ella, mostrando fotografías en brillo de modelos desnudos y bronceados para dar a los hombres algo a lo cual aspirar. (Y admirar. Si estas revistas sirven de algún indicio, los hombres se ven menos amenazados por la idea de admirar el cuerpo de otro hombre, especialmente si muestra las virtudes del esfuerzo en el gimnasio o el campo de deportes.)

Susan Sontag escribió una vez que esta podría ser llamada la Proclamación de la Emancipación: "Lo que es más hermoso en los hombres viriles es algo femenino; lo que es más hermoso en las mujeres femeninas es algo masculino".

Pero la Emancipación es algo mucho más profundo.

En los Estados Unidos, la promulgación de la Ley de Licencia Médica y Familia juega un papel crucial dentro de la tendencia. Este decreto convertido en ley en el verano de 1993, establece que todas las compañías con más de 50 empleados (incluyendo los trabajadores por horas) deben dar 12 semanas de licencia sin goce de sueldo –pero con el empleo garantizado– por nacimiento, adopción o enfermedad de un familiar. Sin duda, la ley no está operando a la perfección (las primeras encuestas muestran que casi un 40 por ciento de los empleadores no la acataban) y pocos trabajadores pueden permitirse perder el salario de tres meses. Sin embargo, es un primer paso importante en el camino hacia la Emancipación amplia, legalmente protegida. El Family and Work Institute de Nueva York comprobó que el 80 por ciento de los hombres entrevistados pretendían un rol más importante en la educación de los hijos que el que sus propios padres habían tenido. Y el 57 por ciento de los hombres en Du Pont dijeron que preferirían una mayor flexibilidad en sus horarios de trabajo para poder pasar más tiempo con sus esposas e hijos. Cinco años antes, esos hombres apenas representaban un 37 por ciento. A su vez, las compañías están respondiendo a estas necesidades del empleado: Du Pont ahora ofrece a muchos empleados la posibilidad de planear su propio horario.

La Emancipación está volviéndose cada vez más popular entre los ejecutivos de las grandes empresas, un grupo notorio de hombres con reglas rígidas de conducta masculina y una imperiosa condescendencia hacia las mujeres.

Lo demuestra Wolfgang Schmitt, CEO de una de las compañías más innovadoras y mejor administradas de este país, Rubbermaid. Lo que menos le importa a este visionario empresarial son las reglas rígidas y las tradiciones. ¿Su inspiración? Schmitt trata de aplicar las reglas de la naturaleza en su trabajo. La inspiración proviene del hecho de vivir de un jardín botánico de 7 hectáreas donde puede contemplar la intrincada armonía de 3.000 variedades de árboles, un lago y dos arroyos. Inspirándose en la creación natural, diseñó un sistema de equipos empresariales para el nuevo producto, muy semejante al sistema foliáceo de una planta. No hay nada agresivo en el estilo de gestión de Schmitt. Ni beligerancia ni analogías con el fútbol. Escucha opiniones inverosímiles: la de los niños y la de su propia intuición. Como un pensador ecléctico, busca las ideas para los nuevos productos en lugares inesperados, desde las innovaciones de los antiguos egipcios en el almacenamiento de alimentos hasta un juguete inspirado en el interés de su propio hijo en las máquinas agrícolas. El método surte efecto. En una encuesta de la revista *Fortune*, Rubbermaid ha sido calificada como una de "las compañías más admiradas de los Estados Unidos".

En una entrevista con Leslie Wexner, presidente de The Limited, Inc., un minorista líder en especialidades, hemos descubierto algunas actitudes emancipadas reales. A la inversa de lo que todo el mundo ha estado pensando en los últimos años –escuchar al niño interno como a un adulto– Wexner escucha al adulto interno como a un niño. Él no pudo esperar para aprenderlo. "Cuando tenía cinco años", recuerda Wexner, "me propuse dibujar con perspectiva. Me imaginaba que el lugar más distante era el más pequeño mirando a lo largo de las autopistas y de los postes de la línea telefónica. Ahora tengo una biblioteca de aproximadamente 3.000 libros sobre arquitectura y planeamiento urbano. Hubiera querido ser Howard Roark, el arquitecto de *The Fountainhead*, la novela de Ayn Rand. Pero, en cambio, mi padre insistió en que fuera a la escuela de comercio".

El concepto de equilibrio está contenido en la definición de Wexner. "Creo que las personas necesitan establecer un equilibrio entre sus vidas personales y profesionales. También hay un equilibrio que es una responsabilidad de la comunidad. Tenemos una obligación moral de utilizar nuestros dones otorgados por Dios en beneficio de la sociedad."

La buena apariencia

Los hombres norteamericanos gastan más de 2.000 millones de dólares por año en productos de belleza y cuidado de la piel. Y no estamos hablando de las cremas de afeitar. Los hombres utilizan cremas de limpieza facial, humectantes, lociones astringentes y tonificantes, máscaras, y todos los métodos para combatir las arrugas. La línea de cosméticos Kiehl, de presentación estándar pero de alto nivel, informa que el 40 por ciento de sus consumidores son hombres. Si se entra en una "farmacia" de la Tercera Avenida en Nueva York, se verá a los hombres haciendo fila para comprar el Rose Water Skin Tonic y la Special Hair Thickening Lotion.

Elizabeth Grady recientemente incorporó a los hombres en su audiencia de target para la publicidad de tratamientos faciales y de la piel. Y en Manhattan, Gazelle, un gimnasio-natatorio que atiende a las necesidades especiales de los hombres (con énfasis en los hombres de color), recientemente inauguró un establecimiento lujoso sobre la Madison Avenue.

El Belly Buster Contouring Gel, a 30 dólares la botella, y Body Sculpture ("con tecnología lipocéutica patentada") a 35 dólares, se publicitan en *GQ* y en las revistas de fisicoculturismo con la promesa de "disolver las células adiposas" en torno de la cintura, el "área problemática" para la mayoría de los hombres.

Para aquellos hombres que esperan perder (o ganar) peso, está el MET-Rx, uno de los suplementos alimenticios de mayor venta que promete modelar y tonificar los músculos, prácticamente de la noche a la mañana.

Una vez considerado el grupo de las saciadas mujeres, los establecimientos para la salud y los centros vacacionales exclusivos (como Canyon Ranch) ahora informan que el 40 por ciento de los huéspedes registrados son hombres.

Para aquellos que dejan que la naturaleza siga su curso durante demasiados años, hay medidas más extremas. El veinticinco por ciento de los pacientes que se someten al bisturí de la cirugía plástica son hombres. Esto incluye la facioplastia, los implantes pectorales y de pantorrilla, la lipoaspiración, la extirpación de la adiposidad ventral, y la rinoplastia. Y una cantidad estimada de 10.000 a 15.000 hombres en los Estados Unidos se han hecho agrandar sus penes a través de la cirugía y las inyecciones de grasa en un procedimiento llamado faloplastia.

Cuando vimos por primera vez al trío DreamWorks de Steven Spielberg, David Geffen y Jeffrey Katzenberg usando poleras y jerseys, pensamos, "¿Dónde está el traje?" No es usual para tres individuos creativos reunirse sin un terno formal a rayas –ese antecedente más tradicional y prudente del tipo banquero para asegurarse de que el resultado sea óptimo–. Pero la Emancipación en los negocios consiste en reconocer que todo es válido para divertirse mientras usted trabaja.

Otra sincronía importante con la Emancipación provino de DreamWorks. Parece que Spielberg le dio a su mujer, Kate Capshaw, un poder de veto sobre el acuerdo. Y ella solamente concedió la autorización después que Katzenberg (el más fanático de la organización) prometió que Steven tendría bastante tiempo para pasar en el hogar con Kate y los niños.

Si el viejo estilo de hacer negocios es regimentado y jerárquico, entonces las oficinas liberales y pintorescas de la agencia publicitaria TBWA Chiat/Day son un notable ejemplo de una empresa emancipada. No hay símbolos explícitos de poder. Ningún título sobre las puertas, sólo leyendas sobre las paredes. Ninguna oficina de gran confort con escritorios de madera lustrada que brillan con tiradores de bronce y gavetas cerradas con llave. Nadie en este sitio singular, ni siquiera un ejecutivo superior, tiene una oficina

Papito querido

Para los hombres que deben trabajar fuera del hogar, la paternidad a menudo es la más afectada. Simplemente no hay suficientes horas del día para pasar con los hijos. Richard Fairbank, el director ejecutivo de Capital One Financial Corporation en Falls Church, Virginia, tiene una recomendación especial. Antes de que sus hijos estuvieran siquiera en un jardín de infantes, él y su mujer decidieron cambiar las horas de sueño de los niños para que pudieran estar despiertos hasta más tarde. Los chicos se acostaban a la medianoche o a las 12.30, y se levantaban tarde por la mañana, para que cuando Rich volviera al hogar después de una jornada en la oficina la familia pudiera tener unas horas para pasar juntos, comprar en las tiendas de servicio nocturno, leer y jugar.

Cuando los niños iniciaron la educación preescolar, él y su mujer establecieron un programa vespertino para poder estar en horarios alternados. Ahora sus hijos varones tienen 10 y 13 años y sus hijas 7 años y 6 meses. "Soy un poco fanático acerca de estar con ellos", dijo. "Es fácil estar sumergido en el trabajo; la presión es tan grande, pero usted necesita ganar terreno, tomar distancia, y pasar más tiempo con las personas y las cosas que significan más. De lo contrario, está hipotecando su futuro."

Para mantener este compromiso, Rich estableció algunos principios con los cuales vivir:

1. "Aproveche la flexibilidad de su tarea, cada vez que sea posible." Cómo él a menudo tiene que viajar o trabajar hasta horas avanzadas, saca ventaja de cualquier pausa que se produzca.
2. "Oblíguese a fijar horarios razonables." Rich comparte su creencia en que "el trabajo es como el cuarto de baño aun cuando usted tenga el doble de espacio, seguirá lle-

nando cada centímetro. El trabajo se expande hasta llenar el tiempo asignado. Por eso si usted moviliza eficazmente sus recursos, puede obtener la misma calidad de trabajo".

3. "Ocúpese de crear tiempo." Usted tiene que ser más astuto para adueñarse de un tiempo de calidad. Utilice sus horas libres para hacer cosas que de otra manera interferirían con su vida familiar.
4. "Reestructure su perfil de actividad." En lugar de emprender algo solitario y orientado al adulto, Rich desarrolla una actividad familiar al margen del canoísmo y ahora del golf. También practica los deportes favoritos de sus hijos, como el fútbol y el hockey para poder jugar con ellos.
5. "Haga su hogar agradable a los niños." "El sótano o el ático de nuestra casa es como una instalación deportiva, y es una casa abierta a los otros niños. Temporariamente instalamos un aro de baloncesto cuando estábamos remodelando nuestro jardín de invierno. Simplemente permaneció allí y los muebles jamás se volvieron a instalar". Así es un hombre emancipado que pone a su familia en primer lugar.

asignada ni un escritorio que pueda considerar suyo (si bien uno puede utilizar un salón durante una hora o un día). Tampoco nadie tiene un ordenador que le pertenezca solamente a él o ella. La así llamada Oficina Virtual en el bajo Manhattan, diseñada por Gaetano Pesce y Jay Chiat, tiene un par de labios rojos gigantescos, detrás de los cuales hay una "tienda" que distribuye diariamente computadores y teléfonos a las "workstations". Para aquellos artículos inevitablemente personales, hay armarios sumamente estilizados que parecen esculturas. Nadie tiene que "fichar" en un reloj registrador. Por el contrario, Chiat/Day ha llegado a ser un modelo exitoso de flexibilidad horaria, y algunos miembros del staff trabajan por horas en el hogar.

En BrainReserve pensamos que este tipo de empowerment –donde se reconoce que los individuos responsables deberían ser capaces de decidir "qué es lo que se necesita hacer y cuánto tiempo llevará"– llegará a ser más predominante en las empresas norteamericanas.

Millones de hombres ahora se quedan en su casa mientras sus mujeres van a la oficina. Ser una persona hogareña no significa necesariamente pasar el tiempo en el vacío y soñando, como tampoco lo es ya para una mujer en sincronía con el Pensamiento Femenino. Como sus contrapartes femeninas, muchos de estos hombres inician empresas o hacen tareas creativas en el hogar. John Stegeman es un ejemplo. Stegeman dirige la empresa White House Watch, que produce relojes pulsera políticamente satíricos, desde su hogar, mientras su mujer Linda planea el futuro del correo de voz como vicepresidenta de marketing en Octel Communications.

En el pasado, cualquier hombre que eligiera quedarse en el hogar –trabajando o no trabajando– era mal comprendido y menospreciado. En una entrevista en *Mirabella*, Estée Lauder habló de las tensiones que tuvo que enfrentar como el principal sostén de su familia hace 45 años. "Mi esposo, Joe, era el hombre más amable del mundo", dijo, "pero yo estaba llegando más lejos y más rápidamente que él. Tenga en cuenta que entonces no existía nada semejante al feminismo, ni reglas para ayudar a las mujeres fuertes a convivir con un hombre muy amado pero más moderado".

Tampoco existía nada parecido a la Emancipación. Hoy, Joe podría quedarse en el hogar y Estée podría sentirse más cómoda con su ambición e impulso. Y sus vecinos no pensarían nada malo de eso.

Has recorrido un largo camino, papito

Ahora que los hombres se sienten más a gusto ayudando con el cuidado y la alimentación de sus hijos, ¿qué pasará?

La película *Junior* les proporcionó a todos una buena oportunidad para mostrar al corpulento Arnold Schwarzenegger y crear una historia increíble acerca de un embarazo masculino.

Si bien la realidad es más lenta que la fantasía, ya hay un producto en el mercado que permite a los hombres aproximarse a la experiencia de lo que significan el peso, el volumen y la incomodidad del embarazo. Llamado Empathy Belly, consiste en un chaleco de lona cargado con peso que viene premoldeado con un vientre amplio y prominente y pechos rellenos. Sólo para experimentar las dificultades.

En un aviso comercial reciente de un champú para bebé de Johnson & Johnson aparecía un gran hombre fornido meciendo la cabeza de un bebé. La voz hablaba de lo rápido que pasa el tiempo antes de que comiencen las lecciones de danza o de que los chicos empiecen a llamar a la puerta. Después pasaba a una imagen de ese padre lavando suavemente los cabellos de su hija recién nacida. El costado tierno de la Emancipación.

Un aviso impreso de Lands'End muestra el cuello de una tortuga joven y de una tortuga adulta. La leyenda dice simplemente: "Como el padre, como la hija". ¿Cómo sería esto desde un nuevo ángulo?

Peter Baylies de North Andover, Massachusetts, publica un boletín de noticias, *At-Home Dad*. En Atlanta, hay un grupo de apoyo denominado Dad-to-Dad (una buena idea para muchas comunidades), y una tira cómica, "Adam", que representa a un hombre con tres hijos y ningún trabajo afuera. El Internet se ha puesto en sincronía con los nuevos grupos como Full-Time Dads y NFL, la National Father Line, que tratan temas de interés particular para los padres de tiempo completo.

¿Cuál será la próxima novedad?

Cualquier producto o servicio que satisfaga a un hombre más afectuoso y más gentil, pero todavía fuerte está destinado a atraer al hombre emancipado y a su otro significante (el Pensamiento Femenino).

La publicidad pondrá énfasis en que el hombre dueño de sí mismo también puede ser el hombre de una mujer y el hombre de un niño. Habrá espacio para más productos de belleza que estén destinados a los hombres. Por ejemplo, si tantos hombres cuidan de sus niños, ¿no deberían existir lociones suavizantes para las manos masculinas? ¿O mesas transformables que vengan en alturas ajustables para adaptarlas a los hombres más altos?

Con más hombres que permanecen en el hogar y hacen las tareas domésticas, los anunciantes deberían dejar de promover detergentes y productos de limpieza exclusivos para mujeres. Algunos crearán productos como detergentes y jabones con fragancias unisex, en lugar de las estereotipadas fragancias florales "powder-fresh".

En una entrevista en el *New York Times*, Gloria Steinem habló de escribir un libro con el título hipotético de *Los hombres también son madres*. Sería acerca de "la necesidad para los hombres de ser padres. Hemos demostrado que las mujeres pueden hacer lo que hacían los hombres, profesionalmente", dijo Steinem. "Pero nosotras mismas no estamos convencidas, ni ellos, de que los hombres puedan hacer lo que han hecho las mujeres."

Desde luego, no a todos les complace esta tendencia. En un artículo virulento publicado en el *New York Times* con el título "Los hombres cuyas mujeres trabajan ganan menos", el autor intenta demostrar que las mujeres trabajadoras debilitan la capacidad de ganar de sus maridos. Se aduce que los hombres que no dedican todas sus horas activas a sus empleos no son tan exitosos simplemente porque no logran tanto como sus colegas motivados.

Esto es la anti-Emancipación, y tan anticuado como el sombrero de Davy Crockett.

La Emancipación se está extendiendo, consolidando y encontrando una mayor aceptación en las principales corrientes de opinión. En un anuncio de boda publicado en el *New York Times*, el novio, Joseph Baumer, un corredor de seguros de 27 años, fue muy espontáneo acerca de sus planes futuros: "Habló de la vida familiar con tanto entusiasmo como algunos hombres hablan de vagar por los bares con modelos. 'Soy un negociante, una tarea que elegí en parte porque la jornada termina a las 4 de la tarde', dijo. 'Planeo estar en el hogar a las 17 con mis hijos'". Esta es otra proclamación de la Emancipación y podemos esperar oír otras en los vestuarios y las salas de reuniones de una costa a otra de los Estados Unidos.

El hombre norteamericano ya no teme expresar sus necesidades y deseos más profundos. Ha sido liberado, irónicamente, por su contraparte femenina. Con las mujeres que utilizan todas las fuerzas posibles, llevan vidas plenas y actualizadas, adquieren poder, hacen dinero y pasan un momento maravilloso, bueno, los hombres están empezando a sentir un poco como si la procesión pasara de largo. Y por eso ellos también se están librando de la camisa de fuerza de los roles sexuales tradicionales. Están explorando todos los aspectos de sus almas y psiquis y descubriendo que hay muchas más cosas que las que habían imaginado. Y que, en efecto hace bien expresar abiertamente los sentimientos, para permitirse ser tiernos y afectuosos. Que se puede obtener una profunda satisfacción expresando necesidades creativas, incluso mimándose a sí mismos. No más macho, sino hombre emancipado.

CONEXIÓN CON LAS "99 VIDAS"

Los consumidores se ven obligados a asumir múltiples funciones para enfrentar las presiones del tiempo producidas por una vida cada vez más activa.

La tendencia a las 99 Vidas de intensa actividad, una vez desarrollada a velocidad vertiginosa, se ha convertido en una costumbre menos alarmante y más manejable. La idea de que tenemos muy poco tiempo, demasiadas responsabilidades y no suficiente de nosotros mismos para ofrecer es ahora un hecho. ¿Cuántas veces ha escuchado el lamento "Quisiera poder clonarme" O el exasperado "Simplemente no puedo estar en dos lugares a la vez"? Estar demasiado atareados, abrumados de compromisos y siempre de prisa es un aspecto fundamental de nuestras vidas a fines del siglo XX.

Lo que es nuevo es cómo nos estamos manejando con lo que los sociólogos llaman nuestros "estilos de vida de tiempo comprimido". Hemos aprendido a utilizar eficazmente cada momento, a menudo con la ayuda de nuestros juguetes de alta tecnología. En estos días, nadie se sorprende con el sonido intermitente de los organizadores de datos de bolsillo, ni mira con asombro a un ejecutivo que caminando por la calle imparte órdenes por teléfono. Nosotros en BrainReserve admitimos ser completamente adictos a esos grabadores del tamaño de una tarjeta de crédito, que utilizamos para una rápida recapitulación o recordatorio. Los contenidos se pueden convertir en un memorando antes de que usted pueda decir "clic".

Los consumidores también han llegado a acostumbrarse a las tiendas que ofrecen un doble servicio –los lavaderos automáticos que venden vídeos y los supermercados con cajeros automáticos–. Y hablando de supermercados, esos emporios donde solíamos comprar los ingredientes para una comida se han adaptado a las 99 Vidas. Hoy es posible salir de ellos con una comida caliente lista para llevar al hogar e ingerirla (o consumirla en el coche mientras usted acude a otro compromiso). Y muchas veces, incluso el supermercado parece demasiado intimidatorio con esas largas filas de pago. De modo que recurrimos a las hamburguesas, en sincronía con la inevitable cadena de comidas rápidas. Para aquellos que todavía insisten en usar los hornos de sus cocinas están las recetas culinarias de las revistas que prometen comidas suculentas en 20 minutos o menos. En nuestro seminario Clicking, se produjo una gran carcajada cuando proyectamos una tira cómica de un niño que mientras observaba a su madre poner algo en el microondas, se quejaba: "¿Dos minutos? Pensé que habías dicho instantáneo".

Somos una población bombardeada, asaltada por miles de imágenes, mensajes y tentaciones. Pero... si puede hacer algo, hágalo, o quedará excluido definitivamente de esta galería de espejos. El secreto: métase en la pista rápida: los productos y servicios que ahorran tiempo y/o esfuerzo. Es bien claro.

En los próximos años, las "99 Vidas" se acelerarán incesantemente. El tiempo se medirá no en minutos sino en nanosegundos. Un reloj codiciado en Europa y Japón es el Junghaus de fabricación alemana, el cronómetro más preciso en el mercado. Está garantizado que no atrasa más de un segundo en un millón de años.

La Madison Avenue es un buen indicador de lo comprometidos que estamos en la tendencia a las 99 Vidas. Los anunciantes nos recuerdan continuamente que están al tanto de lo ocupados que estamos: "Para usted el tiempo es tan valioso, que incluso le paga a otro para que huela las rosas", anuncia un aviso de la televisión. Whirlpool enfatiza: "Si sólo pudiera multiplicarse", en un aviso impreso que muestra a una madre haciendo sus tareas diarias –alzando al bebé, acarreando bolsas de alimentos, paseando al perro, cocinando, hablando por teléfono–. Simplemente una rutina diaria incesante, en sincronía con las 99 Vidas.

Otro criterio usado por los anunciantes: los productos que le ayudan a "librarse de las preocupaciones". El producto recetado Depo-Provera para el control de la natalidad, fabricado por Pharmacia & Upjohn Inc., ahora viene en forma inyectable, con el aliciente: "Piense en el control de la natalidad sólo cuatro veces al año".

Cada vez que Lys tiene que llenar el tanque de su robusto Ford Explorer verde, inventa nuevas maneras de acelerar el tedioso y largo proceso de detenerse y extraer el pitón mientras carga los 80 litros de gasolina en el tanque. "Hasta que seamos eléctricos, ¿por qué no podemos hacer algunos progresos?" se pregunta mientras conjetura. Por ejemplo, ¿qué tal si usted oprimiera unos botones para la cantidad de octano, y saliera un pitón automático para introducir rápidamente a presión la gasolina en su automóvil? ¿O si la boca del tanque estuviera por debajo del coche, y se cargara la gasolina desde el suelo? ¿Qué tal si usted pudiera deslizar su tarjeta de crédito (o de débito) en una hendija sobre su tablero de instrumentos para pagar sus litros de gasolina?

Una estación de servicio en Coconut Creek, Florida, dio con una manera divertida de hacer un doble uso del tiempo que se pasa llenando el tanque del coche. Los propietarios instalaron minitelevisores en los surtidores para que los clientes puedan ver mientras cargan la gasolina (y quizá carguen un poco más).

Varios estados norteamericanos se están movilizando para reducir la molestia asociada con la renovación de la licencia de conducir. El Departamento de Estado de Vehículos Automotores de Nueva York ha "adoptado la actitud del sector privado". Tiene una oficina en el centro de Manhattan, denominada License X-press, que promete renovar su licencia en no más de ocho minutos. Su ventaja es que una vez archivada digitalmente sólo necesita ser actualizada una vez cada diez años. En todos los Estados Unidos son cada vez más comunes las garitas automatizadas de peaje E-Z Pass, que "leen" la identificación de su automóvil y luego deducen el peaje de su cuenta prepaga.

Los embotellamientos de tránsito son un hecho deplorable de la vida en las ciudades más grandes, pero en Houston, el City Traffic Center ha iniciado un programa para transmitir información a través de monitores a los edificios de oficinas más importantes, haciendo saber a los empleados cómo evitar las horas de congestionamiento antes de subir a sus coches.

El reconocer que jamás podrán evitar todas las demoras del tránsito, permite a los dueños de las 99 Vidas pasar ese "tiempo exasperante" en alguna actividad que sea más productiva (o relajante) que la rabia-ansiedad tradicional. En una entrevista con Diane Sawyer, la reportera del canal ABC de la televisión habló de su antídoto para no desesperarse en el automóvil: "En mi bolso suelo llevar un libro de poesía para los embotellamientos de tránsito". El tiempo

Comida más rápida

Otro indicio de que la tendencia a las 99 Vidas no ha cesado es el éxito de los métodos aún más rápidos de obtener comidas rápidas. Ahora, los conductores que están de prisa (¿de qué otra manera podrían estar?) no tienen que salir de sus automóviles. Los restaurantes con servicio para automovilistas se han convertido en la mayor fuente de ventas para muchas de las principales cadenas de comidas rápidas, y dan cuenta de más del 40 por ciento de las ventas en California del Sur. Tanto McDonald's como Taco Bell dicen que los clientes automovilistas representan el 60 por ciento de sus ventas. Cualquiera que inicie un restaurante debería saber que una comida de cada diez se consume en el automóvil. Y más del 50 por ciento de las comidas se adquieren afuera, no se preparan en el hogar. Las investigaciones del grupo NPD revelan que las comidas consumidas afuera con los niños figuran entre las categorías de comidas de restaurante en más rápido crecimiento. Y las comidas sin los niños consumidas en restaurantes se espera que lleguen a ser el sector de mayor crecimiento en la industria.

¿No sería agradable si algún día pudiéramos encargar nuestra comida rápida por fax, pagarla con tarjeta de crédito, y tener la comida lista cuando uno llega? Está previsto. Hay un dispositivo rastreador que le permite ubicar la próxima estación de servicio, cuarto de baño, y cosas por el estilo –el primer paso para satisfacer esa fantasía de las 99 Vidas– si bien es costoso: unos 1.800 dólares por vehículo.

Dentro de la misma línea, hay un sistema descripto en la revista *Business Week* que convierte "al ordenador del coche en una guía de restaurantes sobre ruedas". Al analizar sus pautas de comida pasadas (a cuáles restaurantes ha ido antes, cuándo, por qué y con quién), el programa "inteligente", diseñado por Ray E. Ebert de la Universidad de Purdue, puede predecir dónde preferiría comer en un momento dado. ¿Y el próximo paso? Querríamos tener una guía personalizada para los conciertos, los espectáculos de danza, las películas y otros entretenimientos.

necesario para conversar, o más bien la falta del mismo, "es uno de los mayores problemas de la década para las familias con dos padres que trabajan", observó Sawyer; "nadie tiene más tiempo para las conversaciones prolongadas. Mi esposo (Mike Nichols) y yo subimos al coche sólo para poder terminar las frases".

Cuando uno administra el tiempo (y el dinero), puede ver en qué lo está derrochando. Escriba un programa de actividades para su jornada y se sorprenderá de ver cuánto tiempo requieren los asuntos triviales. Proyecte ese calendario a un año, o diez años, y realmente se asombrará. Una ducha diaria podría significar un cuarto de una de sus preciosas horas despierto. Agregue otros diez minutos aproximadamente para secar sus cabellos y el tiempo realmente se habrá agotado. (No, no estamos sugiriendo que se olvide de la higiene personal.) Mirar la televisión es una de las actividades en que los norteamericanos más tiempo consumen, junto con los vídeos y los juegos del ordenador que le siguen en segundo término. Si estas actividades estuvieran desplazando otros esfuerzos más productivos debería hacerse una reevaluación.

Otra manera en que los dueños de las 99 Vidas ahorran tiempo es a través de las llamadas previas –a su médico, su peluquero, su mecánico, o quienquiera que sea– para confirmar sus citas. Usted puede ahorrar horas de tiempo de espera si sabe anticipadamente que alguien se ha retrasado.

La tecnología a menudo es considerada como un recurso para ahorrar tiempo. Piénselo bien. A menudo nos apresuramos a adoptar algo nuevo sin tener en cuenta todas las consecuencias. En realidad, los así llamados progresos a veces hacen que ciertas tareas resulten más complicadas. Consideremos el correo de voz. ¿Se acuerda cuando usted entraba en su oficina y le entregaban una pila de papelitos blancos o rosados con los mensajes que decían

La mano servicial

Una de nuestras ideas favoritas está destinada especialmente a los ayudantes de los dueños de casa. Un equipo central hace *todo* por usted –no sólo la limpieza previa y posterior a las visitas, sino la compra de alimentos, el planeamiento de la reunión, las reparaciones, e incluso esperar al personal de distribución– todo sin inconvenientes y a un precio fijo por hora. Un fin de semana pasado en Deer Valley, Utah, en la casa "ski-in, ski-out" de nuestra colega Audrey Friedman nos abrió los ojos a esta ingeniosa idea para abastecer a los atribulados dueños de las 99 Vidas.

Lo que hace la idea tan especial es el cuidado que se presta a los detalles. En primer lugar, se toman instantáneas Polaroid de cada rincón de su casa para asegurarse de que cuando el equipo de limpieza termine, todo esté colocado en su lugar debido. Incluso las almohadas de su cama estarán dispuestas exactamente como a usted le agrada. Usted será entrevistado acerca de sus marcas preferidas para que la despensa esté provista de su mostaza favorita.

Antes de que usted y sus invitados lleguen, ya se habrán adquirido las entradas para la sinfónica local o se habrán confirmado las reservas en los restauranes populares del área. Se acuerdan citas con los masajistas, los instructores de aerobismo, o quizá con un guía explorador para un escalamiento de montaña. Todo lo que les resta hacer a los anfitriones es descansar con sus huéspedes y compartir ininterrupidamente el tiempo intercambiando ideas y planes de vida.

Otro pequeño ejemplo del concepto de la mano servicial es la Elephant Secretary, un servicio que opera las 24 horas y le recuerda todos sus cumpleaños, aniversarios y feriados importantes, luego los selecciona y envía tarjetas con *su* caligrafía personal.

¿O qué le parece una cortadora de césped que trabaja sin que usted tenga que guiarla alrededor del jardín? La cortadora Turtle a energía solar es una segadora robótica sueca que se desplaza sola cortando su césped. La novedad aquí es la promesa implícita: se hace cargo de una de sus 99 Vidas mientras usted se concentra en otra cosa (supuestamente en algo más gratificante).

quiénes le habían llamado? Usted podía revisarlos en sus ratos libres o seleccionarlos, priorizando los mensajes mientras sostenía el tubo del teléfono sobre su hombro. ¿Acaso el correo de voz es más eficiente que una recepcionista? Y en cuanto a esos menúes electrónicos interminables que usted debe examinar cuando en estos tiempos no conducen a nada, ¿por qué no incluyen todos un dispositivo selector para que podamos cortar por lo sano?

Los dispositivos han llegado a ser una parte integral de nuestra vida diaria, ayudándonos a conectarnos de maneras ordinarias, e incluso extraordinarias. Hace unos pocos años, un hombre perturbado llamó a Howard Stern, anfitrión de un programa radial, y anunció que estaba apostado sobre el puente George Washington, considerando dar un salto fatal. Stern y varios de sus oyentes intentaron disuadir al hombre. Entonces algunos oficiales de policía llamaron para decir unas pocas palabras a la audiencia. Varios conductores que pasaban por el lugar y se habían detenido para ofrecer su ayuda también llamaron para dar noticias. El hecho de utilizar un teléfono celular para participar en una "sesión de terapia grupal" es una expresión máxima de las 99 Vidas –y, en este caso, ayudó a salvar una vida–.

Otro dispositivo que a menudo sirve para ahorrar tiempo (y casi siempre es adictivo) es la máquina de fax. Es más rápido escribir una nota que comprometerse en una conversación telefónica. Es más claro marcar su dirección con una "X" sobre un mapa de su ciudad y enviarla por fax a alguien que darle una prolongada explicación de la ubicación de su casa. Es más divertido (e infinitamente más fácil para algunos de nosotros) enviar un fax con un corazón y una flor dibujados que decir algo sensiblero. Y es mucho más rápido y barato enviar una carta internacional por fax que hacerlo por correo.

A medida que millones de personas adoptan los "equipos" de las 99 Vidas, surge una corriente contraria a la ten-

Neutralizadores de ruidos

Este es probablemente el próximo dispositivo que "debe tener" en su casa, en su auto, y en sus 99 Vidas. Imaginémonos en condiciones de poder eliminar el ruido ensordecedor de los compresores, las segadoras mecánicas, las sierras de cadena, los generadores eléctricos, los aviones que vuelan bajo, los dosificadores de cemento, las alarmas de los autos, los limpiadores al vacío, las máquinas de lavar –bueno, usted capta la idea–. Existe la tecnología del microchip que puede calcular el patrón de las ondas acústicas irritantes, luego duplicar el patrón directamente opuesto, que suprima del 50 al 95 por ciento del ruido molesto. El principio del yin y yang reduce milagrosamente los sonidos fuertes a un leve zumbido. Esta tecnología ya se puede encontrar en algunos automóviles como el BMW Serie-5.

Japan Air Lines distribuye auriculares neutralizadores del ruido en algunos de sus vuelos para mejorar la audición de las películas. Algunas pequeñas compañías en Stamford, Connecticut, y en Phoenix, Arizona, están ocupadas en desarrollar juegos de auriculares extralivianos para los consumidores. El mejor aspecto acerca de la "reducción activa del ruido" es que, a diferencia de la obturación del oído con algodón o tapones, todavía le permite escuchar una conversación, o música, o un llamado telefónico, mientras evita las crisis nerviosas que acarrea la vida moderna.

dencia imperante. Para muchos, esto significa darse un respiro de la andanada de información que nos invade diariamente. ¿Nunca se sintió como si estuviera reaccionando a la interminable letanía de las llamadas en espera y los faxes y el correo electrónico? La llegada de otra revista, boletín o catálogo puede hacernos desear encender una hoguera con la información. La avalancha de comunicaciones se suma al estrés de intentar vivir simultáneamente las 99 Vidas.

Ansiamos una pausa, un momento privado, un momento de silencio de despreocupación, de tranquilidad. Pero encontrar una paz mental no es fácil cuando usted puede ser accesible las 24 horas del día. En sincronía con esta contratendencia está el fabricante del Gotta Go, un dispositivo de interrupción para terminar rápidamente una llamada indeseable. El Gotta Go es un imitador de la llamada en espera que emite un sonido exactamente igual al de la compañía telefónica, sólo que está bajo su control.

También se sabe que hay una contratendencia a las 99 Vidas cuando los anuncios clasificados incluyen avisos de modelos previos de televisores apenas usados. Es un signo de coraje poder decir "No tengo un televisor en mi dormitorio" o "en mi casa de fin de semana" o "cuando salgo de vacaciones". Sabemos que hay una corriente opuesta cuando los amigos que siempre se han jactado de estar bien informados se encogen de hombros y dicen: "No puedo leer [ver, escuchar] todo". El sentimiento imperante es: "Ya es suficiente. Terminemos con el asalto". Mantenerse informado requiere demasiada energía.

Si pretendemos conservar nuestra cordura, el desafío clave en los próximos años será manejar bien las herramientas de información y comunicación. Ya estamos viendo compañías consultoras, con nombres como Internet Navigators y Network Buddies, que están dispuestas a ayudarnos a manejar la *sobrecarga de información*. Los mejores de los consultores on-line no sólo nos ayudarán a establecer conexiones sino también *des*conexiones. Nosotros llamamos a esta corriente el "de-tecnicismo".

No es inusual escuchar de la gente que acumula deudas de miles de dólares mensuales por los servicios on-line. Hay algunos estudiantes que no quieren apagar sus computado-

La vida es fácil con la electrónica

La Electronic Messaging Association estima que la cantidad de usuarios del correo electrónico aumentará en un 50 por ciento en un año, para llegar hasta 60 millones de usuarios muy bien conectados. En marzo de 1997 había 40 millones de direcciones en el correo electrónico. Ahora, aproximadamente el 30 por ciento de los hogares norteamericanos tienen un PC y –con los precios que bajan drásticamente– las cifras se multiplican más rápido que los conejillos. America Online y Shoppers Express han unido sus fuerzas para prestar un servicio interactivo de distribución al hogar de productos alimenticios y de farmacia. Streamline, una nueva empresa interactiva con sede en Boston, registra 500 pedidos semanales para la entrega de alimentos al hogar, además de muchos otros servicios que antes consumían tiempo, como la limpieza a seco y el revelado de fotos. Las transacciones bancarias y el pago de facturas desde el computador instalado en el hogar se están convirtiendo en un lugar común. Incluso la "telemedicina" está al borde de una explosión virtual, con las redes que vinculan a los médicos, los pacientes, los hospitales particulares e incluso las prisiones. Hollywood está obteniendo una información instantánea sobre las películas a través de Prodigy. Los artistas pintan, los bailarines y coreógrafos componen sus movimientos y los músicos sus partituras, todo on line. Y ahora Echo Online asiste a las personas con problemas psicológicos mediante una terapia grupal on line con un asistente social matriculado por unos 100 dólares mensuales.

res y postergan las vacaciones (¡Uf! el sol aburrido y las playas arenosas de Cancún) porque están "navegando" –explorando las Multiple User Dimensions (MUDs). Estos son programas de computación que sirven a dobles y triples propósitos. Los usuarios deambulan, charlan con otros personajes, exploran

Ya es bastante

Sobre el extremo oriental de Long Island, hay un grupo de individuos excéntricos y chapados a la antigua que se han comprometido solemnemente a renunciar al correo de voz, evitar los faxes y jamás pronunciar la espantosa palabra "interfase". Ellos creen que si algún ordenador adquiriera un virus nadie debería buscar una cura. Este grupo de lunáticos se ha autodenominado Lead Pencil Club (y se define como "el bache de la autopista de la información"). Uno de sus líderes publicó una nota editorial en el diario local quejándose de que la cultura norteamericana se ha convertido en un "artilugio alucinante". El escritor Bill Henderson dijo que prefiere "el lápiz de grafito, simple, borrable, liviano, portátil y que responde inmediatamente a la más grande de todas las computadoras: la mente". Teme que, a no ser que se haga algo, todos estaremos enfrentando un futuro indiferente y solitario. "No escribiremos cartas a los amigos simplemente porque no tendremos más amigos, sólo imágenes electrónicas de rostros aproximativos sobre las pantallas. El 'apretón de manos' y el 'abrazo' llegarán a ser anacronismos." Pero como es imposible volver atrás, tenemos que buscar las maneras de estar en sincronía con los dispositivos mientras conservamos nuestras conexiones humanas.

áreas plagadas de monstruos, resuelven acertijos, socializan. Muy adictivo. Cambiarán las cosas cuando haya un programa de recuperación para desacostumbrar a estas personas. "Hola, yo soy Bob. Soy un adicto a la informática".

Otro gran problema que hay que resolver: el concepto del grado de eficacia en el trabajo en oposición al tiempo consagrado al trabajo. Como una prueba viviente de que un ritmo más lento y una mayor concentración son más valiosas para tener éxito que el horario más prolongado y frenético, considere a uno de los promotores e innovadores en el mundo empresarial: el poderoso multimillonario John Malone, que llegó a ser presidente y director ejecutivo de Telecommunications Inc. (tci) a la tierna edad de 32 años. Malone, que hoy tiene 55, trabaja solamente cinco horas por día como director ejecutivo de TCI y siempre vuelve a su casa para almorzar con su mujer. Profesionalmente apodado el "Darth Vader" de las comunicaciones, ha logrado milagrosamente conservar la privacidad de su mundo íntimo.

La búsqueda de un alivio a las 99 Vidas nos recuerda nuestras épocas en el jardín de infantes cuando apoyábamos nuestra cabeza sobre los pupitres y descansábamos después de los bizcochos y la leche. Esto es algo similar a la búsqueda de la soledad anhelada que Thoreau encontró en Walden Pond: "Una cabaña sobre una laguna a una milla de su vecino más próximo". Una manera de encontrar su propio Walden Pond es hacer algo completamente diferente de su rutina diaria. Peter Roaman, un ejecutivo textil de Nueva York, repone sus energías tocando el contrabajo en una pequeña banda llamada los Cool Jerks. El lema de la banda: "La leyenda de nuestros ratos de ocio".

Los más afortunados entre nosotros podemos apartarnos momentáneamente, desconectarnos, o establecer nuestros límites, pero los otros tienen que recorrer un camino mucho más difícil a través de las 99 Vidas. Llenar los ratos libres con diversiones y juegos rara vez es posible. Hoy, más de 7 millones de norteamericanos tienen dos empleos sólo para poder vivir de sus ingresos. La mayoría de estos empleados múltiples son casados y, por primera vez, hay estadísticamente tantas mujeres como hombres en esta categoría.

La rebelión contra las 99 Vidas puede conducir a una aceptación de nuestras imperfecciones (que de todos modos puede ser más saludable). Finalmente, es el ama de llaves de guantes blancos quien controla a estos conejillos

Momento de sosiego

Algunas compañías están tratando de desacelerar su propios pequeños mundos usando las pausas de meditación del personal, los grupos de ejercicio *t'ai chi*, y las simples distracciones. Una compañía de California alienta a todo su personal a tomarse un respiro cuando suena un teléfono, atenderlo casualmente en la tercera llamada, en lugar de hacerlo compulsivamente cuando suena por primera vez. Sabemos de otra empresa moderada que ha instituido un Momento de Sosiego en toda la organización. Cada mañana, entre las 10 y las 11, se desconectan todos los teléfonos y mensajes transmitidos a través del correo de voz. Se desenchufan las máquinas de fax y las copiadoras. El Momento de Sosiego ha resultado ser el más productivo del día.

polvorientos que se reproducen en los rincones. El adicto al trabajo que se escapa del empleo. El controlador obstinado que aprende a delegar. Con el curso del tiempo que se acelera, debemos encontrar maneras de imponer límites rápidos en nuestras vidas. O si no podemos hacerlo, al menos debemos reconocer los límites.

Todos hemos comenzado a replantearnos nuestras 99 Vidas. En efecto, estamos haciendo mucho más. ¿Pero somos más felices? ¿Nos sentimos más realizados? En última instancia, ¿no es esto lo que buscamos? ¿No ha llegado el momento de liberarnos de algunas de nuestras "vidas", responsabilidades y dispositivos? (*Véase* el próximo capítulo.) ¿Cuál debería ser nuestra meta a medida que avanzamos a través de las 99 Vidas a una velocidad vertiginosa y demoledora? Pensamos que es obvia: reducir esta enajenación y volver a las vidas más agradables, afectivas y felices.

EN LÍNEA CON LA LIBERACIÓN

Rendidos y agotados, los consumidores buscan la realización en un estilo de vida más simple.

Durante años el sueño americano se resumía como *más, mejor* y *más rápido.* Ya no es así. Ahora soñamos con menos. No más jefes, no más trámites burocráticos, no más escalamientos ni arañazos en su camino a la cima. Trabajar las horas que deseamos, con los clientes que elegimos. Establecer nuestros propios horarios y buscar nuestras propias oportunidades. Hacerlo con el coche último modelo, la lancha, el computador o el traje de etiqueta. Esto es lo que llamamos la Liberación, la tendencia moderada que reconoce que la calidad de vida es más importante que el título sobre la puerta. Sabemos que seremos más felices en el largo plazo si estamos a gusto con lo que hacemos que si lo hacemos sólo por el sueldo o porque eso es para lo que hemos sido educados.

La Liberación no significa aislarse ni retirarse. En realidad, hemos pensado cambiar el nombre de esta tendencia por la "opción", fuera de un empleo aburrido, de un barrio desagradable, de un sistema escolar deplorable y, lo más importante, de una mentalidad empresarial que no aprecia a los rebeldes, que no alaba la lealtad y que no tiene una voluntad demostrable de ayudarnos a sobrevivir.

Cuando en BrainReserve acuñamos por primera vez el término "Liberación" en los años ochenta, estaba centrado, como hemos dicho en *Lo que vendrá: El informe Popcorn,* en "algún conductor tenaz, perseverante –quizás en un corredor de Wall Street o en un ejecutivo empresarial– que repentinamente deja su portafolio en el baúl del coche y resurge fabricando quesos de cabra en Vermont. O dirigiendo un pequeño periódico en New Hampshire. O un grupo de acción ambiental a cien metros de su antigua oficina. O un boletín de noticias para los amantes de la guitarra a diez pasos de su cama".

La Liberación todavía encierra esta misma idea, pero la tendencia ha evolucionado hasta un nivel más alto por muchas razones. En primer lugar, tenemos aún menos confianza en la vida empresarial –y menos deseos de usar el viejo traje de franela gris–. Estamos menos atemorizados de correr un riesgo. Además, los progresos en la tecnología han hecho más fácil instalar una oficina en el hogar, diseñar un boletín de noticias de aspecto profesional en un ordenador, y comunicarnos con la gente por medio del fax o del correo electrónico.

Si usted ha hecho su ejercicio, y seleccionado un sueño tan fuerte que cree que si no lo realiza lo hará sentirse realmente infeliz, entonces está listo para echar sus cartas sobre la mesa y "liberarse". Un Liberado que conocemos, Steve Bromberg, ex editor del *New York Post,* dijo que se imaginó que había llegado el momento de trabajar en casa cuando el diario tuvo su tercer y cuarto cambio de gerencia. Steve pensó que estaría mejor ayudando a su esposa, Linda Kallman, a desarrollar su empresa de relaciones públicas editando sus boletines empresariales en lugar de las noticias deportivas del *New York Post.* Además, pensó Steve, él no se agotaría en eso, todavía tendría un año para pasar con sus hijos (un beneficio que jamás había soñado obtener cuando era más joven). En el peor de los casos, pensó que de ser necesario podría volver al mundo empresarial en el mismo nivel si dedicaba menos de dos años al experimento. Ahora hace siete años que Steve y Linda todavía son el epítome de esta tendencia.

En su libro, *Entrepreneurs Are Made, Not Born* ("Los emprendedores se hacen, no nacen"), Lloyd Shefsky señala que el emprendedor típico percibe el riesgo de manera diferente al empresario más tradicional y corto de miras. El "peor de los casos" significa volver al mundo empresarial. Shefsky menciona una investigación que demostró que, aun cuando los empresarios puedan trabajar muchas horas y tener muy poco descanso, estos cuentapropistas declaran que duerman mejor por la noche que cuando trabajaban para otros. Y habla de realizar sus sueños.

En todo el mundo, el sistema empresarial está experimentando un cambio radical. A medida que la economía global se va imponiendo, la lealtad empresarial a los Estados Unidos –sin mencionar a las comunidades individuales– está desapareciendo rápidamente. Lo que antes era uno de los principales argumentos a favor de un puesto empresarial –la seguridad– ahora parece un extraño anacronismo. Cada vez más, los graduados universitarios están evitando a las grandes compañías. Las empresas más pequeñas se están imponiendo como los lugares de empleo elegidos. Según la revista *Inc.,* el ritmo de crecimiento de las 100 principales pequeñas empresas de los Estados Unidos ha sido de más del 3.000 por ciento en cinco años, una cifra que la revista declara "que se aproxima a lo incomprensible". Una razón de este florecimiento de las peque-

Sueños florecientes

En el *New Age Journal* hemos leído una historia verídica que ilustra perfectamente esta tendencia. En ella se refería que Doug Self había utilizado el libro de Shakti Gawain, *Creative Visualization*, para tratar de encontrar una manera de cambiar su vida. Después de hacer los ejercicios, llegó a estar convencido de que él y su socio ejecutivo de publicidad debían ir a Hawaii, buscar un terreno y convertirse en floricultores. Aun cuando pensó que esta era "la idea más excéntrica con la que había dado", su ejercicio de visualización le permitió advertir cinco detalles acerca del terreno: una hectárea, cerca del océano, suelo fértil, un buen clima para el cultivo, y un buen vecindario.

Volaron hacia Maui y después de un día de búsqueda descubrieron que habían encontrado el terreno de sus sueños que miraba hacia la Waipio Bay. Pero, lamentablemente, alguien más ya había cerrado un trato sobre el terreno en cuestión. En su última noche triste en ese lugar, no sólo averiguaron el nombre del propietario –la autora Shakti Gawain (el mundo es pequeño, una gran coincidencia)– sino que esa misma tarde, sonó el teléfono con la conmovedora noticia de que el comprador original acababa de ser asesinado.

Doug y Guy adquirieron el terreno que habían imaginado para su empresa de floricultura y se quedaron allí para labrar la tierra. Cuando su deuda a corto plazo superó la confianza del banco en el largo plazo, los socios rápidamente convirtieron un espacio de yoga y meditación en un alojamiento con desayuno. Doug explicó que "al compartir el terreno, estábamos en condiciones de quedarnos aquí y esto también nos permitió transmitir la energía especial del lugar a los otros".

La ganadería es otra categoría de sueño. Kim y Sue Fowler cerraron su pequeña empresa de construcción en San Diego y optaron por una vida en Oregon, donde iniciaron una hacienda llamada Skyline Bison Ranch, criando manadas de búfalos. El búfalo, que es un animal de muy bajo coste de mantenimiento, está llegando a ser muy popular entre los consumidores norteamericanos porque su carne tiene menos grasa. Después de las inversiones iniciales incluso es posible convertirse en un próspero hacendado. Pero la razón principal para entrar en la empresa ganadera es mucho más simple: los cielos despejados y las mentes despejadas.

ñas empresas es que las personas talentosas desean trabajar para ellas.

En *Powershift* ("Cambio de poder", Plaza & Janés Editores S.A., España), Alvin Toffler nos dice que nos estamos alejando "de una economía de monolitos. El empresario de una pequeña compañía es el nuevo héroe (y a menudo heroína) de la economía". Toffler ve una "economía basada en empresas pequeñas, en lugar de gigantes (si bien algunas de esas empresas siguen estando en el vientre de las gigantes)", con lo cual quiere decir que esas pequeñas empresas permanecen en un "mosaico de poder" con las más grandes. Un buen ejemplo serían los pequeños laboratorios de bioingeniería que han sido parcialmente adquiridos por las grandes compañías farmacéuticas. Del mismo modo, las pequeñas empresas de componentes de computación a menudo se alinean con Microsoft, Apple e IBM.

Toffler sigue hablando de una nueva raza de personas que él llama "comandos empresariales", que saben cómo desarrollar empresas en sus propios términos y trabajar con toda una nueva serie de reglas. Si, como Toffler cree, "el poder del mercado está pasando a las pequeñas empresas donde las oportunidades parecen mucho más ilimitadas", para toda persona llegará a ser un lugar común "liberarse" al menos una vez durante el transcurso de su carrera.

Margery y Larry Nathanson, padres de Erica, una directora asistente de proyecto en BrainReserve, se impusieron en el mundo del diseño y la publicidad persiguiendo exitosamente lo que había sido su afición. Abrieron una tienda, Grass Roots Garden, en el barrio SoHo de Nueva York, haciendo escapos para las plantas de interior y los balcones. También está en esta categoría Michael Jordan, el campeón de baloncesto de los Chicago Bulls, quien le restó tiempo a su equipo y sus megacontratos para realizar el sueño de toda su vida de jugar béisbol profesional. (¿Qué significan las incursiones de Jordan en el béisbol en comparación con sus escapadas de las canchas duras?)

Los médicos y abogados, así como los ejecutivos empresariales, son propensos a la Liberación. El Dr. Hy Lerner renunció a una carrera como epidemiólogo para abrir una panadería, Baldwin Hill Bakery, en Massachusetts. Vende panes de harina integral, compactos, masticables. También hemos oído de un cirujano ortopédico de Florida que cambió sus guantes de goma por los guantes de boxeo. El récord de ocho peleas ganadas y dos perdidas del Dr. Harold Reitman lo convierten en el doceavo peso pesado del International Boxing Council. ¡Paf! Qué buen golpe.

Incluso hay una revista inspirada en esta idea de establecer nuevas prioridades en su vida. Llamada *Simple Living*, su editora "liberada", Janet Luhrs, posee un título de abogada pero ha elegido difundir el mensaje de consumir menos y disfrutar más de la vida. En realidad, esta opción en el estilo de vida tiene un movimiento que la respalda: Voluntary Simplicity.

También hay una nueva ola de jóvenes de 20 a 30 años hijos de padres prósperos que tienen en sus mentes la idea de iniciarse como emprendedores. Son lo que nosotros llamamos "emprendedores precoces" –personas entre 25 y 35 años que no tienen miedo de asumir el riesgo–. En mu-

La oportunidad de la bicicleta

La liberación entusiasmó un poco a Richard Dittmar mientras trabajaba en GTE como técnico en informática. Dado que pasaba su tiempo libre en las competencias ciclísticas como miembro de la U.S Cycling Federation, Dittmar sabía todo acerca de cómo desarmar una bicicleta rápida y eficientemente. De modo que sin dejar su empleo, aprendió a reparar bicicletas e inició una empresa hogareña orientada al servicio en Tampa, llamada Bike Ambulance. Dittmar retira, repara y devuelve las bicicletas que necesitan una reparación. Para poner en marcha este emprendimiento, cultivó nuevos clientes pegando volantes de propaganda en cada bicicleta que encontraba, especialmente en los compartimentos de bicicletas de los campus universitarios más próximos. Cuando la empresa comenzó a parecer promisoria, Dittmar dejó su empleo de informática para concentrarse en su pasión. Ahora está reparando así como vendiendo bicicletas. ¿Sus últimos emprendimientos? Se asoció con Weight Watchers para ofrecer paseos en bicicleta, y publicita sus excursiones de tres días a larga distancia, a través de las cadenas de hoteles nacionales y locales. En una entrevista con el *Tampa Tribune*, Dittmar dijo: "El sueño de todos es tener su propia empresa, especialmente de algo que aman tanto. Yo estoy viviendo ese sueño".

chos casos, son mujeres jóvenes cuyas madres tuvieron la experiencia personal de ver limitados sus horizontes y advirtieron a sus hijas de las frustraciones de una carrera empresarial.

Consideremos el restaurante originalmente llamado Me and Mom (Yo y Mamá) ubicado en Greenlawn, Nueva York. Es propiedad de un equipo madre/hija, ambas escapadas de la América empresarial. También está la empresa

Best Friend Cocoa, iniciada por dos amigas mujeres en Massachusetts, quienes utilizan su receta favorita para el chocolate y la venden a los restaurantes a lo largo de la Costa Este. O Gooseberry Patch, una empresa de venta por catálogo de artículos campestres nostalgiosos desarrollada por dos amigas. El catálogo se parece a un boletín de noticias comunitarias, ofrece cortadores de galletitas y velas con fragancia a canela (la fragancia más vendida dicho sea de paso, seguida por el pan de jengibre), y ahora registra 4 millones de dólares en ventas anuales y cuenta con 75 empleados durante los feriados.

Simplemente consideremos la cantidad de personas que podemos calificar de Liberadas/Encapsuladas para tener un panorama sorprendente: 1.400.000 empleados de los Estados Unidos están trabajando por cuenta propia. La gran mayoría manejan empresas unipersonales desde sus hogares, con variadas metas y resultados. Marilyn Ross, de Communication Creativity Inc., que publica libros sobre pequeñas empresas, hace una distinción entre los emprendedores part-time con menos de 20.000 dólares anuales en actividades como artesanías y reparaciones, y aquellos profesionales con más de 60.000 dólares que probablemente estén utilizando tecnología para administrar sus compañías.

Nosotros pensamos que las estadísticas para las empresas que no usan tecnología pueden ser artificialmente bajas debido a la enorme cantidad de trueque que existe. Los propietarios de empresas hogareñas part-time a menudo intercambian bienes por servicios (o por una combinación de servicios y dinero). ¿Quién puede estar al corriente sobre un intercambio como "Convertiré su matorral en un jardín ornamental si usted pinta un mural en mi cocina"?

El toma y daca del trueque ha llegado a ser tan popular que incluso se está organizando. Redes de pequeñas compañías, como Barter Basics y Barter Advantage de Manhattan, publican boletines y obtienen una pequeña rebaja sobre las transacciones. ¡La Liberación ha desarrollado una pequeña empresa destinada a ayudar a las otras pequeñas empresas! El trueque también es reconocido como algo diferente a la evasión fiscal; el intercambio se puede informar a la ISR como el equivalente en dólares y ser considerado como un gasto empresarial legítimo.

En BrainReserve clasificamos a estas empresas como Tech-Knows y Tech-Nots. Ambos grupos están dando simultáneamente una popularidad creciente a la tendencia de la Liberación. Las Tech-Nots creen que pueden ofrecer algo que está ausente en el mundo empresarial: una atención personal difícil de encontrar, ya se trate de las reparaciones en el hogar, el cuidado de los niños, los servicios de belleza, o el mantenimiento de mascotas. El grupo Tech-Knows ha formado empresas que utilizan la tecnología de apoyo más reciente, como los contestadores automáticos sobre cómo instalar el Windows 95.

Existe una gran y creciente demanda de conocimientos técnicos acerca de la informática. BrainReserve vislumbra una oportunidad para las Tech-Knows en la cual las Tech-Nots pagarán abultadas sumas por una asistencia para superar su brecha tecnológica. Y el gasto valdrá la pena; en promedio, el trabajador cuentapropista que utiliza PC gana 70.000 dólares en comparación con los 42.000 dólares que ganan los no usuarios. También hay disponible un software de "Liberación", como el LegalPoint, que ofrece más de 75 modelos básicos de documentos y contratos empresariales –desde acuerdos de no-competencia hasta convenios de asociación para órdenes de compra–. Es muy práctico.

Los conmutadores telefónicos han entrado en la era de la Liberación en sincronía con la aldea global donde usted se puede comunicar electrónicamente con su empleo,

Publicar y prosperar

En una nueva profesión afín a sus inclinaciones, usted siempre puede "liberarse" y escribir un libro o iniciar un boletín de noticias, como *Plain*, una publicación mensual de Amish editores que está atrayendo lectores con su filosofía "liberadora" de vivir simple e inteligentemente sin las interrupciones modernas. Con todos los programas de informática destinados a las publicaciones –y una pizca de imaginación– es fácil encontrar algún sitio tranquilo y comenzar a escribir. Hemos observado que hay una tendencia hacia los libros empresariales con títulos extralargos, como *When Friday Isn't Payday: A Complete Guide to Starting, Running –and Surviving in– a Very Small Business*, de Randy W. Kirk, así como otro ampuloso, *The Ultimate No B.S., No Holds Barred, Kick Butt, Take No Prisoners, and Make Tons of Money Business Success Book*, de Dan Kennedy. O si usted decide no escribir nada sino publicar lo que otros escriben, lo primero que debería pensar es en un nombre atractivo como Upstart Publishing de Dover, New Hampshire, o Ten Speed Press de Berkeley, California. Estamos seguras de que lo inundarán de manuscritos.

sin dejar nunca su oficina hogareña. Se estima que casi un tercio de la fuerza laboral adulta pasa parte de sus horas de trabajo mientras está en su casa. Los progresos en los equipos de oficina hogareña han facilitado esta transición. Staples, la supertienda de artículos de escritorio, es ahora una empresa de 2.000 millones de dólares, y de acuerdo con los perfiles de sus compradores, el 25 por ciento de los clientes de Staples tiene un miembro de la familia en una empresa hogareña. Kwik-Kopy tiene 873 sucursales; Sir Speedy casi 900. Las tiendas de venta por catálogo, como Reliable Home Office de Otawa, Illinois, puede abastecer

La ventaja en cifras

La Home Office Association de los Estados Unidos se formó en respuesta a las necesidades de esta fuerza laboral masiva. Por una cuota de 49 dólares anuales, los miembros pueden acceder a numerosos servicios que incluyen descuentos grupales sobre los seguros de salud y la distribución de paquetes. La asociación tiene un boletín mensual, *Home Office Connections*, y un estudio en Washington que negocia deducciones impositivas para las oficinas hogareñas.

No nos sorprende que la revista *Fortune*, en un artículo titulado "La América empresarial despedida", haya informado que muchos graduados en Administración de Empresas ahora están tomando un camino diferente. *Fortune* dijo que "En 1990, sólo un cuarto de los nuevos egresados de la Universidad de Columbia ingresaron a las grandes compañías fabriles: en el último año solamente lo hizo el 13%". Los graduados de Stanford estaban igualmente desilusionados de seguir una carrera empresarial. En 1989, el 70 por ciento fue a trabajar para las grandes compañías; cinco años más tarde, esa cifra disminuyó hasta el 50 por ciento. Además, muchos de los que han firmado contratos tienen planes de "reunir una buena suma de dinero durante algunos años y luego buscar una pequeña empresa para comprar...".

a su empresa al instante, aun cuando usted esté a cientos de kilómetros. Esto es estar en sincronía con la Liberación.

En BrainReserve, hemos ayudado a nuestras 500 clientas *Fortune* a tener un panorama más claro de los emprendedores del futuro. Concentrarse en el tipo de Oficina Pequeña/Oficina Hogareña (OPOH) no es tan fácil como concentrarse en otros segmentos diferentes del mercado. Para evitar deudas y más altos depósitos empresariales, algunos trabajadores por cuenta propia se resisten a alertar a la compañía telefónica acerca de lo que están haciendo. Los moradores de los apartamentos podrían no desear que los propietarios o las comisiones de los condominios sepan que están manejando una empresa con base en el hogar; lo mismo es válido para los propietarios de casas frente a las leyes estrictas del barrio o distrito.

Este mercado de la OPOH va a crecer aún más durante los próximos diez años. Curiosamente, para la gran mayoría de aquellos empresarios con quienes hemos hablado, la Liberación está muy asociada con liar el petate y mudarse al campo. Lejos de las calles de asfalto y de las ciudades cubiertas de smog y de vuelta a la naturaleza, donde uno puede "dar los buenos días" al carnicero, al panadero y el chófer de Federal Express. No fue ninguna sorpresa leer en el *EDK Forecast* que, en una encuesta que preguntó a las mujeres norteamericanas dónde preferirían vivir si el dinero no estuviera de por medio, solamente un despreciable 8 por ciento dijo que sería feliz en un ambiente urbano.

La nostalgia por todas las cosas bucólicas es especialmente intensa en las grandes ciudades. Como se mencionó en la revista *New York*, muchos habitantes de Manhattan están decorando sus residencias céntricas con tablas de corral curtidas por la intemperie, cofres enlucidos, cubetas de roble antiguo, edredones cosidos a mano, estatuas de madera tallada y artesanías populares.

La popularidad de la música "country" entre los habitantes urbanos es otro síntoma de la Liberación. Podemos sentarnos en un embotellamiento de tránsito y soñar con las colinas doradas de nuestra casa alpina (aun cuando jamás hayamos estado más allá de las llanuras de Nueva Jersey). Hoy existen más de 3.000 emisoras radiales en todo el país, y al menos dos o tres canales de televisión por cable donde usted puede escuchar o mirar parejas bailando *two-step*. En el corazón de Londres, los atildados británicos es-

Influencia extraña

La manía actual por el arte extraño está en relación directa con la Liberación. Les hemos dado un carácter romántico a esos soñadores quijotescos (algunos de los cuales son más que extravagantes). Ellos son los primeros en seguir a sus estrellas privadas dando forma a través del arte a sus visiones únicas. Hay una revista que se llama *Raw Vision* consagrada al arte extraño, y hace poco se inauguró en Baltimore el American Visionary Art Museum. Una veta común entre estos artistas parece ser la escasa, o ninguna, formación artística. Algunos de sus representantes son William Hawkins, Mamie Deschillie, Jimmy Sudduth, Mose Tolliver, el "profesor" Eddie Williams, y el Reverendo Finster, quien refirió: "El Señor habló y dijo: 'renuncia a la reparación de la segadora... renuncia a la prédica de sermones; pinta mis imágenes', y eso es lo que he hecho".

¿Acaso no hemos soñado todos con dar rienda suelta a alguna necesidad interna profunda? Este anhelo de vivir una vida pura en contacto con lo mejor de nosotros mismos es una de las principales fuerzas que está impulsando esta tendencia.

tán dejando de lado su habitual reserva y alineándose con esta tendencia. La moda es ponerse un Levi 501, anudarse un pañuelo y pavonearse con unas botas de *cowboy* de talón alto, meneando sus caderas en una cadencia *country*. ¡Por amor a la tierra!

Quizá la última fantasía de Liberación sea abrir una posada campestre. Lo que ahora es diferente es que los altos ejecutivos empresariales son los que realmente están dando el salto. Un artículo del *New York Times* mencionó a William Schreyer, ex presidente de Merrill Lynch, quien adquirió una posada en State College, Pennsylvania, para

Libertad en 4 ruedas

Estamos persiguiendo la ilusión bucólica con los coches que compramos –desde el Jeep Cherokee de tracción en las cuatro ruedas, el Ford Explorer, el GMC Jimmy y el Land-Rover hasta las pickups deportivas–. Sin embargo, nada puede superar al Hummer para los espíritus liberados. Los anuncios lo describen como el "Más serio 4x4 sobre la Tierra", y continúan con un mensaje textual: "En un ambiente donde solamente los más fuertes sobreviven, algunas especies se niegan a estar comprometidas con un mundo de vidrio y concreto. Para ellas, la libertad es el privilegio fundamental. El premio es más alto. De modo que siga adelante. Avance. Corra. Maneje un Hammer. Y descubra lo que significa la libertad". El vehículo de 70.000 dólares, una versión no militar del héroe de "Tormenta en el Desierto", está fabricado con aluminio de aviación y puede atravesar desfiladeros, trepar médanos, y saltar de un borde a otro de un precipicio. En el interior hay una placa con las únicas instrucciones "desinfle los neumáticos cuando vadea ríos". Es resistente con una "R" mayúscula. En nuestro barrio hay dos: un convertible rojo y un tanque verde oscuro, y predecimos que habrá muchos más sobre las rutas. Usted tiene que ver uno de estos vehículos para creerlo. Se desplaza como una magnífica tortuga –grande, plana, lenta e invencible–.

agregar "un poco de condimento a la vida". También está Robert Mnuchin, ex socio de Goldman Sachs, propietario de Mayflower Inn en Washington, Connecticut, junto con su emprendedora mujer. Escoger alguna posada es una buena apuesta para que sus propietarios sean felices en su segunda carrera.

Para estar en sincronía con este retorno a la vida sencilla y sana, el Citibank ha iniciado un experimento para las pequeñas empresas: su programa de "préstamos por personalidad". Se están otorgando préstamos de hasta 50.000 dólares –el dinero inicial necesario para muchos sueños de Liberación– sobre la base de la evaluación que hace el gerente de sucursal de la personalidad del solicitante. Ya se han prestado 10 millones de dólares a 460 compañías de "buena personalidad", y hasta ahora solamente dos de los préstamos, que totalizan 30.000 dólares, se han dejado de pagar.

Una cosa de la que usted puede estar seguro es que muchos de nosotros estamos buscando un espacio de vida que sea más fácil, más feliz y más gratificante. Los rodeos y las negociaciones han llegado a su fin. La satisfacción personal está cobrando importancia. En la realidad de la Liberación, aun cuando pueda llegar a estar encadenado por los préstamos y trabaje más empeñosamente que cuando era empleado, lo está haciendo por usted mismo. Como dijo John Donne hace muchos años: "Tenga su propio palacio, o el mundo será su prisión".

LA NECESIDAD DE ESTAR VIVOS

Al reconocer la importancia del bienestar, los consumidores se han adherido al concepto no sólo de una vida más larga sino de una mejor calidad de vida en su conjunto.

Cuando escribimos *Lo que vendrá: El informe Popcorn*, BrainReserve había estado investigando la tendencia a la Supervivencia durante más de ocho años. Esta tendencia, que concernía a una población envejecida y su búsqueda de longevidad, tenía que ver con la dieta y el ejercicio correctos, e incluso con la meditación *Om*. Hoy, las perspectivas han cambiado para nosotros de la Supervivencia a la de Estar Vivos. Ya no nos interesa solamente la longevidad, ahora deseamos mejorar la calidad y el valor de nuestras vidas.

Mientras antes decíamos: "No quiero morir. Quiero mantenerme vivo a toda costa", ahora reconocemos que la mera "supervivencia" no es suficiente. La calidad de vida es la meta más importante. Queremos sentirnos bien y estamos empezando a comprender que cada *cuerpo* es diferente. Que la clave para la energía y el bienestar es comprender la manera como funciona nuestro organismo y tomar las medidas para mantenerlo vigoroso y en armonía. ¿Hay algo tan importante que iguale la maravillosa sensación de estar en buen estado físico, dinámico y totalmente vivo?

Está surgiendo una visión integral de la salud que aprovecha lo que la naturaleza tiene para ofrecer. La población norteamericana finalmente está comenzando a hacer lo que las culturas de todo el mundo han hecho durante millones de años: usar las medicinas naturales. Las hierbas son una fuente importante para el cuidado elemental de la salud de 2.500 a 3.000 millones de personas en el mundo desarrollado. Es interesante observar que la aspirina, la dedalera y la morfina eran todos remedios populares mucho antes de que fueran "descubiertas" por la medicina moderna. Según los expertos botánicos, solamente ha sido catalogado un 10 por ciento de la vida vegetal. Nos aguardan sorpresas. Un 42 por ciento de los médicos británicos han empezado a hacer consultas sistemáticas a los homeópatas. Un tercio de los médicos de familia en Francia prescriben remedios homeopáticos, como lo hace más del 20 por ciento de los médicos alemanes. Incluso en los Estados Unidos, el doctor en Medicina y botánico Andrew Weil dice: "Por cada receta que escribo de drogas farmacéuticas, probablemente prescribo 40 ó 50 remedios herbáceos". Efectivamente, las ventas de remedios homeopáticos en este país han aumentado de 2.000 millones de dólares en 1991 a 3.770 millones en 1996.

A medida que las medicinas homeopáticas lleguen a ser más aceptadas en nuestra sociedad, esperamos ver que estos remedios se vendan a través de las máquinas expendedoras o se entreguen puerta a puerta. Es mejor distribuir polen de abeja y pétalos de violeta triturados que tranquilizantes. La madreselva protege contra los sentimientos de nostalgia. El olmo es bueno para el aplomo personal. Quizás una mezcla de flores silvestres para la megaenergía,

La salud de los perros

En los Estados Unidos hay una asociación veterinaria holística que está explorando el uso de estos tratamientos alternativos como terapia herbácea y homeopática en el tratamiento de los pacientes cuadrúpedos. Observamos a un quiropráctico darle un masaje a un Dálmata artrítico, casi paralizado, después de lo cual el perro se irguió retozonamente sobre sus patas y salió caminando.

y esencia de manzana silvestre para la confianza en sí mismo. No se preocupe: todas estas hierbas son inocuas y no adictivas.

Algunos otros remedios naturales:

- Vincapervinca rosada. Esta es una planta de Madagascar con la cual los científicos han desarrollado el tratamiento más eficaz para la enfermedad de Hodgkin, y que ha elevado el porcentaje de supervivencia de los niños con leucemia en un 60 por ciento.
- *Calophyllum lanigerum.* Esta sustancia es producida por un árbol de Malasia, y parece surtir efecto contra la excesiva resistencia del virus del sida a la Azidotimidina (AZT). (Lo más terrible, fue que cuando los investigadores volvieron para recoger más muestras, los explotadores forestales habían derribado todos los árboles.)
- Aspidia. Después de observar a los chimpancés consumirla para aliviar los problemas estomacales, los investigadores descubrieron que la aspidia no sólo eliminaba los parásitos peligrosos sino que también detenía el crecimiento de tumores cancerosos.

Estas plantas podrían salvar nuestras vidas (si no acabamos antes con ellas). Solamente un minúsculo porcentaje de las plantas del mundo –algunos afirman que es tan sólo del 1 por ciento– ha demostrado su potencial terapéutico.

No son sólo las plantas exóticas de rincones remotos del mundo las que pueden ayudarnos a Estar Vivos. ¿Sabía que los mangos pueden inhibir la diseminación del virus del herpes? ¿Que un racimo de bananas puede prevenir las úlceras? ¿Que el zumo de la cebolla puede aliviar los resuellos asmáticos? ¿Que el tofu [queso de soja] podría actuar contra el desarrollo del cáncer de próstata? Y ahora que ya lo sabe, ¿es un creyente? Y si es un creyente, ¿participará en esto?

Todavía estamos en la etapa embrionaria del conocimiento sensorial. El olor de un ramo de flores variadas puede favorecer las habilidades de aprendizaje, ayudándonos a resolver problemas más rápidamente. Desde luego, la persuasión por el aroma se ha divulgado durante un tiempo. (Una sugerencia de una persona experta en bienes raíces: el aroma hogareño de un pan tostándose en el horno venderá una casa más rápido.) Un olor a vainilla o jazmín aliviará el estrés. Un hospital de Nueva York ha estado experimentando con la fragancia de vainilla en las narices de los pacientes antes de someterlos a un examen MRI –los ayuda a relajarse–. La esencia de espliego con sus benignos poderes sedantes, ha sido seriamente probada como un sucedáneo de la droga para el tratamiento del insomnio en las personas ancianas.

La suposición más extravagante sobre los aromas de los alimentos proviene de un artículo de la revista *Times of London* acerca de un estudio efectuado por el Dr. Alan R. Hirsch, director de la Smell and Taste Treatment and Research Foundation de Chicago. Hirsch descubrió que la combinación poderosa del pastel de calabaza con el espliego aumenta el flujo sanguíneo hacia el pene, causando erecciones. ¿Otras fragancias excitantes? El orozuz y el buñuelo. La conclusión del centro es que estos experimentos pueden ser útiles para curar la impotencia o para disuadir a los acosadores sexuales.

Otro acicate para la tendencia a Estar Vivo es una desconfianza creciente en la "gran medicina". Todos nos enteramos de historias horrendas acerca de diagnósticos erróneos, operaciones chapuceras, médicos irresponsables y compañías farmacéuticas codiciosas. Y existe una reacción *violenta* contra las compañías de prestaciones médicas, muchas de las cuales no informan a los pacientes sobre las opciones de tratamiento disponibles. La razón: la compañía simplemente no desea pagar por ellas. Los norteamericanos se están muriendo literalmente porque sus aseguradoras médicas retienen información crítica. Este es un ultraje de primer orden, y está haciendo que muchos de nosotros asumamos cada vez más responsabilidad por nuestra propia salud.

Hace muy poco, Mutual of Omaha, el proveedor de prestaciones médicas individuales más grande de los Estados Unidos, anunció que reembolsaría a los pacientes que participaran en un programa preventivo que combinara la dieta con la medicación, el ejercicio y los grupos de apoyo para combatir la afección cardíaca. Es sólo una cuestión de tiempo antes de que otros tratamientos alternativos –como la acupuntura, la digitopuntura y la meditación trascendental– sean totalmente reembolsables. Los gastos del consumidor en las terapias no tradicionales se han estimado en 14.000 millones de dólares por año, pero el 75 por ciento de esos gastos no son reembolsables por los planes de salud en los Estados Unidos.

¿Quizás esperamos que el Congreso llegue a ser más progresista? A pesar de la manera como la medicina convencional boicoteó la revisión general de los sistemas de

El conocimiento suplementario

En Cambridge, Massachusetts, hay una gran tienda sobre la Harvard Square, Harnett's, que vende nada más que vitaminas y remedios homeopáticos y siempre está llena de clientes. Fundada por Anthony Harnett, el astuto minorista que desarrolló y luego vendió los fenomenalmente exitosos supermercados Bread & Circus, la tienda es una precursora del futuro cuidado de la salud. Otras tiendas similares se están abriendo en todos los Estados Unidos a medida que la gente se informa y asume la responsabilidad de mantenerse saludable.

Uno de los primeros en incursionar dentro de la homeopatía fue Edward Bach, un médico que trabajaba en Gran Bretaña a comienzos del siglo XX. A veces mientras recorría el ambiente rural, trabajaba con sus propios estados emocionales, y probaba diferentes plantas y pétalos, anotando los efectos sobre su estado de ánimo. Dio un paso más y procesó estos remedios naturales. Y así nacieron las Flores de Bach, ahora vendidas en los Estados Unidos. Durante la década pasada las ventas se duplicaron cada año.

En un triple rubro, Rainbow Light Nutritional Systems, una empresa de Tom O'Leary y Linda Kahler situada en el hermoso centro comercial de Santa Cruz, ha logrado combinar los beneficios de las hierbas, las vitaminas y las terapias alimenticias para la buena salud. Su sistema 3-Way Stress ofrece no sólo las vitaminas B y los minerales más comunes sino también hierbas como la valeriana y la kawa [del Pacífico] por sus efectos terapéuticos calmantes. Rainbow Light también ha desarrollado un sistema nutricional, un suplemento diario con extractos herbáceos poderosos que se inspiran en las mejores tradiciones naturales del mundo: Ayurvedic para el equilibrio y la longevidad (que incluye gotu kola y gimnema silvestre); Chinese para la digestión y desintoxicación (con ginseng, sausserea, reishi); y Herbario Europeo (con gingco para el vigor mental). Si bien estos suplementos herbáceos suenan un poco extraños, algún día podrían ser ingeridos tan fácilmente como una aspirina o una benzocaína.

Los poderes especiales de estas hierbas, el ajo en particular, se están considerando tan seriamente que el Hospital de Nueva York ha abierto un Centro de Información sobre el Ajo con su propia línea de emergencia y su red de investigación (todo esto es muy beneficioso para las ventas de Listerine). En la Glendale Galleria de California del Sur, una enorme galería comercial cerca del centro de Los Angeles, hay una tienda que vende solamente ajos y sus subproductos: esencias, condimentos como la salsa de ajo, libros de recetas, guirnaldas y comidas.

Para el lector que desea tener un conocimiento más profundo de la medicina herbácea, hay un programa en CD-ROM [en inglés] llamado The Herbalist, que le proporcionará más información de la que usted podría haber imaginado sobre el tema, desde los usos de la homeopatía hasta las clasificaciones de todas las plantas medicinales.

salud de Bill y Hillary Clinton, seguimos siendo optimistas. Los legisladores federales aprobaron un proyecto en 1994 que permite que se hagan reclamos generales por las vitaminas. Incluso los Institutos Nacionales de Salud tienen una Oficina de Medicina Alternativa que ha invertido millones de dólares en la investigación de tratamientos médicos no tradicionales que van del masaje a la meditación.

De las 53 cadenas de farmacias más importantes –incluyendo a Payless, Walgreen's y Thrifty–, casi la mitad venden ahora algunos productos homeopáticos. Incluso su supermercado local y el K mart están ampliando su espacio asignado a los remedios naturales buenos para su salud.

Un decreto presidencial declaró a los años noventa como la Década del Cerebro. Finalmente se muestra una

El restaurante por receta

Un artículo publicado en *The Wall Street Journal* describió el siempre concurrido Restaurante Yat Chau Health en Hong Kong. Allí "el huésped precavido escucha complacidamente y anota cosas sobre un talonario de pedidos. Pero a diferencia de su maître convencional, el Sr. Wong no recomienda platos, los receta. ¿Tiene las glándulas inflamadas? Pruebe el pollo y el hipocampo guisado. ¿Se siente mareado? Quizás sea bueno un arroz frito con bayas".

evidencia de que el cerebro debería ser tratado como un músculo: cuanto más lo ejercita, más se desarrolla. La capacidad del cerebro para cambiar y adaptarse en las edades avanzadas también está alentando la tendencia a Estar Vivo. Esto demuestra que el loro viejo también aprende a hablar.

Indudablemente tenemos algo que aprender de nuestros más de 50.000 centenarios, uno de los segmentos de la población en más rápido crecimiento. Esto es definitivamente la supervivencia del más apto. Si usted logra atravesar sus 80 años sin una enfermedad que amenace su vida, tendrá buenas posibilidades de llegar hasta los 100. La cuestión no es sólo estar vivo y coleando sino vivo y *pensando.*

Vimos un programa de televisión acerca de un hombre llamado Sidney Amber, que había nacido el 26 de enero de 1886, cuando Grover Cleveland era presidente de los Estados Unidos. Amber había ingresado a un nuevo empleo cuando tenía 104 años –como maître en un restaurante de San Francisco, recibiendo y saludando a los clientes durante más de cuatro horas consecutivas. Si se preguntaba a los huéspedes su edad, la gente aventuraba "75" u "82", jamás imaginaban que podía tener más de 100 (Amber murió a la edad de 109 años). ¿Cuál era su secreto, además del trabajo estimulante? Amber dijo que había ingerido tres cucharadas de salsa inglesa cada noche durante 90 años. Gracias, Lea & Perrins.

Durante algunos años, los médicos han estado estudiando a un grupo de monjas de clausura de Minnesota, muchas de las cuales se habían distinguido por vivir más allá de los 100 años. La investigación revela que las monjas que habían obtenido títulos universitarios, enseñaban y utilizaban activamente sus mentes vivían más años que aquellas que pasaron sus vidas haciendo sólo tareas manuales. Las personas que continúan ejercitando sus mentes con las palabras cruzadas, la lectura o el juego de naipes tienen tasas de demencia y de Alzheimer más bajas.

Hay otras maneras de mantenerse alerta y de contribuir a Estar Vivo. Se dice que el ginseng chino favorece las capacidades de concentración y memoria. La tirosina-L se convierte en estímulos mentales conocidos como neurotransmisores, lo cual en el lenguaje corriente significa que si usted necesita estar atento en una reunión o un examen, debería engullir un plato lleno de alimento de alto contenido proteico: pescado, pollo sin piel o queso de soja. Los extractos del gingco supuestamente estimulan la memoria en el corto plazo, lo cual es muy útil si usted es una de las millones de personas que extravían las llaves, los anteojos y, lo más grave de todo, el control remoto del televisor. El Piracetam, un estimulante del sistema nervioso central, se dice que desbloquea el flujo de datos entre los hemisferios cerebrales. Este producto ahora disponible en Europa, es una de las cosas que los viajeros llevan de contrabando a los Estados Unidos. La hidergina, un extracto del hongo que crece sobre el centeno se cree que aumenta el flujo de la sangre al cerebro y ya se está usando para tratar los problemas de memoria en los ancianos.

Muchos centenarios envejecen dignamente, y atribuyen su longevidad al hecho de mantener bajo su nivel de estrés. Para reducir la tensión diaria sin importar la edad que usted tenga, estos simples ejercicios controladores del estrés son perfectos para Estar Vivo. ¿Demasiado emocional? Apriete dos dedos de una mano, haga una profunda inspiración, y libere los dedos a medida que exhala. Para serenarse aún más, trate de respirar 10 ó 12 veces solamente a través de la ventana izquierda de su nariz. O, aún más placentero, coma una simple cena de una patata asada, o fideos con salsa de tomate. Esta combinación estimulará al cerebro para producir serotonina, una sustancia química relajante. No se ría. Estos remedios fáciles pueden ayudarle a salir adelante y, con eso, a vivir más.

Hay tantas maneras inexploradas de mantener la mente alerta y en su punto culminante. Cuando los *baby boomers* envejezcan, la mayor capacidad intelectual llegará a ser definitivamente el próximo desafío.

La medicina china difiere de la medicina occidental y está más en sincronía con la tendencia a Estar Vivo porque los orientales se concentran en la "salud" más que en la "enfermedad". La gente en China no sólo acude al médico cuando está enferma, también siguen yendo cuando están bien para mantener sus cuerpos en equilibrio armonioso con la naturaleza. Qué fundamentalmente diferente es esto de la medicina occidental que se concentra en encontrar una receta mágica que resuelva el problema. Nuestra obsesión es acabar con la enfermedad, aun cuando acabemos con el paciente por añadidura. Piense simplemente en la quimioterapia. La medicina china dice que es más importante colaborar con el sistema inmune del organismo y dejar intactos sus mecanismos de crecimiento.

Otro ejemplo de un tratamiento médico chino más antiguo y sabio es la acupuntura, que en los Estados Unidos aún está en su etapa embrionaria. Sin embargo, cuando usted se encuentra con personas que han experimentado de

¿Cuál será la próxima novedad?

Los alimentos que favorecen la salud física, mental, emocional y espiritual tendrán más popularidad. ¿Por qué no preparar hojuelas de frutas fritas ricas en vitaminas, o waffles y panqueques ultradelgados rellenos de fruta para un desayuno energético? Ya tomamos ciertas bebidas con este propósito: el café para la energía, el té de hierbas para calmarnos y los isotónicos (Gatorade, bebidas deportivas) para el vigor.

Más probablemente, los próximos descubrimientos importantes en materia de salud serán en el mundo de los medicamentos, quizá una inyección que disuelva las células adiposas o que interfiera en el equilibrio químico del cerebro suprimiendo el apetito. No hace mucho tiempo, los titulares de algunos diarios anunciaron la existencia de nuevas drogas prometedoras contra la obesidad, y la investigación genética ha identificado las causas de esta disfunción orgánica tan frecuente.

Las ventas de bebidas alcohólicas podrían revertirse y subir nuevamente si existiera un "parche" disponible que lo pusiera sobrio instantáneamente o que lo mantuviera en una ingesta razonablemente segura de una o dos copas durante toda la velada –mientras elimina la resaca de la mañana siguiente–.

Las inyecciones de aguja pronto se pueden volver obsoletas. No se utilizarán más las largas y puntiagudas agujas hipodérmicas. Podemos esperar la administración indolora de drogas a través de una "pluma" que inocule la dosis exacta bajo la piel a una velocidad tres veces mayor que la del sonido. Nos hemos enterado de la existencia de un gel de vitamina B12, llamado ENER-B, que ingresa ingeniosamente en la corriente sanguínea a través de una untadura en la nariz. ¿Por qué otros medicamentos no podrían ser administrados de esta manera?

¿Hemos mirado demasiados episodios de *Viaje a las estrellas*, con sus sondas médicas manuales y sus técnicas quirúrgicas futuristas que hacen que los métodos del siglo XX parezcan desesperanzadamente lentos y anticuados? Necesitamos usar el rayo láser, el ultrasonido, y las imágenes digitales para detectar tumores microscópicos o vasos sanguíneos debilitados. Algún día, las operaciones quirúrgicas tendrán lugar en nuestros hogares con la cirugía virtual. Un brazo robótico seguirá las instrucciones del cirujano o los movimientos del brazo a través del ordenador. En este escenario quirúrgico virtual, el médico se sentirá como si estuviera trabajando con la carne y la sangre real, mientras el paciente se sentirá como si un cirujano superior estuviera en la habitación. Una propuesta de "ganador-ganador".

Una buena propuesta en sincronía con la tendencia a Estar Vivos sería el lanzamiento de Dr. Nature Clinics, un grupo de médicos organizados a nivel nacional que promovería el bienestar a través de la nutrición, la reducción del estrés, el equilibrio energético y la meditación, la nueva medicina inteligente de fines de los noventa.

En una sesión reciente de movilización mental, se analizó una nueva propuesta. ¿No sería cómodo para usted si pudiera poseer acciones en unas pocas granjas de su área, y poder verificar las condiciones bajo las cuales se producen los alimentos –desde los vegetales hasta las carnes y los productos lácteos– que consume su familia?

Otra idea revolucionaria: ¿Qué le parece una cadena de restaurantes SourceSmart que puedan servir comidas orgánicas, de bajo contenido graso y libres de pesticidas, creadas por expertos cocineros? Aun cuando la comida pudiera resultar costosa, sería la experiencia ecológica de su vida. (Probablemente esto sea tan afín a la experiencia china de la "comida más saludable" como podemos esperar razonablemente en el futuro próximo.)

Como los concurrentes al SourceSmart serán comensales precavidos, pueden desear beber algo seguro, pero delicioso. Es sabido que muchos vinos están saturados de sulfitos y sustancias fungicidas de los viñedos. En Amsterdam hay una tienda de vinos propiedad de dos hombres entrenados en la ciencia de la toxicología en vinos. La tienda vende solamente botellas previamente analizadas, con garantía de pureza. ¿Por qué no aplicar el concepto en otras partes?

Otra idea más: SourceSmart. Una cadena de supermercados en la cual se revele el origen y composición de *todos* los productos.

Se podrían introducir dispositivos de terapia magnética en muchas cosas, como teléfonos, masajeadores y auriculares. Podrían existir vinchas para combatir la jaqueca, un brazalete para la artritis, una pulsera de tobillo para la gota, y sillas y asientos de coche para los dolores lumbares, o se podrían instalar magnetizadores en el marco de las puertas del hogar o la oficina –en todo lugar a través del cual usted pase al menos una vez por día– para promover un buen estado de salud general.

primera mano (¿primera aguja?) con un buen acupunturista, escucha historias extravagantes. Ya se trate de la desaparición casi instantánea de la irritación, la hinchazón y el dolor agudo de un herpes viral o del alivio de un asma espasmódica, esta ciencia artificiosa tiene la capacidad de resolver problemas que la medicina occidental no puede abordar.

De acuerdo con el Dr. Michael Smith del Lincoln Hospital del Bronx, en Nueva York, la acupuntura se está utilizando actualmente para el tratamiento de la drogadicción. Los pacientes dicen que prefieren la acupuntura a la metadona. Un efecto secundario beneficioso: se ha descubierto que la acupuntura también hace a los pacientes más cooperativos y más propensos a continuar con la terapia de apoyo.

Otra ciencia alternativa que tendrá mayor difusión será la naturopatía. Los médicos naturópatas se consideran

La atracción magnética

Una compañía japonesa, Nikken, está creando en los Estados Unidos una red de ventas para sus productos de terapia magnética. En una técnica similar a la acupuntura (sólo que sin agujas), se aplican magnetos encauchados sobre la piel. Se dice que los magnetos, al generar calor y energía, ayudan a aliviar angustias y dolores persistentes. La misma compañía también fabrica plantillas de calzado magnetizadas, y rellenos de colchón y almohadas –todos contra el estrés–.

como los "generalistas" de la medicina alternativa. Quizá porque son muy eclécticos, y combinan la nutrición clínica con la medicina herbácea, la homeopatía, la modificación de la conducta, y la fisioterapia junto con una combinación de medicina oriental y ayurvédica (principios antiguos de belleza y salud natural). La meta es fortalecer el sistema inmune con remedios naturales, e introducir cambios en la dieta y el estilo de vida –todo para ayudar al organismo a curarse por sí mismo. Muy lejos del curanderismo, los naturópatas están altamente entrenados, y reciben casi diez veces más instrucción en nutrición clínica que los médicos occidentales tradicionales.

Una desconfianza galopante nos está creando ansiedad acerca de los alimentos que comemos y de dónde provienen. Algún día en el futuro próximo, nos interesaremos más en identificar de qué vaca en particular proviene la leche que consumimos.

También estamos viendo el comienzo de la cadena de traspaso-del-beneficio. Ya estamos produciendo leche, yogur y queso hiperinmunes, de vacas vacunadas contra las enfermedades humanas. Los animales transmiten los anticuerpos para el consumo humano, proporcionando lo que

Delicias vegetarianas

El brote reciente de la enfermedad conocida como la "vaca loca" en Inglaterra ha desatado los temores de comer carne. En los Estados Unidos hay una nueva organización, la Vegetarian Education Network, que está tratando de influir en el sistema educativo (especialmente las escuelas primarias) para que ofrezcan comidas vegetarianas. En una tienda danesa por departamentos vimos compradores llevando un producto llamado Selleribof, hamburguesas de apio elaboradas con un 34 por ciento de apio combinado con cebollas, arroz, patatas, pan rallado y especias (también hay hamburguesas de zanahoria). La cadena de restaurantes TGI Friday's afirma que sus Garden Burgers figuran entre las opciones más populares del menú. Incluso el muy fuerte Hard Rock Cafe ha hecho un gran negocio con ellas. Las hamburguesas Boca, cuyo principal ingrediente es la soja, fueron las ganadoras en el concurso Tofu Burger del *New York Times*. En sólo cuatro meses se sirvieron más de 6.000 de estas sabrosas hamburguesas en la Casa Blanca. Bambi y Cinderella también han abandonado la carne. Tanto en Disneylandia como en Disney World, las Nature's Burgers de vegetales y cereales se están vendiendo bien.

Algunas encuestas no científicas de *Veggie Single News* (la revista para solteros vegetarianos) revelan que la gente que ingiere una "dieta no violenta" suele ser "más amable y mucho más sensible a las necesidades de sus amantes". Conclusión: los consumidores de carne son egoístas.

esencialmente es una vacuna pasiva. Además de almacenar anticuerpos, los pollos y los huevos se usarán para transmitir los beneficios del ácido graso Omega 3, que ayuda a prevenir las afecciones cardíacas y se encuentra naturalmente en los pescados grasos, como el salmón y el gado, que los norteamericanos no consumen lo suficiente para obtener los beneficios. Un biólogo investigador del Omega dio con esta solución: dejar que los pollos se alimenten de algas que son fuentes del nutriente, de modo que cuando usted coma pollo o huevos pueda recibir una dosis de este tónico cardíaco. ¿Cuál piensa que será el próximo beneficio transmitido?: ¿un tónico anticáncer?, ¿antienvejecimiento?

Para combatir la publicidad negativa que deriva del abuso de antibióticos y sustancias desconocidas en las vacas y otros animales de granja, tanto Land O Lakes como Marigold Foods, dos de los proveedores de leche más importantes de los Estados Unidos, están lanzando marcas certificadas como exentas de tratamientos hormonales.

El ejercicio puede no ser toda la finalidad de nuestras vidas, pero indudablemente ayuda. Aquellas personas que hacen ejercicio saben lo bien que los hace sentir, y esa es la esencia de Estar Vivo. Esto también nos ayuda a Estar Vivos. Los investigadores de la Universidad de Stanford condujeron un estudio en 1996 donde concluyeron que los corredores tienen más bajos porcentajes de mortandad, menos síntomas artríticos, y toman menos medicamentos que los no corredores. Y todos sabemos que las personas que hacen ejercicio regular lucen mejor.

Nuestra agua potable, el elixir de la vida, está contaminada. Esto es un hecho, y las últimas estadísticas de la EPA (Agencia de Protección Ambiental) son inquietantes. Durante el período 1993-1994, unos 53 millones de norteamericanos bebieron agua de calidad inferior a la establecida, causando 400.000 casos conocidos de enfermedad y casi 1.000 muertes. Hasta qué punto estas cifras aumentarán si se descuidan las restricciones ambientales, nadie puede siquiera sospecharlo. Ya, una de cada cinco personas bebe agua corriente que contiene plomo, radiación, herbicidas, o incluso contaminación fecal. Esta es una desgracia nacional y la razón por la cual las ventas de agua embotellada están en aumento.

Los gimnasios

En 1996, la asociación a los clubes de entrenamiento físico en los Estados Unidos llegaba a los 20 millones. Y estos emporios del resorte y las pesas están siempre en busca de métodos nuevos y excitantes para ayudar a los clientes a sentirse dinámicos y distensionados. Una de las nuevas actividades más apasionantes es el "*spinning*" (pedaleo).

El *spinning* utiliza una elegante bicicleta fija, con el diseño de una bicicleta real de carrera, y tiene una característica de realidad virtual. Incluso a un precio de 7.000 dólares, esta bicicleta se ha vuelto popular. A diferencia de los otros ejercicios de pedaleo, el *spinning* no es nada aburrido. Los "ciclistas" pueden elegir las condiciones de la ruta, la escena y el clima. ¿Está listo para una curva cerrada sobre los Alpes Suizos en una tempestad de lluvia?

Otra propuesta interesante es el entrenamiento por gravedad. Sin música, sin espejos, sin paredes, solamente ángulos inexorables. La velocidad no está en juego; es la técnica, sólo la técnica.

¿Se aburre con las bicicletas y las vueltas? ¿Qué le parece una carrera de obstáculos? Puede arrastrarse a través de túneles, utilizar barras ajustables, cuerdas para saltar y otras combinaciones de ejercicios. El estímulo proviene del mero agotamiento. Es lo más próximo a un patio de recreo para adultos.

Nos estamos sintiendo vulnerables –con justa razón– pero también nos sentimos esperanzados. Estar Vivos significa transformar nuestro ambiente día a día. Si observamos a nuestro alrededor o dentro de nosotros mismos, nos estamos haciendo cargo de esto. Estamos exigiendo que se cumplan los estándares ambientales, y nos hemos adherido a los grupos comunitarios de limpieza, estamos clamando por una mejor atención médica y, lo más importante, estamos asumiendo la responsabilidad por nuestra propia salud. Estamos tratando de comprender las necesidades únicas y específicas de nuestros cuerpos y respondiendo a ellas. Queremos vivir largas vidas y queremos sentirnos muy bien, con una mente ágil y un andar desenvuelto, casi hasta el día que morimos. Hay tantas maneras de Estar Vivo para usted, su familia o su compañía. Así usted se esté dedicando a la carpintería en su nonagésimo cumpleaños, despachando nuevas bebidas saludables en la cafetería, o recurriendo a los remedios holísticos para ese persistente dolor lumbar, Estar Vivo es estar dispuesto a explorar y adaptarse. ¿Está preparado?

CONEXIÓN CON LA REGRESIÓN

Nostálgicos de la alegría y despreocupación
de la niñez, los consumidores buscan símbolos de juventud
para compensar el contraste con sus vidas de adultos.

El 25 de marzo de 1997, George Bush dio un salto desde un aeroplano a 3.650 metros de altura sobre el desierto de Arizona. Después de una caída libre de 1.500 metros, el ex presidente tiró de la cuerda y desplegó un paracaídas con los colores del arco iris que el intrépido ex piloto de la Marina guió manualmente dentro de los 35 metros de su objetivo marcado sobre el suelo del desierto. Al preguntársele sobre esta experiencia, el veterano Bush de 72 años hizo un gesto con el dedo pulgar y exclamó: "¡Soy un hombre nuevo!".

La "regresión" tiene que ver con el rejuvenecimiento, con la renovación, con el renacimiento. En una cultura en la cual un individuo a los 60 se siente como de 40 y a los 50 como de 30, la realidad sobre cómo vivimos, amamos, trabajamos y nos divertimos en una cierta edad es asombrosamente diferente de lo que imaginábamos o esperábamos. El reto sarcástico "Actúe de acuerdo con su edad, no de acuerdo con la horma de su zapato", no tiene ningún sentido: ¿Por qué no actuar de acuerdo con la horma de su zapato cuando es tan divertido? Y actuar de una manera alegre, despreocupada y libre es un gran alivio para el estrés de nuestra demasiado seria edad adulta. Mientras sonreía a los reporteros que lo rodeaban tiesos como cacto en el desierto, Bush florecía con el entusiasmo de su hazaña llena de tensiones pero liberadora del estrés.

Piense en la última vez que usted realmente se rió: no una risita disimulada, no una sonrisa de alegría, sino una profunda y vibrante carcajada. El *Reader's Digest* está en lo cierto: la risa es la mejor medicina. Si Jim Carrey puede hacerle reír de esa manera y liberarlo de esas preocupaciones, su *cachet* de 20 millones de dólares por película es una ganga.

La Regresión ignora esas convenciones sociales que dicen que la edad debería dictar la conducta. En BrainReserve reconocemos que "debería" es una de esas palabras que debemos tratar de olvidar: "Debería" evoca una idea de las expectativas de las otras personas, lo cual nos invita a conservar el statu quo, a resistir el cambio y evitar la adaptación.

Hoy, los corredores de maratón de 80 años compiten con miles de aficionados que son varias décadas más jóvenes. Los veteranos sexualmente activos ahora experimentan con profilácticos estimulantes y cremas lubricantes. Los programas de entrevistas nos muestran a mujeres de 60 años que se han casado con hombres en sus primeros veinte. No es raro ser padres de una segunda familia a los setenta o más; y ahora hay una nueva madre que ha quedado embarazada a los 64. El 40 por ciento de los estudiantes que se inscriben actualmente en las facultades y universidades tienen más de 25 años de edad.

Una cuarentona amiga nuestra, Mary Nelson, acaba de iniciar el largo trayecto para ingresar en la profesión médica. Tiene sentido: ella colgará su diploma a los 50, provista del conocimiento de todos los últimos progresos, y la experiencia de vida para tomar decisiones más sabias.

Otra mujer que conocemos, Colette, nos habló de su lucha para encontrar una facultad que le "diera una oportunidad" y la admitiera. En sus primeros sesenta años ella sintió la vocación de convertirse en rabino. La lógica dice: "Se requieren seis años para completar los estudios rabínicos, y eso la hace demasiado vieja". Pero la tendencia expresa: "Nunca es demasiado tarde: el más anciano es más sabio, y más sabio es lo que debería ser el rabino". El Reconstructionist Rabbinical College en Wyncote, Pennsylvania, la admitió.

¿Y qué pasa con la maternidad de alta tecnología? Ahora que la ciencia ha brindado a las mujeres la capacidad de dar a luz después de la menopausia, ¿cómo encaja esto con nuestro concepto de la edad?

Los así llamados madres y padres maduros adoptan a una edad avanzada. En China, se alienta a las personas a adoptar niños a los cuarenta y más años, ya sea que estén casadas o no. Mientras escribíamos este libro, Lys viajó a Shanghai, China, y volvió con su hermosa hija adoptiva huérfana, Skye Qi. Cuando le preguntaron sobre la conveniencia de adoptar en un período tan avanzado de la vida, Lys comentó con sarcasmo: "Podría ser la única en comprar pañales y gorros de dormir al mismo tiempo". Hoy más que nunca, siempre que usted tenga la energía y la buena salud necesarias, no se descarta ni el deseo de criar ni la habilidad para hacerlo.

Hay que dar crédito a Willard Scott del programa *Today* de la NBC por hacernos conocer a las personas de edad más avanzada. En sus menciones diarias de los cumpleaños de los centenarios, no sólo muestra sus fotografías

Haga un deporte

Los deportes son una ventana abierta para la Regresión. Vaya a cualquier gimnasio y verifique la cantidad de individuos de más de 55 que hacen la rutina de la cinta caminadora. Tenemos abuelos que son esquiadores cross-country, triatletas y nadadores de larga distancia; muchos están en mejores condiciones físicas que sus nietos. Se estima que la mayor cantidad de caminantes (no sobre las aceras) tienen más de 65 años. En realidad, desde 1988 la cantidad de norteamericanos mayores de 55 años concurrentes a los gimnasios se ha *duplicado*.

Organizaciones como ElderTrecks y Backroads ahora patrocinan excursiones campestres, paseos en bicicleta, competencias de vehículos para la nieve y grupos de escalamiento para personas de más de 55 años. Una película documental televisada: "Height of Courage", describió la hazaña de Norman Vaughn, quien a la edad de 89 años escaló una montaña helada de 3.000 metros de altura en la Antártida –con una rodilla derecha artificial y un tobillo derecho inflexible. Fue acompañado por su mujer, 37 años más joven.

Warren River Expeditions de Idaho organiza excursiones sobre balsas en rápidos, solamente para personas mayores. Un aviso reciente de Nike cita a Beatrice Brophy y Barbara Anderson, de 72 y 74 años respectivamente, canoístas y guías de Boundary Waters en Minnesota: "Algunas personas la miran a usted y piensan que debería detenerse ahora, descansar, envejecer tranquilamente. Pero si usted vive con suficiente tranquilidad, no tiene tiempo para envejecer. Tiene una canoa. Y esa canoa tiene un río. Y ese río no termina. Usted recorre 20 kilómetros al final del día y así es como descansa". Dos personas que simplemente lo logran. Buen trabajo, Nike.

¿A dónde van a ir a parar los jóvenes de la NBA? En el estadio de baloncesto Swept Away en Negril, Jamaica, usted puede competir contra las ex estrellas de los Knicks y la NBA de los años setenta y ochenta. Los entrenadores comparten sus estrategias; los instructores y los expertos le enseñan cómo evitar las lesiones y seguir practicando el deporte. También se llevará a su casa un vídeo de su partido con los veteranos para mostrar a sus amigos. Su propio *Sueño de baloncesto* personal.

Que los deportes y la Regresión constituyen una asociación perfecta es una lección de marketing que muchas compañías han aprendido. Por ejemplo, Keds publicó recientemente un aviso a doble página mostrando una fotografía blanco y negro de dos niñas superpuesta a una imagen a todo color de dos mujeres adultas. El título decía: "Su niñez no se ha perdido, simplemente la ha puesto fuera de lugar". La leyenda continuaba diciendo: "Probablemente esté en un armario detrás de un viejo juego de Concentración o sepultada en algún lugar debajo de una pila de pagos de hipoteca. De modo que sáquela a relucir y úsela. Haga algo increíblemente inmaduro".

Keds se ha puesto en perfecta sincronía con esta tendencia a estimular los recuerdos.

sino que también comparte sus secretos individuales para la vida prolongada. Lo que encabeza la lista es la actitud de esos ancianos que dicen que nunca son demasiado viejos para comenzar algo nuevo. En su entusiasmo por la afición a la jardinería de Elsa o a la carpintería de George, Scott destaca el concepto de la Regresión, que redefine cuál es la conducta apropiada para una persona que ha vivido un siglo o más.

La cantidad de centenarios se espera que aumente: en los próximos 50 años se prevé que habrá 2 millones de personas en este país con más de cien años (para conocer más detalles sobre el tema, véase "La necesidad de Estar Vivos"). Piense en ello. ¿Cómo será? ¿Cómo puede venderle a este grupo? ¿Cómo lo logrará si usted está tratando de soplar esas ocho docenas y media de velitas?

Aun así, la tendencia a la Regresión no está limitada a aquellas personas suficientemente ancianas para haber dado la bienvenida al siglo XX y todavía estar activas cuando parten. La Regresión no significa olvidarse de su edad ni burlarse de ella; más bien consiste en liberarse de las viejas ideas de lo que es la edad cronológica y lo que significa.

Los mejores anunciantes y vendedores conocen bien esta lección. Madonna, que es una consumada vendedora, promovió una moda al posar para *Vanity Fair* luciendo trenzas, y evocando imágenes de la seductora y aparentemente inocente Lolita. La diseñadora Anna Sui fue más lejos aun con una reciente colección de primavera que mostraba vestidos baby-doll, calcetines cortos y ballerinas. Ahora estamos viendo un montón de avisos de moda para mujeres maduras vestidas con faldas plegadas o jumpers escolares junto con zapatillas de suela de goma. Su mensaje es claro: no permita que la edad dicte su vida. Ceda a algunos de sus impulsos juveniles o incluso infantiles. ¡Vuelva a las fuentes!

Los observadores de tendencias consideran el lenguaje como una medida confiable de lo que está sucediendo. En los así llamados buenos viejos tiempos (¿estaban todos *realmente* tan bien?) –cuando los adultos eran adultos y los niños eran niños– la gente aprendía una manera de conversar apropiada a sus edades cronológicas. Los hombres a los sesenta no decían "Papito". Durante la década de los cuarenta, los músicos de jazz utilizaban la palabra "cool" [frío o indiferente] para referirse a los tonos armoniosos y no emocionales de las improvisaciones prolongadas. Los músicos *beat* de la década de los cincuenta adoptaron la palabra para significar "muy bueno" o "excelente". En el otro extremo del termómetro lingüístico, algunas personas decían "¡Hombre, esto está que arde!", o "¡Esto es dinamita!"

Diversión y juegos

Cuando Blockbuster estudió a los adultos y se enteró de que deseaban algún lugar para ir "a divertirse con otros adultos, probar suerte en los juegos de alta tecnología y actuar nuevamente como niños", la compañía dio con una gran idea. En 1994, respondió con los centros de entretenimiento Block Party en Albuquerque e Indianápolis para "niños" de edad madura. No se admitía a ninguna persona menor de 18 sin sus padres.

El grupo más joven, pelilargo y de orejas perforadas frecuenta un café y bar en el East Village de Nueva York, llamado BabyLand. El lugar parece una guardería infantil: hay teléfonos de juguete, caballitos mecedores y adoquines de madera para jugar con ellos. Los clientes se sientan en sofás parecidos a cunas y piden leche malteada, gaseosas con helado y pastel de manzanas, o van a la barra y prueban la especialidad de Mother's Milk, una mezcla rociada con Kahlúa. ¿Qué más? Un biberón.

cuando pretendían indicar peligro. Cada generación tiene palabras y frases apropiadas para formar su propio lenguaje, su "código" secreto. Pero hoy, debido en parte a la participación amplia de los canales de comunicación, ese lenguaje ya no es la prerrogativa estricta de un grupo o generación. Las palabras atraviesan las fronteras generacionales: es probable que pueda oír a un anciano octogenario en el centro de jubilados exclamar "¡Re-bueno!" o "¡Bomba!", palabras que oyen decir a sus bisnietos en la pista de baloncesto. Términos como "señor" y "señora", e incluso el políticamente más correcto "señorita", no se usan tanto como antes. Parecen demasiado afectados y formales.

Muchos niños llaman informalmente a sus padres por sus nombres de pila. En los colegios secundarios y en las facultades, los estudiantes se dirigen a sus profesores de maneras igualmente informales. Mis ahijados, Sean y Chad, han tomado un atajo y se refieren a mí simplemente como "Ma". ¿Lo adivina? A mí me agrada.

Las imágenes visuales computarizadas también están mezclando a fondo y combinando nuestras percepciones. Los avisos de The Gap muestran a un joven Andy Warhol, luciendo perfectamente natural con sus pantalones de temporada color caqui. El mensaje implícito de ese aviso resulta claro y evidente: "Somos de cualquier edad, no de nuestra edad cronológica. Somos como nos vemos a nosotros mismos". Andy puede haber muerto antes de tiempo, pero su imagen juvenil –gracias a los milagros del mejoramiento y la manipulación del computador– perdura. Esto es llanamente la Regresión.

En resumidas cuentas, la Regresión cambia las expectativas, los sueños, los anhelos y las visiones. Nos ofrece un estado de crecimiento perpetuo, una manera de decir "Sí" a la vida y a todas sus posibilidades. Un aviso reciente que hemos visto en el metro de Nueva York cita al novelista británico George Eliot, quien escribió una vez: "nunca es demasiado tarde para llegar a ser lo que usted podría haber sido". La ironía y significado de ese sentimiento quedan recalcados por el hecho de que "George Eliot" fue el pseudónimo literario de Mary Ann Evans.

Llámelo como usted prefiera: desternillarse de risa, reírse a carcajadas, reírse entre dientes, cacarear, reír estrepitosamente, caerse de su silla: la capacidad para echar su cabeza atrás y reír incontrolablemente es un aspecto necesario y placentero del proceso de la Regresión. Un grupo de La Jolla, California, ha formado la Universidad de los Despreocupados. Su lema es "Un día sin risa es un día desperdiciado". En su reunión mensual, llamada el "almuerzo de la risa" prueban estratagemas para eliminar el estrés como "Crear e inventar apodos graciosos para su familia" y "Encontrar un juguete absurdo para poner sobre su escritorio".

La necesidad de reír es uno de los motivos por los cuales los grupos de comedia de entrada general convocan a multitudes. Lo mismo que los canales de comedia, con sus graciosas tiras cómicas como *Dr. Katz*, *The Tick* y *The Critic*, dirigidos especialmente a los adultos. Y también una razón por la cual estamos leyendo todos esos libros cómicos más parecidos a comedias de rutina escritas. *Seinlanguage*, de Jerry Seinfeld, *Don't Stand Too Close to a Naked Man*, de Tim Allen, y *My Point, And I do Have One*, de Ellen DeGeneres han sido todos éxitos comerciales. Lo mismo que *Liar, Liar*, la última película de Jim Carrey, que recaudó 32 millones de dólares en su primer fin de semana de exhibición.

Usted puede estar en sincronía con la Regresión usando poleras humorísticas que le recuerden su juventud. Curiosamente, hay exactamente tantas medidas de poleras para adultos con personajes de tiras cómicas como tamaños para niños. *Cat in the Hat*, del Dr. Seuss, Casper el Fantasma Amistoso, Betty Boop, Batman y los Muppets todavía son motivos muy populares. Kermit, la rana parlanchina es la impresión de más éxito. (Lo que es fascinante para un observador de la tendencia es que en promedio estos personajes tienen 40 años de antigüedad, lo cual demuestra el increíble poder de permanencia de una tira cómica exitosa.)

Las tiendas minoristas que venden estos personajes de caricatura están proliferando. La compañía Walt Disney ha abierto unas 600 tiendas exclusivas, y Warner Bros. opera unas 150 tiendas. Venden de todo, desde gorros con caricaturas hasta máscaras y afiches. Se informa que el 80 por ciento de las ventas en las tiendas son para adultos.

Usted puede adquirir mitones para horno Pepe Le Pew, o medias deportivas con la leyenda: "I Tawt I Taw a Puddy Tat!" Estos artículos pueden llegar a grandes volúmenes; por 450 dólares, usted puede salir usando un sostén de lentejuelas de Tweety –el inocente canario de la tira cómica–, o por unos 4.500 dólares puede llevar a su casa una escultura de bronce de Road Runner.

¿Ha leído últimamente algún libro de historietas interesante? No son solamente esos pequeños pecosos de 10 años quienes están gastando sus estipendios en ellos. Como cualquier vendedor de libros le puede decir, casi la mitad de todos los libros de historietas son adquiridos por hombres de más de 25 años.

La Regresión vende en las librerías. El grupo en más rápido crecimiento en los Estados Unidos (que constituye más de un cuarto de la población) ya tiene más de 50 años. Y estas personas necesitan leer acerca de sí mismas y de los problemas que enfrentan. Para aprender acerca de la edad, no para rendirse a ella.

En sus memorias de la mitad de la vida, *Fear of Fifty*, Erica Jong escribe que "el sexo ya no es una cuestión de vida o muerte... Es más moderado, quizá menos intenso e indudablemente mejor". A los 60 años, en su libro *Moving Beyond Words*, Gloria Steinem aborda las "hormonas internas" en lugar del tema de su libro anterior, el "niño interno".

Betty Friedan escribió *The Fountain of Age* en un intento de cambiar la imagen negativa de la sociedad acerca del envejecimiento. Ella exalta los beneficios de ser "mayor", igualándolos con el hecho de ser "más sabio". Otros libros, como *Age Erasers for Men* y *Love and Sex After Sixty*, abordan temas similares para recargar las baterías de sus lectores. Sus autores le dicen cómo parecer más joven, sentirse mejor, desarrollar una mayor vitalidad y mejorar su vida sexual.

La televisión también está abrazando la causa triunfante de la Regresión. En la primavera de 1996, se inauguró un canal de cable llamado Prime Life Network. Este canal aborda temas de interés específico para la población de más de 50 años. En la privacidad del hogar, las personas maduras ahora pueden sentarse y mirar *Gourmet Cooking* y *Our House* en lugar de *Kidfest* y *Los Muppets.*

Los juegos que la gente juega

En esta era de videojuegos de rápida coordinación manual-visual, es interesante observar que los juegos de tablero -el ajedrez, el scrabble, el backgammon- están disfrutando de un saludable reflorecimiento. Las personas norteamericanas de todas las edades se reúnen en las esquinas para participar de estos gratificantes juegos. Para dar una posibilidad a los más ancianos de sentirse nuevamente jóvenes, y a los jóvenes de sentirse maduros.

A diferencia de la industria cinematográfica, la televisión no permite que la edad sea un obstáculo para la condición de estrella. Las estrellas favoritas eternas Ed Asner, Mary Tyler Moore, Carol Burnett, Bill Crosby, Della Reese y Beatrice Arthur –para mencionar unas pocas– trabajan todas muy bien a sus 50 y más años. Y no se les asignan roles estereotipados de abuelos. A menudo interpretan personajes física, mental y sexualmente activos.

Los productos que nos ayudan a parecer más jóvenes están proliferando a medida que los *baby boomers* envejecen. El otrora famoso aviso de Clairol para el teñido del cabello –"¿Es su color natural o no lo es? Solamente su peluquero sabe la respuesta"– es una idea obsoleta. Hoy los hombres y las mujeres se tiñen libremente sus cabellos, y no intentan mantenerlo en secreto.

No pasa un solo día sin que aparezca algún nuevo elixir para probar, un nuevo número telefónico para llamar, un nuevo médico para consultar. En California, usted puede marcar 1-800-BEAUTIFY para obtener una derivación gratuita a un cirujano plástico. La facioplastia parece más natural ahora que los músculos se estiran tanto como la piel. Gracias a los progresos en el estudio de la curación de las heridas, usted puede someterse al bisturí sin temor a las cicatrices. (Los médicos que realizaron intervenciones quirúrgicas sobre un feto descubrieron que cuando la cirugía se hizo *in utero* durante los primeros cinco meses de embarazo, no había señales de cicatrices observables. Ahora se trabaja aislando la sustancia celular prenatal que hace posible este milagro.)

Las inyecciones de colágeno son populares por sus soluciones rápidas, que duran cuatro a seis meses. Lo mismo que las descargas eléctricas para energizar y reparar las células de la piel estropeada. El próximo paso después de Retin-A: los efectos rejuvenecedores de las cremas alisadoras con ácido glicólico. El producto Anew de Avon produjo 70 millones en ventas durante su primer año. Una emulsión patentada, llamada Hydron Care rompe el récord de ventas por televisión, acumulando más de 750.000 dólares durante un programa de una hora. De Vita Industries, ahora tenemos una fórmula antiarrugas, GH3, basada en un producto desarrollado por una famosa clínica rumana que frecuentaban estrellas de Hollywood como Marlene Dietrich y Cary Grant.

Usted puede elegir un masaje de linfodrenaje que ayuda a mover los productos residuales del organismo hacia los nudos linfáticos y luego los elimina de su sistema, mejorando con eso la tonicidad de la piel. El nuevo remedio anticelulitis de Christian Dior, Svelte, está causando una estampida en los mostradores de cosméticos. Se prevé una venta anual de 500.000 frascos.

En un taller de entrenamiento basado en las antiguas creencias tántricas y taoístas, se les enseña a los hombres técnicas para controlar las eyaculaciones a fin de promover una apariencia más juvenil y vigorosa. La instrucción se basa en la antigua creencia de que tener un clímax debilita a un hombre. (Las fábricas de rumores de Hollywood producen cientos de historias acerca de astros de la pantalla que están tratando de seguir vanamente este nuevo trata-

Las reglas de Bennett

El paradigma de la fusión generacional es Tony Bennett, quien a los 70 años indudablemente ha nacido de nuevo y está volando más alto que nunca. La carrera de este cantante melódico de décadas pasadas está en manos de su hijo, Dany, quien maneja su renovada trayectoria y sigue una estrategia de promover al cantante durante la próxima década. Lo más interesante es que esta es una estrategia de reposicionamiento clásica: abordar un producto que está desactualizado y ponerlo en sincronía con el mercado. ¿Cómo hizo un cantante melódico con el cabello canoso, que usa chalecos blancos y corbatas de lazo negras para que esto sucediera en una época de composiciones bruscas y violentas?

Gran parte del mérito de la transformación de Tony –junto con el estilo gerencial de su hijo y un sentimiento de afecto general hacia él– se debió a una nueva disposición al cambio. Desde su premio Grammy 1962 hasta su premio Grammy 1992, Bennett se había aferrado a su estilo compañero de baile con su "I left My Heart in San Francisco". Luego decidió grabar *Perfectly Frank*, un álbum de los clásicos de Sinatra, y le fue muy bien. Al año siguiente, grabó un álbum de los grandes éxitos de Fred Astaire, *Steppin'Out*; una presentación en la MTV con nuevos compañeros, los Red Hot Chili Peppers; y un programa especial de vídeo: "Unplugged", haciendo duetos con K.D. Lang y Elvis Costello. Hizo todo muy bien: el viejo cantante se convirtió en el *supercool* internacional. Tony Bennett ha hecho lo que pocos pueden lograr: se adaptó a los gustos musicales de los padres y de sus hijos. Se adaptó tan bien, en realidad, que ganó otro Grammy en 1995 y recibió una nominación en 1997.

miento de belleza.) Sin lugar a dudas, este resultará ser uno de los intentos más difíciles para rejuvenecer.

La buena y vieja "nostalgia" tiene un lugar preponde-

¿Cuál será la próxima novedad?

¿Qué podría ser más divertido y suscitar más referencias retrospectivas que los establecimientos de descanso y los lugares de temporada que nos recuerdan a un campamento de veraneo? Consideramos esto como una extensión lógica del interés floreciente en el viaje de aventura. Viajar a otro lugar y en otro momento de nuestras vidas. Un poco de "incomodidad" nos hace realmente comprender que no estamos tan aferrados a nuestros estilos de vida como pensábamos.

Ahora que los diseñadores de moda están creando líneas completas para las personas de medidas grandes, tiene sentido que diseñen prendas atractivas, favorecedoras e incluso provocativas para los adultos más viejos. Los consumidores "regresivos" están lejos de renunciar a sus esfuerzos por lucir lo mejor posible, y no se contentan con sacar su vieja ropa gastada del armario de cedro. Vemos boutiques con prendas encantadoras, adaptadas a los cuerpos más maduros y asentados.

Dentro de esta línea, ¿por qué los zapatos tienen que parecer tan monótonos y deslucidos? El calzado seguro, cómodo e incluso ortopédico, también puede ser atractivo. Vemos un futuro promisorio para el fabricante de calzado que pueda cambiar las expectativas de lo que los adultos más viejos deberían calzar.

El mundo de los artefactos para cocina está al borde de muchos descubrimientos. No más máquinas de rebanar/cortar/picar electrónicas, que son imposibles de usar y demasiado difíciles de limpiar. Estamos hablando de los buenos y antiguos abrelatas, batidoras, mezcladoras, trituradoras de baja tecnología.

Con su énfasis en la superación de las diferencias generacionales, la Regresión posee un gran potencial para cualquier empresa que pueda atravesar las barreras de la edad y atraer a los más viejos y a los más jóvenes. Si usted puede atraer a ambos grupos al mismo tiempo, tanto mejor.

rante en la tendencia a la Regresión. El pasado –sin duda novelado– juega un papel poderoso en nuestra imaginación. La campaña publicitaria de los pantalones Levi 501 especula con eso al decir: "No sabe por qué los pantalones Levi 501 han conservado su estilo durante 150 años. Los primeros jeans. El último gran misterio". Los avisos de Coca-Cola incluyen un viejo tapón de botella, que perpetúa su imagen clásica con la leyenda: "Always Coca-Cola" [Siempre Coca-Cola].

Los amantes de la música están pidiendo nuevamente los discos de vinilo de larga duración (LP), y los discos de 45 RPM están haciendo su retorno triunfal. Las ventas de álbumes aumentaron en 1996 a más de 25 millones de dólares, gracias a los grupos populares como los Beatles, los Fugees y Pearl Jam, grabados en vinilo. *Vitalogy*, un éxito de Pearl Jam, hecho para los programas top de *Billboard*, a pesar (o quizás a causa) del hecho de que fue originalmente grabado en vinilo. Si bien pronto le siguió el CD, solamente aquellos que compraron el LP tuvieron una versión real de "Spin the Black Circle", que rinde homenaje a la vieja tecnología y nos recuerda lo fácil que era rayar la superficie del disco. Los disk jockeys de las discotecas de moda ahora pasan estos LPs, a menudo más rápidamente o más lentamente, de acuerdo con los estados de ánimo, algo que no pueden hacer con los CDs. Eddie Vedder canta: "See this needle..." y "pull it out of the paper sleeve" [Mira esa púa... y quítale el casquillo de papel]. El éxito musical de Mariah Carey, "Dream Lover" ha agregado intencionalmente algunas rayas de la púa.

Los mismos juguetes con los que usted se entretenía cuando era niño están volviendo para esta próxima generación. Solamente que ahora se los llama "clásicos". Y son coherentemente antitecnológicos. Los coches, aviones y botes controlados por radio pueden conmoverlo en sus horas de Regresión. La colección de sellos o estampillas ha vuelto como un hobby. Usted puede compartir sus sellos exóticos favoritos enviando tarjetas Say It With Stamps [Dígalo con estampillas], decoradas con sellos de correo inutilizados, que han sido retirados de circulación y aplicados a las tarjetas de felicitación.

Los juguetes "regresivos" pueden beneficiar a muchas generaciones. El relanzamiento de la bicicleta de 1933, Schwinn Classic Cruiser, con su piñón fijo y su freno de pedal atrajo a los más jóvenes, que prefieren las líneas simples, así como a los "regresivos" que aprecian la elegancia y los recuerdos.

Kathleen Matthews, del programa televisivo "Working Woman TV" nos contó lo maravilloso que fue para ella encontrar yoyós y canicas en Nature Company para sus dos hijos y una muñeca Madame Alexander para su hija. "La muñeca es tradicional y está elegantemente vestida, exactamente como la muñeca con la que jugaba cuando yo era pequeña", dijo nostálgicamente.

En efecto, todos necesitamos recuperar el pasado y conservar nuestra juventud tanto tiempo como sea posible. Nos negamos a sentirnos inhibidos por los conceptos de edad tradicionales y sus limitaciones. Somos personas auténticamente optimistas: creemos que todo es posible. Incluso detener –o al menos retardar– el paso del tiempo. La Regresión es una tendencia que prosperará en los próximos años a medida que nuestra población envejezca, o se niegue a envejecer.

EN SINCRONÍA CON
EL CONSUMIDOR VIGILANTE

Frustrados, a menudo indignados, los consumidores
están manipulando el mercado a través
de las presiones, las protestas y las políticas.
No se puede ignorarlos.

Siempre vigilante. Así es el consumidor actual. Estamos cansados de ser estafados, engatusados, engañados, burlados. Hemos salido a proteger nuestros intereses, y cuidado con la compañía o grupo que trate de jugarnos una mala pasada. No sólo es indignación lo que algunos están expresando con los puños alzados (y con las llamadas telefónicas, el correo electrónico, los faxes y las marchas de protesta). Los Consumidores Vigilantes están por todas partes. Todos llevamos dentro de nosotros las semillas de la insatisfacción.

Cada vez que usted escribe una carta de protesta a una compañía acerca de una decepción, por un producto o servicio a un precio excesivo, ha actuado como un Consumidor Vigilante. Cada vez que usted decide no hacer una compra porque no le agradan las políticas de una compañía, está ejerciendo su derecho como un Consumidor Vigilante. Cada vez que evita un canal de televisión porque cierto programa le parece demasiado violento u ofensivo, usted se pone en sincronía con el consumismo vigilante.

El tema fundamental aquí es la falta de confianza. Los Consumidores Vigilantes desconfían de los móviles empresariales, de la plática de propaganda empresarial, y de los empresarios de fuste. Estamos cansados de ser seducidos por los anuncios llenos de falsas promesas. Cuando vemos otra propaganda insistente anunciando un producto/servicio "Nuevo" o "Nuevo y Mejorado", simplemente se nos ponen los ojos en blanco. "¿A quién están tratando de engatusar?", nos preguntamos con escepticismo. "Simplemente están tratando de darnos menos y cobrarnos más."

Después de todo, hemos estado viendo que la cantidad de artículos en la misma canasta de oferta ha bajado de 95 a 85 a 70. Hemos comprobado que algunas barras de chocolate con "40 por ciento menos de grasa que la normal" son simplemente un 40 por ciento más pequeñas que la normal.

Los Consumidores Vigilantes preferimos la sustancia al estilo, la verdad a la presentación, las respuestas a los comunicados de prensa. Traducimos los sentimientos en acción, las billeteras en armas. Para nosotros comprar es una guerra. El enemigo es el que no responde a nuestras necesidades y nos reservamos nuestra ira para aquellos que prometen lo que no pueden ofrecer. Los Consumidores Vigilantes saben que su fuerza estriba en el número. A menudo luchamos para preservar algo que es muy importante para nosotros (el tiempo con la familia, la ecología, el bienestar animal) o para promover un punto de vista (el vegetarianismo, la libre expresión, los así llamados "valores familiares").

Con las "herramientas de protesta" de alta tecnología al alcance de nuestras manos, la celeridad está de nuestro lado. Cientos de miles de personas pueden enviar sus opiniones no-tan-humildes a través del fax o del correo de voz.

Ahora que los alumnos de tercer grado pueden comunicarse por correo electrónico con la Casa Blanca formulando una serie de preguntas y quejas, el consumismo vigilante se consolida, lo cual significa que es probable que sea aun más fuerte en el futuro, para cuando los niños actuales hayan crecido. Usted sabe que el mundo empresarial se está transformando cuando algunas de las 500 compañías *Fortune* (Lotus, para dar un ejemplo) incorporan directores ejecutivos de ética para manejar los problemas delicados como la discriminación sexual. Usted sabe que esto es parte de la vida familiar cuando los padres e hijos se reúnen para decidir qué marcas tienen un antecedente de trayectoria ética aceptable.

Y a propósito de la vida familiar, la tendencia al Consumidor Vigilante ha dado lugar a la aparición de un subgrupo que llamamos "padres guerreros". Estos padres están comprometidos en la lucha por el futuro de sus hijos. Vemos evidencias de que están enfrentando problemas como la alfabetización, la inmunización infantil, la nutrición, la televisión, la música y los juguetes, para formar un poderoso movimiento nacional.

Con más mujeres en la fuerza laboral –actualmente representan el 45 por ciento y se prevé que llegarán hasta el 50 por ciento para la primera década del próximo siglo–, las madres motivadas están haciendo entrar en juego su experiencia laboral para transformar las juntas de educación, las compañías de productos para el consumo y la industria del entretenimiento. Barney, el dinosaurio púrpura, una empresa de 500 millones de dólares anuales, fue originalmente creada por una madre de Houston preocupada por la gran aceptación que tenían los juguetes agresivos entre los niños. Un grupo de "padres guerreros", fas-

Los amigos alados

Los lectores ultrasensibles de *Vegetarian Times* que se indignaron contra el uso de las plumas de ganso o de cisne pueden estar inspirando una fuente de ganancia totalmente nueva para los agricultores. La *asclepidaea* (algodoncillo), suave, rizada y lanosa, está siendo probada por la Natural Fibers Corporation de Ogallala, Nebraska, en combinación con el algodón para fabricar almohadas y cobertores. La esponjosa y ligera fibra de esta maleza también se puede usar para fabricar tejidos y pañales, salvando con eso a los árboles.

tidiados por los mensajes sexualmente discriminatorios en los microcircuitos sonoros de los muñecos Barbie y Ken, invadieron las tiendas de juguetes y abrieron los estuches de las muñecas para cambiar los mecanismos sonoros: Barbie impartía órdenes ásperas y rudas, mientras Ken tímidamente concertaba citas para almorzar. El fabricante aprendió acerca del cambio inesperado: se había enviado un mensaje inequívoco.

Los padres guerreros pueden –y frecuentemente lo hacen– asumir un papel activo en los problemas de drogadicción reales o sospechados. Después que su hijo murió de una sobredosis, el actor Carroll O'Connor juró vengar la insensata pérdida presentando cargos contra el vendedor de narcóticos que proporcionó la dosis letal. ¿El resultado imprevisto? O'Connor ganó. Los padres en un pueblo de clase trabajadora en Massachusetts se reunieron para formar grupos de apoyo, cuando los miembros de un equipo de aficionados al deporte tomaron dosis casi letales de un relajante muscular para "divertirse". La preocupación sobre las drogas impulsó a los padres guerreros a exigir la disponibilidad de instrumentos para la

Una-dos-tres pruebas

Un simple sobre contiene un método fácil para detectar la presencia de drogas no prescriptas en el cuerpo o en la habitación de su hijo. Sin muestras de sangre, de orina ni de cabello, Barringer DrugAlert puede darle una información sumamente precisa sólo recogiendo vestigios invisibles de drogas en los objetos cotidianos –como un teclado de computador, un teléfono, el volante de un coche, o la manija de un armario de escolar. Existe una pequeña "colección" de paños que usted puede utilizar para "desempolvar" la superficie, junto con una bolsa de muestra precintable y un número de identificación. Usted envía este material a la compañía y aguarda un informe confidencial del laboratorio que, de ser positivo, puede indicar incluso qué tipo de drogas se han estado usando: cocaína, heroína, metanfetamina, LSD, PCP, THC (marihuana, hashish), y cualquiera de sus derivados como la cocaína crack.

Desde luego, estas técnicas envían un mensaje a los niños de que no confiamos en ellos y que podríamos tomar una medida defensiva: ¿Acaso los Niños Vigilantes llevarán a sus padres a los tribunales por invasión de la privacidad?

detección de drogas en el hogar.

Una de las características obvias del consumidor de los años noventa: un alto grado de impaciencia, casi a punto de ebullición. ¿Alguna vez observó atentamente a las personas que esperan en fila en el cine, el supermercado, los restaurantes o en la oficina de correo? ¿A veces no cree que en cualquier momento se va a producir una explosión como resultado del nerviosismo exacerbado? No necesariamente violencia, quizá sólo una rabieta moderada de las personas habitualmente normales que han llegado al límite de su paciencia. Impacientes con las compañías que no parecen preocuparse por los consumidores. Irritadas con los prestadores de servicios que no ofrecen ningún servicio.

Cuando estalla la violencia, siempre se puede recurrir al arresto del ciudadano –otra forma de Consumismo Vigilante–. ¿Recuerda a la pareja de un crucero que grabó en una cinta de vídeo a la tripulación arrojando bolsas de desperdicios desde la borda? La pareja recibió una recompensa de 250.000 dólares por su vigilancia. Ahora el Center for Marine Conservation ha creado su instrumento de vigilancia para pasajeros, explicando los procedimientos para supervisar los mares. Llamado Formulario de informe del ciudadano para la polución marina observada, presta una ayuda (y un ojo vigilante) a los guardacostas de los Estados Unidos. Nadie es dueño de los océanos; son un recurso compartido, y los Consumidores Vigilantes se van a asegurar de que no se abuse de ellos. La contracara de esta actitud es el consumidor resentido que insiste en que tiene el derecho de hacer lo que se le antoja y se resiste a cualquier reglamento o interferencia del gobierno en su vida. El Consumidor Vigilante responde por la polución, siempre que no sea sobre su propiedad y afecte exclusivamente su dominio.

Hay tal angustia y ansiedad fluctuante en los consumidores de cada rincón del país que en Seattle se fundó una revista llamada *Boycott Quarterly* para ayudar a los Consumidores Vigilantes a decidir hacia dónde dirigir su ira. Explica en forma clara las razones por las cuales usted debería ser activamente solidario con una serie de boicots que ocurren en un momento dado.

Otro motivo de irritación es el que introduce y provoca el boletín de noticias *Bottom Line* con la información confidencial sobre cómo verificar la competencia de su contador, cuál es la aerolínea más deshonesta, cómo lograr un tratamiento VIP en los hospitales, y así sucesivamente.

La receta segura

Conseguir que un médico prescriba la droga correcta es sólo un aspecto de la batalla por la salud. Usted tiene que ser capaz de leer el marbete de su medicamento y luego hablar con alguien bien informado sobre los efectos secundarios y las interacciones de la droga.

Un aviso pertiente de K mart estuvo en sincronía con el atribulado Consumidor Vigilante, al sugerir insistentemente la necesidad de consultar a un farmacéutico. Y decía: "Mi farmacéutico no verificaba las interacciones de la droga, de modo que decidí que había llegado el momento de interactuar con otro farmacéutico". K mart enviaba este mensaje alarmante: "No consultar puede costarle caro. ¿Sabía que entre el 30 y 50 por ciento de los medicamentos recetados cada año se toman incorrectamente? ¿Y que el 11 por ciento de todas las admisiones en los hospitales corresponden a los pacientes que toman sus drogas inapropiadamente?". K mart tomó una medida acertada en este sentido. Además de proporcionar a los consumidores una impresión computarizada de la información sobre medicamentos, ha incorporado un número telefónico gratuito para las consultas.

La cadena de superfarmacias, CVS, promueve un "rincón tranquilo" en cada farmacia, donde un cliente puede tener una charla confidencial con el farmacéutico y hacer preguntas personales acerca del medicamento y sus efectos.

También advierte contra algunos pequeños riesgos de la vida: ¿Usted pensaría que esos precarios tocadores de las aerolíneas pueden ser peligrosos para su salud? Según el boletín, los traseros de algunas personas obesas podrían crear un cierre hermético en torno del asiento del inodoro. Haga brotar el agua y...

Los ordenadores también pueden reagrupar las tropas. Consideremos el caso de Bill Knutson, un redactor técnico freelance, a quien se le pidió que se sometiera a una prueba de droga antes de empezar a trabajar para Hewlett-Packard (HP) en su próximo puesto con base en el hogar. Se le dijo que era una nueva política. Knutson se negó, so pretexto de defender su privacidad, y no fue contratado. Mortificado, recurrió a WELL para compartir su experiencia frustrante. Casi inmediatamente, alguien le sugirió un boicot a HP. Algunos escribieron cartas de protesta, mientras otros buscaron oportunidades de reemplazo para él.

El rumor de la protesta se extendió de la más pequeña WELL a todo el Internet. Otros se han unido para decir no a las pruebas de droga, especialmente para los que trabajan en forma independiente. Es muy gratificante saber que su queja está llegando a una audiencia potencial de millones de personas. También *Spin*, la revista musical hippie-zippy, ha lanzado un servicio on-line llamado *Night Whine* que proporciona a los aficionados al computador una jurisdicción para presentar quejas y demandas.

Ralph Nader podría ser llamado el Padre del Consumismo Vigilante por mostrar a los Estados Unidos que ser un "bocón" puede hacer mucho bien. Se proyectó como un héroe consumidor cuando anunció a las compañías automotrices, con un tono claro y enérgico, que los coches que estábamos manejando eran *Inseguros a cualquier velocidad* [el título de su libro]. Ese libro de Nader se publicó en 1965, en medio de una era de tumultos: protestas estudiantiles, ocupaciones pacíficas de fábricas e instituciones, y del surgimiento de los movimientos feministas, de liberación homosexual y de derechos civiles. Ahora, 30 años más tarde, estamos protestando por todo, desde el mero servicio deficiente hasta las monumentales decisiones morales que van en contra de nuestras creencias. Y no nos olvidemos que las compañías automotrices intentaron destruir a

Ralph Nader, investigando su vida privada y difundiendo rumores maliciosos. ¿Tenemos *algún* motivo para creer que las grandes compañías no recurrirán hoy a tácticas similares? A comienzos de 1997, salieron a la luz las vergonzosas cintas de Texaco, revelando el racismo flagrante e institucionalizado en los niveles más altos de ese gigante empresarial. En respuesta, miles de Consumidores Vigilantes rompieron sus tarjetas de crédito Texaco.

Un ejemplo de un Consumidor Vigilante a la manera de Nader –con una sensibilidad irónica de los noventa– es el detector de escándalos Michael Moore. Después de enfrentarse a General Motors en su documental *Roger & Me*, de bajo presupuesto y sumamente mordaz, se le asignó la conducción de la serie *TV Nation* de la NBC. Con su indomable sentido de la audacia creó segmentos urticantes, como el que mostraba que un conductor de taxímetro de Nueva York está más dispuesto a recoger a un hombre blanco con un traje de payaso que a un negro bien vestido. Incluso pidió a un televidente que participara para elegir a la próxima nación que invadirían los Estados Unidos. "Quiero que la gente se enoje", dice Moore. "Quiero que se organice y haga algo". En un programa, Moore se instaló afuera de las oficinas centrales de Ford Motors e instó a su director ejecutivo, Alex Trotman, para que mostrara en cámara que él sabía suficiente acerca de los coches de su compañía para hacer algo tan simple como cambiar el aceite en un Bronco. "Demuéstrelo", frente a nuestros ojos, es la hora de revelar el juego.

Pero usted no tiene que ser Ralph Nader ni Michael Moore para discrepar. Los ciudadanos comunes son más que aptos para la tarea. En la música que se vende al público –especialmente a los más jóvenes– una protesta del consumidor obligó a Michael Jackson a volver a grabar una canción de su disco compacto *HIStory*, suprimiendo ciertas estrofas antisemitas. Time Warner advirtió la animosidad acerca del lenguaje obsceno y las acciones ofensivas promovidas en una película de pistoleros. En realidad, la compañía decidió vender su interés del 50 por ciento en Interscope Records, que ha producido muchas de las películas violentas exitosas, si bien esa decisión es improbable que tenga un gran efecto en las producciones futuras de este género. (Lo que ayuda es que algunos políticos prominentes se han pronunciado en favor de censurar las frases que promueven la vejación y la violencia.)

Usted puede estar en sincronía con el consumismo específico que corresponde a su frustración al encontrar un grupo vigilante con sus mismos intereses. Considere a algunos de los grupos de segmentos limitados. Por ejemplo, en Colorado hay un grupo concentrado de largo nombre, el Safety for Women and Responsible Motherhood, que tiene 1.500 mujeres asociadas que pretenden portar armas ocultas. Y hay una red para niños que pretenden unir fuerzas contra cosas que no les agradan, particularmente en sus escuelas.

Un grupo de acción ciudadana que muestra claramente el poder del consumidor es MADD, Mothers Against Drunk Driving [Madres contra el manejo en estado de ebriedad]. Este grupo ha cambiado la modalidad de las reuniones en los Estados Unidos. Al aplicar presiones políticas para promulgar leyes más estrictas y presiones sociales para nombrar al conductor descripto (ahora un término del vocabulario general), este grupo ha contribuido significativamente a la reducción de los accidentes de tránsito fatales relacionados con el alcohol. En la década que finalizó en 1994, esas muertes disminuyeron en un 30 por ciento. Por razones todavía no explicadas, la cantidad de muertes por accidentes relacionados con el alcohol comenzaron a aumentar nuevamente en 1995, a pesar del hecho de que el público está muy consciente de los peligros. Lo cual solamente demuestra que los Consumidores

Oiga, Sr. cartero

Si usted está pensando en suspender toda la entrega de correspondencia porque no puede manejar los 15 kilos de correo basura que recibe cada semana, hay una ayuda disponible. Se puede unir a las 50.000 personas que mensualmente escriben al Mail Preference Service de Farmingdale, Nueva York, para que eliminen sus nombres de las listas de correo durante cinco años. Esto reduce –pero no elimina– la afluencia de catálogos no solicitados, volantes, anuncios de venta, pedidos de caridad, etc. También puede pedir que su nombre sea borrado de las listas telefónicas.

Las llamadas telefónicas no deseadas siempre se reciben en momentos inoportunos. Michael Jacobson, cofundador de la organización sin fines de lucro Center for the Study of Comercialism, en Washington, dice: "La gente está indignada con las llamadas intrusivas. Espero que promuevan tantos juicios que los agentes de telemarketing finalmente comprendan que una llamada latosa a la hora de cenar no es la manera de hacer negocios".

En un episodio de *Seinfeld*, Jerry le dice a uno de estos agentes: "Lo siento, justamente ahora estoy por cenar. Por qué no me da el número de su casa y lo llamaré más tarde". Nosotros intentamos hacer eso. El interlocutor comenzó a farfullar y dijo, con indignación: "¡Usted no *me* puede llamar a mi casa!" "¿No?" le dijimos. "Entonces no nos llame usted". Clic.

Vigilantes no pueden dejar de estar en guardia.

Otra área en la cual el Consumidor Vigilante está quejándose mucho es la salud. Los miembros del grupo del Center for Science in the Public Interest se consideran a sí mismos como "policías de la alimentación". Primero hicieron sus revelaciones sobre el alto contenido de grasa y de sal en las comidas típicas de los restaurantes chinos e italianos. Fueron los únicos en describir a los fettucine Alfredo como "un ataque al corazón sobre un plato". Después de eso, hicieron sonar la alarma nutricional contra esos baldecitos de rosetas de maíz grasosas, saladas y apetitosas que se consumen en los cines y, a través de la presión pública, consiguieron que muchas salas cinematográficas ofrecieran la variedad dietética. Enseguida le siguieron las denuncias sobre la comida mexicana, los bocadillos de atún y mayonesa, e incluso los ubicuos muffin (básicamente un pastelito horneado, pero con más grasa y azúcar).

Otro tipo de policías de la alimentación están combatiendo la delgadez, en lugar de la grasa. La organización Boicott Anorexic Marketing, fundada por Mary Baures en el área de Boston, se concentra en la lucha contra la costumbre de mostrar modelos esqueléticas en la publicidad. Se han identificado a las compañías que usan modelos "piel y huesos" (un ejemplo notoriamente perjudicial para las muchachas adolescentes), y los consumidores han pedido hacer un boicot a sus productos. Entre los primeros objetivos están la Diet Sprite por su sugerencia de un peso menor a lo normal y, desde luego, Calvin Klein, por sus avisos de jeans con la modelo que a todas las mujeres de medidas normales les encanta criticar: Kate Moss.

En Nueva York y en otras partes, los consumidores indignados garabatearon "¡Aliméntenme!" sobre los carteles de la pálida y escuálida Srta. Moss en el metro y las paradas de autobús. Cuando las protestas comiencen a llamar más la atención que los avisos mismos, Calvin Klein silenciosamente los reemplazará.

Otro grupo de consumidores orientado a la alimentación, Food & Water (F&W) con base en Vermont, ha enarbolado el estandarte contra los pesticidas tóxicos en la producción de alimentos. Sus miembros piensan que el gobierno federal ha resultado deficiente al permitir el uso de

Oposición a Starbucks

Un ejemplo perfecto de áspera cortesía (o de reivindicación vigilante) existe entre Starbucks y Jeremy Dorosin de Walnut Creek, California, quien compró una máquina de café exprés en su sucursal local de la cadena de cafeterías. Después de quejarse de una dificultad con su máquina, la tienda le dio una "en préstamo" mientras reparaba la suya (hasta aquí, todo muy correcto). Como le gustaba la máquina prestada, Dorosin compró una parecida como regalo de bodas. Pero algo salió mal con esa máquina. El consumidor Dorosin pensó que su máquina de regalo debería ser sustituida por otra más cara para solucionar el problema.

Cuando Starbucks se negó, Dorosin sacó cuatro avisos en el *Wall Street Journal* de la región, que le costaron varios miles de dólares. En los avisos Dorosin incluía su número de llamada gratuita. Hasta ahora, han llamado otros 3.000 consumidores irritados con Starbucks relatando sus historias, y el Consumidor Vigilante ha sido entrevistado en la televisión (incluso por la CNN), en la radio y en los principales periódicos. Starbucks ha intentado corregir el error, enviando dos máquinas nuevas, obsequios y disculpas, pero es demasiado tarde para el Sr. Dorosin. Ahora pretende que Starbucks saque un aviso a doble página en la edición nacional del periódico (ellos se niegan). También solicita a la compañía, que está comprometida en un servicio a la comunidad, que abra un centro para niños fugitivos en San Francisco.

Cuando nosotros hablamos con el Sr. Dorosin, él explicó su tenacidad. "Con toda la decadencia moral y el nivel de insatisfacción en este país, alguien tiene que decir 'Esto ha llegado demasiado lejos, y voy a defenderme yo mismo'. Si entramos en una tienda que dice ofrecer un servicio al consumidor del más alto nivel, pagamos por ese servicio y no lo obtenemos, ¿cómo podemos esperar que alguien adhiera a lo que es correcto versus lo que es incorrecto?... Al menos, el centro de fugitivos podría mejorar una mala situación. Aun cuando esto no me proporcione ningún placer, voy a continuar y hacer de ello la misión de mi vida para terminar lo que he comenzado."

Con buena suerte, Starbucks podrá terminar esta pesadilla de relaciones públicas. Para muchos consumidores perjudicados, J. Dorosin es un héroe del consumismo vigilante.

pesticidas carcinógenos, aunque sólo planteen un "riesgo insignificante" para la salud humana. Para ellos: "ningún riesgo" tiene una connotación más saludable y de más larga vida que "riesgo insignificante". F&W está reuniendo firmas sobre las Declaraciones de Oposición al Riesgo Insignificante –aproximadamente 500.000 en total– y está respaldando esta medida con las redes barriales para la educación y acción complementaria. Piense en todas las otras causas del Consumidor Vigilante que podrían surgir después de esta campaña de concientización.

La cuestión es que los Consumidores Vigilantes están enfurecidos y ya no van a ceder. Y cualquier compañía que intente introducir algo furtivamente está destinada a arrepentirse, y más temprano que tarde. En lugar de tratar de engañar a los consumidores como si fueran niños, es mejor analizar profundamente lo que está sucediendo y enfrentar algunos de los problemas.

En muchos casos, sólo una pequeña cantidad de sentido común elemental y una disposición a servir al cliente significarán la diferencia entre la ira y la pacificación. ¿Qué pasaría si se hiciera un gesto espontáneo de complacer? Esta es la manera inteligente de aproximarse al Consumidor Vigilante.

En el comercio, usted puede desviar fácilmente la ira de un Consumidor Vigilante (antes de que sea necesaria una disculpa) siendo vigilante usted mismo. Anticípese a

Transformar la tragedia

Los consumidores vigilantes pueden experimentar la tragedia. Quizá por mirar demasiados episodios de la televisión como *ER* y *Chicago Hop*, pero usted probablemente se sienta relativamente tranquilo si su ser amado sufrió dolores de pecho cuando ya estaba a salvo en un hospital moderno.

Esto es lo que Myra Rosenbloom pensó: Los médicos experimentados del equipo Code Blue entrarán en acción y harán todo lo correcto. Pero cuando su esposo murió en un hospital de Indiana que no tenía ningún médico de servicio, ella inició una indagación para tratar de corregir ese error. Después de investigar las leyes, descubrió que Indiana, como otros 20 estados, simplemente no exigía que sus hospitales tuvieran médicos físicamente presentes las 24 horas del día. El coste era la razón.

Rosenbloom siguió fastidiando a los políticos, e incluso durante seis días "pernoctó" en el capitolio hasta que se aprobó una medida que la satisfizo. Ella ganó. Y ganaron todos en un hospital del estado de Indiana, ¿pero qué pasa en los otros 20 estados?

sus problemas. Si usted sabe que una parte integral de su producto no ha estado funcionando satisfactoriamente, piense en enviar un reemplazo al hogar del cliente, antes de que se vea obligado a hacer un reembolso. Aun cuando usted esté trabajando en un edificio antiguo previo al código de construcción, ¿por qué no considera la instalación de una rampa para discapacitados, incluso antes de que se lo exija la ley? Reflexione detenidamente para ver si su empresa está tratando a todos los grupos minoritarios con igualdad e imparcialidad.

Procure establecer una nueva visión de integridad. comience por ser sincero y admitir sus errores. La reciente campaña publicitaria de los automóviles Jaguar: "la honestidad es la mejor política", admite sus bien conocidos problemas mecánicos del pasado: "Hemos conservado lo que a usted le agradaba. El resto es historia".

Los Consumidores Vigilantes están creciendo en fuerza y no van a renunciar. No piense que puede esquivarlos para siempre. Recuerde esto: la *Ira* tiene solamente una letra menos que la *Pira.*

LOS ÍDOLOS CAÍDOS

Los consumidores escépticos están dispuestos a derribar los monumentos largamente aceptados de las empresas, el gobierno, la celebridad y la sociedad.

¿Ya no hay nada sagrado? El dormitorio de Lincoln está en venta y el presidente de la Cámara de Representantes de los Estados Unidos debe pagar una multa de 300.000 dólares por conducta no ética. Mamá Bell es una historia antigua, y tratar de escoger una compañía telefónica se ha convertido en un ejercicio de ansiedad. Las tres redes de televisión más antiguas están perdiendo participación en el mercado más rápidamente que el Edsel. La familia real británica (antes de la muerte prematura y deplorable de Diana) se estaba comportando como vulgar gentuza, y los héroes deportivos se enfurruñan mientras acumulan 20 millones de dólares por temporada. El Imperio del Mal se abre paso en el caos dominado por el crimen. La Iglesia Católica oculta más secretos turbios que J. Edgar Hoover. El juez de la Corte Suprema Clarence Thomas hace apariciones regulares en los programas televangelistas del ala derecha. Un porcentaje más alto de norteamerianos saben que Howard Stern tiene un pene pequeño que puede llamar el vicepresidente. Los médicos son temidos y poco confiables, las escuelas no están cumpliendo su misión, y todo el mundo sabe que una transfusión de sangre puede matarlo.

¿Qué está pasando con los buenos viejos Estados Unidos de América?

Los cimientos políticos, empresariales y culturales que sirvieron de base a nuestras vidas se están desintegrando como panecillos rancios. La autoridad es algo que cuestionamos como cosa rutinaria, y que destituimos no pocas veces. La cortesía es una cosa del pasado y la integridad, la paciencia y la fe están comenzando a parecer anacronismos extraños. Las compañías son organizaciones codiciosas sin fidelidad a ninguna nación ni lealtad hacia los empleados.

Bienvenido a la era de los ídolos caídos, el terremoto social que está transformando las principales corrientes de opinión en los Estados Unidos y en el mundo. Una y otra vez, los pilares de la sociedad están siendo cuestionados y rechazados. ¿En quién o en qué podemos confiar si perdemos la fe en el gobierno, las corporaciones, el matrimonio, la religión, la educación, la medicina, la publicidad, el comercio minorista, los héroes e incluso en nuestras familias? No en mucho.

Ya no seguimos tímidamente a la autoridad, ni aceptamos las viejas reglas, ni compramos sólo marcas registradas. Cuanto más grande es la entidad, más resentidos y desconfiados somos. Incluso las instituciones que han estado actuando durante un largo tiempo ya no pueden confiar mucho en transmitir su herencia. Demasiadas compañías ganaron nuestra confianza y luego abusaron de ella. Ford y General Motors pensaron que podían salir adelante con productos de mala calidad, y durante un tiempo lo lograron. Pero después de una larga lista de errores, los consumidores abrieron los ojos. Volver a conquistarnos no es una tarea fácil, y jamás confiaremos nuevamente en estos y otros tránsfugas empresariales.

Las empresas que operan de la manera habitual han llegado a estar destinadas a la extinción. Las compañías norteamericanas están desorientadas. Las generalizaciones del pasado ya no surten efecto. Las grandes empresas requieren nuevas ideas y nuevos paradigmas. Cuando las compañías extremadamente conservadoras empezaron a golpear las puertas de BrainReserve en busca de ayuda, tuvimos nuestro primer indicio de que el mundo empresarial convencional se había trastrocado.

¿Se acuerda cuando las tiendas por departamentos eran lugares divertidos y gratificantes para hacer las compras? Hoy están en un peligro real de convertirse en reliquias. La lista de tiendas con un pasado de grandeza parece como el "quién es quién" del comercio minorista norteamericano: A&S (después de 112 años), Alexander's, B. Altman, Bonwit Teller, Gimbel's, Ohrbach's (la mejor colección de ropa importada), la venerable Y. Magnin, y muchas otras*. En *Lo que vendrá: el informe Popcorn*, mencionamos la predicción de BrainReserve en 1985 de que las tiendas por departamentos eran los "dinosaurios de la compra minorista", y que podían ser reemplazadas con la venta por catálogo y la televisión interactiva. Ahora eso está sucediendo.

Uno de los dueños de estos dinosaurios vino a consultarnos hace algunos años para tratar de averiguar por qué su cadena de tiendas estaba perdiendo clientes constantemente. BrainReserve emprendió un proyecto-acción: establecer un equipo, poner a prueba nuestro Banco de Talen-

* N. del T.: Un ejemplo de esto en Argentina, es la desaparición de las grandes tiendas Gath & Chaves y Harrods.

to, hacer una serie de entrevistas personales y analizar la cultura para dar con algunas respuestas. Una de las principales razones, dedujimos, era que las mujeres simplemente no tenían tiempo para comprar en un ambiente con una exhibición deficiente, una dotación de personal deficiente y un stock también deficiente. Las tiendas por departamentos pueden ser eminentemente inhospitalarias e incluso hostiles, con sus mercaderías amarradas a las paredes mediante cuerdas metálicas para impedir el robo. (Consejo: si usted está cansado de ser ignorado por el equipo de ventas y pretende un servicio instantáneo, simplemente arranque una de estas ataduras de seguridad. Sonarán las alarmas y silbatos y usted tendrá la atención inmediata que merece.)

Nuestro cliente de la tienda por departamentos, se dirigió a mí en medio de la presentación de BrainReserve y me dijo: "Tesoro..." (Mi propio análisis informal muestra que todos los que me llaman "tesoro" entran dentro de la problemática del Capítulo 11.) "¿Qué harán las mujeres si no pueden comprar?"

Así es como caen los ídolos al no ver lo que tienen directamente frente a sus ojos. Su organización empresarial no advirtió que las cosas habían cambiado. Las mujeres, como los hombres, están presionados por el tiempo, ocupados haciendo malabares con el hogar, la carrera, las relaciones, los hijos, la salud, el ejercicio, las condiciones de vida. Ya a nadie le divierte perder horas tratando de comprar un artículo necesario. Como una alternativa rápida, es más fácil entrar en una tienda especializada que tiene una concentración de mercaderías específicas, o digitar un número de venta por catálogo (o explorar un sitio del Internet) a cualquier hora del día o de la noche.

El supermercado constituye el próximo desafío. Los hombres (principalmente) que los administran todavía no han comprendido que a las mujeres que compran regularmente allí –con dos chicos chillando hambrientos en el carrito y un presupuesto estricto al cual se tienen que ajustar– *realmente no les gusta* comprar alimentos.

El mundo empresarial norteamericano –en realidad nuestra cultura en su conjunto– está pagando un precio altísimo por la racha reciente de reducciones empresariales. Las compañías están reformulando unilateralmente el contrato social, y si no nos gusta, ellas simplemente se llevan sus puestos de trabajo a la India y asunto terminado. Es muy difícil confiar en General Electric, Hewlett-Packard y AT&T cuando esta parece ser su actitud predominante.

La caída de los ídolos nos ha hecho estar conscientes de que los gigantes empresariales pueden convertirse en monstruos empresariales y caer sobre nosotros en cualquier momento. Si sumamos todo, las compañías anunciaron en 1996 más de 475.000 puestos eliminados, la mayoría en los sectores de telecomunicaciones, comercio minorista y computación. Más de 17 millones de norteamericanos han sido afectados por las reducciones y las reorganizaciones, y despedidos de sus empleos desde 1990. Esto resulta en una gran cantidad de personas descontentas –y una gran cantidad de Ídolos Caídos.

El ambiente laboral está lejos de ser la única jurisdicción donde nuestro contrato social ha caducado. El World Trade Center y el Murrah Federal Building en la ciudad de Oklahoma han sido bombardeados por fanáticos que atacan las clínicas de planeamiento familiar y sus staffs. En el metro de Tokio se ha registrado un atentado con gases tóxicos. La anarquía y el odio desatados se proyectan sobre el lenguaje radial y el Internet. En Arizona, un conductor radial resentido expresó que "Hillary Clinton debería ser llevada al veterinario y silenciada como un perro que ladra demasiado". ¿De qué manera ese tipo de irrespetuosidad y lenguaje afecta nuestra psiquis nacional? El hecho de que haya tan poca indignación es una evidencia de que nos hemos convertido en una nación de cínicos.

Las redes

Una publicidad reciente de la Cable & Wireless Alliance anunció en grandes títulos su concepto: "La corporación ha muerto. Larga vida a la federación". El aviso decía: "las corporaciones tradicionales actuales, lerdas, demasiado capitalizadas y de niveles múltiples no pueden sobrevivir en el nuevo mercado caótico... ¿Y qué prevén ellos [los consejeros empresariales] en su lugar? Federaciones de compañías más pequeñas y de grupos libres para actuar rápida y eficientemente en un mercado siempre cambiante". Este es el fundamento de la asociación de Cable & Wireless: reunir una red de más de 50 organizaciones a nivel mundial, forjando el quinto grupo de telecomunicaciones más grande en el mundo.

Cuando usted piensa en esto, advierte que hay algo de astucia y sentido común en esta iniciativa que remite al antiguo concepto de la agremiación industrial. Donde reina la cooperación como interés, y no la traición, entre las partes. No se trata de crear un nuevo ídolo, una organización monolítica que se proclama invencible sino de prestar un gran servicio por poco dinero.

¿Se acuerda cuando el agente de policía en acción era un amigo? ¿Cómo conciliar esto con las cintas de vídeo que muestran golpizas y brutalidades de la policía, evidencias de corrupción, el lenguaje vulgar y las mentiras de un Mark Fuhrman? Cuatro oficiales de policía en Nueva Orleans fueron acusados de asesinato, y se descubrió que durante años la policía de Filadelfia acusó literalmente a miles de ciudadanos por crímenes que no habían cometido. Solamente en un distrito de Harlem, se arrestó a 28 oficiales por tráfico de drogas. Como Jesse Jackson expresó elocuentemente a Charlie Rose, "Los jóvenes han estado contra-

Limpiando la casa

Nike, frustrada por los alegatos de tener talleres diseminados en toda Asia donde explota a los obreros para producir sus altamente lucrativas zapatillas de gimnasia, contrató a Andrew Young para que examinara sus prácticas laborales. El ex alcalde de Atlanta y representante de los Estados Unidos en las Naciones Unidas es sólo el último ejemplo de ídolo empresarial educado y civilizado. Mitsubishi contrató a la ex ministra de Trabajo y congresista Lynn Martin para que investigara los cargos por acoso sexual en su planta Normal, en Illinois. La compañía accedió a actuar de acuerdo con sus recomendaciones. Texaco empleó al ex juez federal A. Leon Higgenbotham para que le ayudara a revisar las prácticas de la oficina de personal después de la debacle de las "cintas racistas". Dow Corning, General Motors y Bausch & Lomb son otras compañías que han contratado veedores externos de alto perfil y de indudable honestidad para ayudarlas a responder a los alegatos e introducir cambios positivos. Los resultados fueron óptimos en aquellos casos donde la acción respaldó las recomendaciones y se corrigieron los abusos.

bandeando drogas, la policía ha estado traficando drogas. Cuando no hay una distinción entre policías y ladrones... [nosotros] ponemos en duda a todo el sistema judicial, y somos muy vulnerables". El cineasta Sidney Lumet cava muy hondo en estos problemas en su película que llama a la reflexión, *Night Falls over Manhattan.*

Cuando una nación comienza a ver a sus defensores de la ley como violadores de la ley, se cae un ídolo importante y esto repercute sobre la estructura social.

La pesadilla también afecta a Elm Street. A medida que las mujeres ingresan a la fuerza laboral en cantidades sin precedentes, incluso este ídolo norteamericano

Policía en acción

En Nueva York, el alcalde Rudolph Giuliani, ex fiscal federal, ha revolucionado al departamento de policía. Ahora un computador rastrea el delito calle por calle sobre una base diaria. El alto mando policial estudia los resultados, discierne las pautas, y adopta un criterio previsor, destacando efectivos adicionales en los barrios, calles e incluso edificios específicos. Giuliani también ha instituido una aplicación estricta de las leyes de calidad de vida, como las que restringen el volumen alto de las radios, la basura esparcida y la mendicidad. Los resultados: el delito ha disminuido en todas las categorías, el porcentaje de crímenes es el más bajo en 30 años, y ha vuelto la sensación de orden y control a la ciudad. Sí, los ídolos pueden ser rehabilitados.

inaccesible ha caído bajo el fuego: la maternidad. En efecto, todos hemos aprendido que incluso mamá es un ser humano: está agotada, malhumorada, y lo último que desea hacer es hornear galletitas. Y papá –que ha tenido sus propios problemas– difícilmente encuentra un momento de tranquilidad. En estos tiempos, los padres norteamericanos están mucho tiempo ausentes, dejando a los hijos pequeños encerrados en la casa con demasiada frecuencia. Un padre promedio (en un hogar de dos progenitores) pasa solamente un total de siete horas semanales con sus hijos.

Si los padres no están disponibles, ¡¿al menos hay escuelas, paraísos seguros donde nuestros niños sean educados e interactúen socialmente?! Hoy en día a nadie le importa que las escuelas y la nueva realidad signifiquen una generación de niños que se educan ellos mismos con una combinación de alimento-basura y películas-basura. El ex secretario de educación superior de Nueva York, Raymond

Cortines, dijo a *Newsday*: "A veces pienso que debería entregar medallas por la valentía en lugar de diplomas". Mi propia prima, Maureen Rosenkrantz, una maestra de Nueva York que ha dedicado 30 años de su vida a los niños, fue empujada en las escaleras de la Washington Irving High School y necesitó 53 puntadas en su rostro.

Este no es sólo un problema de las áreas urbanas. Se están destacando efectivos policiales en los espectáculos deportivos de casi el 90 por ciento de las escuelas. Los niños experimentan una angustia diaria cada vez que tienen que pasar a través de los detectores de metales, ser testigos de cuchilladas y disparos, y escapar por temor a la intimidación de una banda de malhechores. Las viejas advertencias de nuestra época de escolares –principalmente referidas al cruce de las calles– se han convertido en las tres A: armas, atacantes, ambiciones.

Hubo un tiempo en que un diploma universitario era un pasaporte para conseguir un empleo. Hoy, ese trozo de papel no garantiza nada. Un 30 por ciento de los graduados universitarios entre hoy y el año 2005 "se unirán directamente a las filas de los desempleados", según un estudio reciente de la American Management Association. Un 15 por ciento de los graduados en abogacía todavía están pagando el derecho de piso después de seis meses de su graduación. El título universitario como garantía de empleo es un Ídolo Caído.

¿Se acuerda cuando la iglesia representaba un espacio sagrado, un refugio de los avatares de la vida, que proporcionaba una oportunidad de reflexión y de crecimiento espiritual? La caída de los ídolos está redefiniendo cuál era exactamente el significado del concepto de "los pecados de los padres".

En Australia, la jubilosa visita del papa en 1995 fue eclipsada por un escándalo de abuso infantil. Seis sacerdotes y maestros católicos fueron encarcelados, uno por

Educación especial

Dos nuevas orientaciones clave están surgiendo de los escombros de la educación pública. La enseñanza alternativa o en el hogar, ahora una realidad sólo para el 1 por ciento de los niños norteamericanos, es parte de una necesidad de más seguridad y lazos familiares más fuertes. Luego está la privatización de las escuelas (gloria y alabanzas para Chris Whittle por sus intentos). En este campo existen grandes oportunidades.

un plazo de 18 años, debido al acoso flagrante de víctimas menores.

La Iglesia trata de ocultar sus secretos a un precio muy alto. Se estima que se han pagado aproximadamente 400 millones de dólares en honorarios y reparaciones legales para cubrir los juicios de abuso sexual. En Chicago, existe incluso un grupo de apoyo denominado SNAP –Survivors Network of those Abused by Priests [de víctimas de abusos sexuales perpetrados por sacerdotes]– que ha confeccionado una lista de varios cientos de clérigos pedófilos. En este momento, las iglesias ya no pueden obtener un seguro de riesgo de cobertura total debido a esa contingencia. Las pólizas están comenzando a excluir las cláusulas que cubrían las responsabilidades sacerdotales y de menores. Este temor ha alcanzado también a los campamentos de entrenamienteo y veraneo. Se han establecido nuevas reglas: "Un consejero jamás debe estar a solas con un menor", ni "hacer cosquillas o forcejear con él...".

Durante décadas, la diversión más excitante del sábado era ir a ver un programa doble de cine o dos partidos con dos diferentes pares de equipos. ¿Dónde están los héroes en los que todavía podamos creer? Sabemos demasiado acerca de las estrellas de cine; sus enredos amorosos y sus proble-

Las fuerzas conductoras

Una burocracia que está encaminada a estar en sincronía con el usuario es el Departamento de Vehículos Automotores (DVA) de Connecticut. Se ha conducido un programa de reducción del coste para mejorar el servicio. Después de cerrar ocho sucursales, el DVA abrió 16 oficinas de *exentas de renta* en galerías comerciales. Los proponentes de la idea consideran a las galerías como promotoras del tráfico, y a los consumidores les resulta conveniente. Muchas grandes compañías también están pidiendo al DVA que envíe personal en unidades móviles para atender a sus empleados *in situ.*

Otros estados están liberando el control al permitir a las concesionarias registrar los autos nuevos que venden. El DVA de Arizona ha reducido el papeleo, ofreciendo a los nuevos conductores una licencia válida hasta la edad de 60 años, sin necesidad de renovaciones constantes. Los estados de California y Virginia están experimentando con contestadores automáticos para encargar las chapas y renovar los registros. En Massachusetts, usted puede pagar por teléfono una boleta por exceso de velocidad, con el número de su tarjeta de crédito. Todo lo que las agencias estatales están haciendo apunta a una meta doble: la satisfacción del usuario *y* del trabajador.

mas de salud son las notas de color en los programas sensacionalistas de la televisión. Y los héroes del deporte se han visto afectados por los escándalos de drogas y acosos sexuales, y su costumbre indecorosa de quejarse de los aficionados y de la gerencia mientras cobran sumas disparatadas. Esto también precipita la caída de los ídolos. Según una encuesta de Video Storyboard efectuada en 1996, el rating de aprobación de las celebridades que aparecen en los avisos comerciales ha disminuido debido a que ellas distraen/desvían del

El contraataque de las tiendas The Gap

La primera evidencia de una reacción violenta contra The Gap vino con la telenovela *Ellen*, cuando Ellen DeGeneres nombró "Gaps" a sus vecinos soplones.

The Gap se defendió. Fue uno de los principales patrocinadores de la Marcha del Sida en la ciudad de Nueva York, en la cual se recaudaron millones de dólares. Se habían desplegado cintas rojas prominentemente en los escaparates de todas sus tiendas. Este es un ejemplo de lo que una gran compañía nacional puede hacer para lograr una conexión local. Podríamos aspirar a esto como una regla para determinar cómo una cadena de tiendas puede estar en sincronía sin perder popularidad. De esta manera puede operar como una suma de partes y no como un todo inmanejable.

mensaje del producto. Sin embargo, las agencias de publicidad todavía siguen buscando a alguien joven y viable para ser un héroe. A diferencia de lo que ocurría en el pasado cuando una celebridad era probable que tuviera un rostro probado y confiable, hoy siete de las diez figuras cumbre son principiantes, menos propensas a estar involucradas en escándalos o tener un secreto vergonzoso.

Mire cualquiera de los más de 15 noticiarios de la televisión estadounidense –incluyendo *20/20*, *48 Hours*, *Prime Time Live* y *Hard Copy*– y encontrará rápidamente la respuesta a nuestra pregunta de apertura, "¿Hay algo sagrado?" Estamos padeciendo el imperio del asesinato, la mutilación criminal y la mala praxis. Gennifer Flowers obtuvo una media hora en el programa *Nightline* y el asesino de JonBenet Ramsey reemplaza a O.J. como nuestra obsesión nacional y confiesa que los concursos de belleza de niñas son pornografía infantil insuficientemente velada. Un diario sensacionalista induce a Frank Gifford a practicar el sexo extramatrimonial y filma el acto. ¿Por qué este diluvio interminable de sensacionalismo y ruindad? Porque los Ídolos Caídos suben el rating. Nos agrada ver a nuestros dioses revelados como simples mortales y no particularmente como mortales con atributos divinos.

En una época sobrecargada de información, la caída de los ídolos es, sin lugar a dudas, el mejor entretenimiento posible. Olvídese de la fórmula de las novelas sensacionales y de las películas de acción-aventura que Hollywood produjo abundantemente como un mecanismo de relojería. Todo el mundo sabe que al final Tom Cruise va a triunfar. La vida real es mucho más incierta y más interesante. Los juicios televisados, la visión interna más fundamental del proceso judicial, tiene el mismo efecto. Se publicita con la leyenda "Es un drama real, no un libreto".

Necesitamos el chismorreo, la indecencia y la intriga, pero también queremos la verdad. Nos han defraudado y nos han engañado durante tanto tiempo, que hemos desarrollado detectores de mentiras sumamente sensibles. Hay un deseo insaciable de verdad absoluta, aun cuando no sea agradable.

¿Acaso usted toma dos cápsulas de melatonina y *no* llama al médico por la mañana? ¿Se acuerda cuando el médico sabía más? ¿Cuando la medicina prometía una píldora mágica que curaría todas las enfermedades? El sida, las historias de horror de la mala praxis, la atención médica generalmente de mala calidad y las facturas profesionales astronómicas se han combinado para destruir nuestra fe en la asistencia médica. Cuando un año se les decía a las mujeres que deberían hacerse una mamografía anual, y al año siguiente se les decía no hacerla, y luego se les aconsejaba, "Bueno, quizá debería hacerla después de todo," ¿le queda alguna duda de que la fe en la medicina convencional es más baja que nunca? Ahora, hacemos casi todo lo posible antes de someternos a un exa-

¿Cuál será la próxima novedad?

La Oficina de Correos (OC) está haciendo un valeroso esfuerzo para ponerse al día. Los suscriptores compran fajos de sellos postales o piden una recolección rápida de la correspondencia. ¿Qué le parece una edición personalizada de sellos: con su propia imagen, la de su perro, o un logo de su compañía? ¿Y por qué la OC no puede ampliar sus servicios: llegar a ser una oficina de turismo e información, una unidad de minialmacenamiento de documentos, una oficina central de Internal Revenue Service (después de todo, siempre ha sido un lugar para retirar los formularios de impuestos), y una oficina de Seguridad Social?

Cabe esperar un crecimiento repentino en los establecimientos de educación superior o escuelas de graduados de propiedad colectiva. Hay una Universidad DeVry, todavía pequeña pero en crecimiento, que ahora tiene 13 campus en todos los Estados Unidos, y la Keller Graduate School, que se ha extendido a 17 localidades. Administradas con presupuestos ajustados sin gastos superfluos (ahorrando en todo, desde las facturas más bajas de electricidad debido a la calefacción por energía solar hasta los campus menos lujosos), estas instituciones acreditadas cobran casi la mitad de la matrícula de una gran universidad estatal y un tercio de la de un instituto privado.

men médico. ¿Acaso es una sorpresa que las medicinas y los tratamientos alternativos estén haciendo furor? Según Tom Rawls, el editor de *Natural Health*, hay dos clases de personas que recurren a la medicina alternativa: "aquellas que no han tenido ningún éxito con la medicina convencional y aquellas que simplemente están asumiendo la responsabilidad por su propia salud... La gente está cansada de ser ciegamente conducida por la práctica médica tradicional". (*Véase* "La necesidad de estar vivos".)

Abajo el cinismo

La caída de los ídolos es un hecho de nuestras vidas. Pero no es el único y tampoco es una excusa para resignarse. El cinismo es fácil, tedioso y profundamente insatisfactorio. Usted puede hacer del mundo –y de su vida– un lugar mejor.

- ¿Ha perdido su fe en la gran empresa? Inicie su propia pequeña empresa, basada en su experiencia y sus creencias.
- ¿Ha perdido su fe en la religión formal? Cree su propio ritual a través del zen, el yoga, la meditación o incluso los salmos. Busque las fuentes de esperanza y encuéntrese a sí mismo.
- ¿Ha perdido su fe en la familia tradicional? Reúna su propia familia extendida, a través de los vínculos grupales o las conexiones on-line.
- ¿Ha perdido su fe en el liderazgo? Siga la política del Consumidor Vigilante y haga de ella una prioridad para conseguir el voto de todos.
- ¿Ha perdido su fe en los médicos? Asuma el control de su propia salud. Edúquese a sí mismo. Preserve su vida.
- ¿Ha perdido su fe en la policía? Comprométase en un esfuerzo comunitario-policial local. Forme un clan.
- ¿Ha perdido su fe en los hombres? Busque un hombre emancipado.
- ¿Ha perdido su fe en la gente? Contribuya voluntariamente a un refugio para desamparados, un hospital o una sociedad protectora de animales. Reúnase con otros voluntarios que hagan renacer su fe perdida.

Sincronice su vida

La caída de los ídolos tiene que ver con el fracaso de los sistemas religiosos y de las instituciones que han dominado nuestro pensamiento y nuestra manera de vivir durante décadas y décadas. Pero donde hay un fracaso también existe una oportunidad. Por eso, así como la caída de los ídolos significa una denigración, también es una oportunidad para crear algo que funcione mejor. Como ciudadanos y como consumidores necesitamos confiar, buscamos honestidad, héroes personales y productos que nos satisfagan cumpliendo sus promesas. Cree estos productos y usted se convertirá en ese héroe.

EN LÍNEA CON EL S.O.S (SALVEMOS EL ORGANISMO SOCIAL)

Preocupados por el destino del planeta,
los consumidores responden a los vendedores que
exhiben una conciencia social acorde
con la ética, el medio ambiente y la educación.

Están sonando las alarmas. Lo están haciendo en Idaho, en Brasil y en Bélgica. Sus ecos se pueden oír por encima del ruido ensordecedor de las urbes, en Londres, Nueva York y Tokio. Nos están despertando de nuestro sueño, como hizo Bob Marley cuando pregonó: "Levántate. Ponte de pie. Hazte oír". Estas alarmas son una llamada global para despertar, y decirnos que debemos levantarnos y tomar medidas para Salvar el Organismo Social.

Se ha adquirido una conciencia colectiva de la amenaza que representa la degradación ambiental. Esta actitud es particularmente notable en los Estados Unidos, Alemania, Japón y otras naciones industrializadas. En las regiones subdesarrolladas del planeta, el medio ambiente es una preocupación menos acuciante. Cuando sus hijos están hambrientos, los peligros de la polución parecen distantes y relativamente insignificantes. Sin embargo, a medida que naciones como la India, China, Brasil y (con optimismo) Rusia crezcan y prosperen, surgirá un sentido global de la urgencia ambiental que comprometerá a la nueva comunidad mundial. Después de todo, una nube radiactiva que escapa de una planta de energía nuclear defectuosa no respeta las fronteras nacionales. La alarma suena más fuerte.

¿Qué va a hacer *usted*? ¿Se volverá a dormir o saltará de la cama y se unirá a la batalla para salvar al mundo? Esta es la pregunta implícita en la tendencia S.O.S. –Salvemos el Organismo Social– que BrainReserve identificó por primera vez hace doce años. Y es una tendencia que estaremos siguiendo durante las décadas por venir. Como el pedido de auxilio naval del cual toma su nombre, S.O.S. significa nada menos que la supervivencia está en juego.

Hemos instalado controles de emisión en nuestros automóviles para contribuir a purificar el aire, ¿pero qué sucede con los otros tipos de motores a gasolina? En los fines de semana estivales, hasta 50 millones de cortadoras de césped emiten nubes de polución (la Agencia de Protección Ambiental estima que las cortadoras y compresoras dan cuenta del 20 por ciento de *toda* la polución del aire). Estas ruidosas consumidoras de gasolina hacen tanto daño en media hora como un automóvil en cuatro a cinco horas. La respuesta más fácil: dotar a las cortadoras de césped de controles de la polución con 100 dólares deducibles de los impuestos.

Podemos decir con seguridad que en unos pocos años el reciclado ha llegado a ser un estilo de vida. Después de un período breve de intentos inconclusos, estamos separando el vidrio y la hojalata. Atamos nuestros periódicos y desintegramos los cartones. Las ventas de hilo cordel están creciendo. Lo mismo que los precios de los periódicos reciclados. En estos días, usted no puede entrar en una compañía o edificio importante sin ver el marbete de reciclaje sobre los cubos de basura. Algunas comunidades disponen mensualmente de puestos de ventas, en los cuales los ciudadanos pueden intercambiar o vender su material de descarte. Otras tienen un área en el basurero, donde se pueden reclamar desperdicios perfectamente utilizables. Los supermercados habitualmente ofrecen bolsas de compras reciclables o utilizables. Las bolsas de compras reutilizables con tejido de malla son ubicuas en Europa y están comenzando a aparecer en los Estados Unidos. ¿Y observó cuántas personas están enviando faxes por computador en lugar de hacerlo por correo separado? Ha llegado a estar arraigado en nuestra conciencia social que es más inteligente –y crucial– no desperdiciar.

Después de hacer la transición a una máquina de fax con rollo de papel, Lys se sorprendió al ver el tamaño (y el gasto) del cartucho de toner que tenía que ser reemplazado cada doscientas páginas. La empresa Computer Friends de Portland, Oregon, ha introducido un sistema universal (que cuesta 80 dólares) para reciclar las cintas y los cartuchos de toner usados de 23.000 modelos de impresoras, fotocopiadoras y máquinas de fax.

Sin embargo, la respuesta a largo plazo para estar en línea con el S.O.S. es reducir la creación de desechos. En nuestra área de temporada en Hampton, la afluencia de población se puede estimar por la recolección de residuos: esta oscila entre 18 y 20 toneladas por día en invierno hasta 120 toneladas por día en los fines de semana críticos del verano. Hay algo alarmante en el hecho de recorrer Nueva York en un día de recolección en gran escala. Demasiada gente, demasiados desperdicios. Colchones apoyados contra los parquímetros de estacionamiento, tres y cuatro por calle. ¿A dónde pueden ir a parar? Necesitamos concentrarnos en hacer más productos que puedan durar

Las cajitas de música

Un amigo vino a vernos con un método simple y eficaz de reducir el desperdicio. Cuando alguien le obsequia un presente en una caja, utilice esa caja la próxima vez que usted haga un regalo. Como el juego de las sillas vacías, la última persona que termina con una caja deteriorada asume la tarea de estrujarla y entregarla para el reciclado.

una vida o ser fácilmente reparados, recargados o reconstituidos.

Un problema es que el coste de las reparaciones llega aproximadamente al valor del reemplazo. Cada vez que se estropean nuestros artefactos –televisores, videograbadores, máquinas de fax, e incluso tostadoras– pensamos que se justifica desecharlos y comprar una nueva marca con todas las características más recientes.

Y también están los objetos pequeños que se acumulan rápidamente. Los norteamericanos desechan una cantidad astronómica de baterías o pilas del tipo AA, C, D, y 9-voltios, todas con una cantidad filtrable de mercurio, plomo, litio, cadmio, zinc y otros minerales. ¿Por qué no es obligatorio usar solamente pilas de energía solar recargables? Todas las pequeñas mechas y cerdas sirven. Una compañía alemana, Monte-Bianco, ha dado con un método de poner nuevas cerdas sobre los cepillos de dientes viejos, de modo que si a usted le agrada el mango jamás tiene que botarlo. Parece algo insignificante, pero envía un mensaje importante.

En lugar de utilizar las bolitas Styrofoam, hay un relleno protector para embalaje llamado Eco-foam, fabricado por American Excelsior y compuesto de 95 por ciento de almidón y una pequeña cantidad de polímero orgánico.

Electricidad móvil

Los automóviles eléctricos finalmente han llegado a ser una realidad propiciada por las leyes estatales. En diciembre de 1996, General Motors (GM) introdujo el EV1 en Arizona y California del Sur, y lo ha estado vendiendo activamente a las empresas y celebridades ansiosas de redoblar sus esfuerzos para disminuir la polución atmosférica.

Toyota ha dado un paso más: hace poco la compañía anunció sus planes de lanzar un vehículo, con un motor híbrido a electricidad y gasolina, en el mercado masivo japonés. El motor consume 1 litro de gasolina cada 200 kilómetros (el doble de kilómetros que el mejor vendido Corolla), reduce las emanaciones de anhídrido carbónico a la mitad, y la emanación de otros gases en un 90 por ciento. Audi, GM, Ford y Chrysler están siguiendo el ejemplo, con las Big Three que recibieron una subvención de la Secretaría de Energía por sus esfuerzos de investigación y desarrollo.

Simplemente se disuelve en agua o en su mezcla de abono. Los grupos ecológicos están promoviendo incluso el uso de las rosetas de maíz para embalar y proteger los objetos frágiles. Además de ser deliciosas (una opinión admitidamente tendenciosa), las rosetas de maíz son biodegradables y más tarde pueden ser convertidas en abono. Anteriormente uno de los principales usuarios mundiales del poliestireno para el embalaje, McDonald's ha vuelto a la cartulina en las cajas de comidas para llevar. El esfuerzo más reciente de las cadenas de comidas rápidas en línea con el S.O.S. es convertir sus desechos y sobrantes en abono para reducir el volumen de los desperdicios.

Incluso el Pentágono ha adoptado un criterio ecológico. Además de agregar más árboles y césped alrededor del edificio geométrico y su parque para estacionar automóviles, en 1995 emprendió una renovación que incluyó algunas hectáreas con tapiz de fibra natural y materiales de aislación, pinturas no tóxicas (¿por qué llevó tanto tiempo?), y lámparas y computadores con un uso eficiente de la energía. Se ha estimado que debido a los costes más bajos de energía, los materiales ecológicamente inocuos y los nuevos diseños el gasto se compensará en unos tres años.

Se podría contribuir significativamente a la causa del S.O.S. si los personajes famosos se comprometieran personalmente en ella. En nuestro mundo obsesionado por la fama es la manera más rápida de obtener publicidad. Ted Turner y Jane Fonda tratan de cooperar con el cambio mediante su trabajo en la junta directiva de la Environmental Media Association. Robert Redford presta su apoyo en la protección de los recursos naturales como presidente del Institute for Resource Management y miembro de la junta del Environmental Defense Fund y del Natural Resources Defense Council. Sting trabaja para la preservación del bosque tropical, ofreciendo conciertos de beneficio para reunir dinero. Greenpeace tiene un CD en venta llamado Alternative NRG, que muestra a estrellas como Annie Lennox, REM y U2, y fue grabado y mezclado usando energía solar. La fabulosa actriz cómica Bette Midler ha fundado un grupo de limpieza en Nueva York que tiene por objetivo las alcantarillas inundadas de desechos, las orillas de los ríos y las autopistas. La Divina Miss M hace honor a su nombre: se arremanga, se pone a trabajar y se enloda por una causa en la cual ella cree.

Los niños también contribuyen con entusiasmo y destreza para lograr cambios. ¿Se acuerda?, fue un boicot liderado por niños el que condujo a la proscripción voluntaria de las redes de pesca del atún, que habían matado delfines. Hoy los niños se están educando con una clara conciencia del frágil equilibrio ecológico de nuestro planeta.

Amigos del planeta

España tiene su propia versión de los "verdes", Seprona, una asociación pública guardiana que descubre a todo aquél que contamina la tierra o los mares. Seprona también publicita un número telefónico fácil de recordar –062– para que los ciudadanos comunes puedan delatar a los contaminadores. En Amsterdam tiene sus oficinas centrales una "patrulla ecológica" conocida como Earth Alarm, que toma precauciones contra las infracciones de las grandes compañías como las filtraciones de los barriles de materiales radiactivos o la descarga ilegal en el océano.

De acuerdo con el Response Analysis, que en 1997 encuestó a 27.000 ciudadanos en 24 naciones, los jóvenes norteamericanos entre 18 y 25 años expresaron un interés ecológico más desarrollado que casi todos los otros ciudadanos del mundo. Pretenden acción y creen que el medio ambiente debería ser preservado, incluso a costa de un crecimiento económico más lento. Las próximas generaciones sin duda tendrán aún menos tolerancia que la nuestra por la polución y los contaminantes.

Aun cuando los animales en peligro de extinción siguen desapareciendo, no lo hacen inadvertidamente ni sin una lucha. El halcón peregrino se está posando sobre las puntas de los rascacielos de Nueva York y planea en torno de las pistas de helicópteros. El águila americana ha vuelto a las áreas pantanosas de la Costa Este. Sobre las playas, muchos frailecillos todavía son atropellados por el tránsito creciente de los vehículos de doble tracción, a pesar de la distancia de los sitios de anidación.

Durante mucho tiempo, muchas personas en la comunidad empresarial se han negado sistemáticamente a adquirir una sensibilidad ambiental. Se han inspirado en las

La meta ganadora

Los Florida Panthers, un equipo de hockey de la NHL, está resuelto a salvar a sus tocayas las panteras. En vista de que se ha perdido el hábitat para su desarrollo, la población de panteras del estado está en peligro de extinción, con unos 50 animales que aún quedan con vida. Los aficionados al hockey y las compañías locales depositan un dinero para salvar a las panteras cada vez que un guardavalla de Panthers "ataja" el balón en un partido local.

inseguridades económicas de la población aduciendo que "Los empleos son más importantes que los árboles". Estos visionarios irresponsables y cortos de vista han resultado estar equivocados. Si alguna vez hubo un peligro aparente, este es el argumento de que la propuesta economía/medio ambiente es mutuamente excluyente.

¿Se acuerda de la famosa controversia sobre la lechuza moteada en el Noroeste de los Estados Unidos? El temor económico prevaleciente era que si se salvaban las lechuzas, las comunidades madereras de Oregón se convertirían en pueblos fantasmas. Se suponía que habría una oleada de juicios hipotecarios y una abrumadora recesión. "Estaremos hasta el cuello de lechuzas, y todos los operarios se quedarán sin empleo", anunció el entonces presidente Bush mientras hacía su campaña en la región. Pero esa calamidad jamás sucedió. Aun con su reducción de la tala en los bosques de propiedad federal, Oregon registró su más bajo porcentaje de desempleo (menos del 5 por ciento) en muchos años. Un ex trabajador forestal que tuvo que cambiar de oficio a raíz del programa de restricción estatal dijo: "Jamás tuve otra opción en mi pueblo que el aserradero. Ahora, se me ha abierto todo un nuevo mundo".

Ha llegado el momento de que los antiecologistas en la comunidad empresarial y el ámbito político dejen de lado sus recelos y adopten soluciones integradas a largo plazo. Porque sin un planeta habitable, los empleos y los otros beneficios económicos no tendrán sentido. No se puede negar la realidad; muchos de los científicos más prudentes del mundo están alzando sus voces de alarma acerca de la situación decadente de la ecología en el mundo.

Hacer los cambios necesarios no será fácil. La Secretaría de Comercio de los Estados Unidos ha prohibido la pesca comercial en casi un 20 por ciento del Banco Georges, costas afuera de Nueva Inglaterra. Esta medida de emergencia está destinada a proteger los bancos de bacalao, abadejo y el lenguado de cola amarilla que están siendo rápidamente reducidos en una de las áreas de pesca más ricas del mundo. Tanto el gobierno federal como estatal han iniciado programas de asistencia a los pescadores sin trabajo, ajustados a su pérdida de medios de subsistencia. Este es un cambio radical para estos hombres orgullosos, y necesitan de nuestro apoyo incondicional. Sin embargo, todos tenemos que aceptar el hecho de que si no se hubiera instituido la prohibición, ellos –y todo el planeta– habrían perdido para siempre estas áreas de pesca.

La tendencia S.O.S. no se limita al activismo ambiental. Existe un gran interés en las vacaciones voluntarias –un libro de ese nombre describe las oportunidades–. Se mencionan gestos sublimes como ayudar a la Audubon Society a rastrear las aves migratorias y cómo contribuir a hacer economía en una cocina de campaña. Hace años, el padre de Lys, un cirujano/urólogo, contribuía voluntariamente un mes al año en el buque hospital *Hope*. Viajaba a diferentes puertos del mundo y operaba desde muy temprano por la mañana hasta las últimas horas de la noche, a menudo a individuos que jamás habían visto un médico en su vida. ¿Qué pasó con esa nave de la caridad itinerante? Se convirtió en

La empresa ganadora

Business for Social Responsability es una organización dedicada a promover políticas y procedimientos empresariales éticos. El grupo cuenta con más de 800 miembros, que incluyen a Levi Strauss, Reebok, Time Warner, AT&T, Edison International y Sony. Sus conferencias anuales cubren temas como "Investigación de la responsabiliad social", "Las guarderías infantiles en el ámbito laboral", "Empresa e hijos: Una agenda para nuestro futuro", "Herramientas ambientales para la pequeña empresa", y "Manejo del reciclado y el desperdicio".

Hewlett-Packard (HP), el líder indisputado en impresoras y productos para la impresión, ha dado un paso más allá de las expectativas al implementar programas para reciclar los cartuchos de toner en los Estados Unidos y en el extranjero. Sin coste alguno para ellos mismos, los consumidores pueden enviar los cartuchos de toner usados de vuelta a la planta de HP para su reciclado o desechado. En los Estados Unidos se incluye un marbete de correo en la caja del cartucho.

3M ha descubierto un nuevo método para reciclar las diapositivas. La compañía conduce un programa destinado a recuperar los gastos generales de las diapositivas. En su fase de prueba a comienzos de 1996, el programa recibió 26.000 kilogramos de películas. Este es un esfuerzo para reorientar los 7 millones de kilogramos de diapositivas que terminan en los basurales.

Si bien muchas organizaciones participan en el programa, el contribuyente más importante es Milliken & Company de Spartanburg, Carolina del Sur. La compañía pretende reducir a cero la contribución de sus desechos a los basurales y considera que el programa 3M es totalmente compatible con su meta.

3M se está preparando para expandir el programa nacionalmente ahora que está segura de que las diapositivas se pueden reciclar eficientemente y sin riesgo.

Sin deteriorar las florestas

Conservation International (CI) es una organización innovadora, con sede en Washington, D.C., que desarrolla empresas comerciales sobre la base del uso racional de los recursos naturales.

La iniciativa Tagua es un ejemplo de la propuesta de CI. Como una alternativa para el marfil, la nuez de tagua sirve para hacer magníficos botones. Ha adquirido una enorme popularidad con los fabricantes de ropa en gran escala, como J. Crew y The Gap.

CI también se ha asociado con Subway Sandwich Shop y una organización comercial peruana para introducir una galletita de nuez de Brasil. El Hard Rock Cafe y Ben & Jerry's Ice Cream también se han unido a esta iniciativa usando estas nueces versátiles en sus creaciones culinarias.

Cubriendo todas las bases, CI está comprometida en el desarrollo de artículos de tocador. Ha desarrollado una línea de champúes, jabones y lociones en conjunción con compañías como Forest Pure y Nature's Gate.

Estos productos exitosos han sido elaborados a partir de materias primas halladas en el bosque tropical, pero que se pueden explotar sin consecuencias ecológicas adversas.

Gran parte del dinero producido por las asociaciones innovadoras de CI está dirigido a elevar la calidad de vida de la población indígena en los bosques tropicales, a través de las oportunidades sociales y económicas.

El Banco Mundial y Walt Disney han llegado a ser dos de los socios más poderosos de CI en 1995. Disney ha sufragado el informe anual de la organización, y su CEO Michael Eisner integra la junta directiva. El presidente del Banco Mundial, James Wolfensohn, está encabezando un movimiento para transformar la política y prácticas de desarrollo vigentes del banco por otras más favorables para los recursos renovables y sostenibles. Harrison Ford también es miembro de la junta de CI. Para más información sobre esta organización mundial, llame al 1-800-406-2306.

Niños solidarios

Nickelodeon, la red infantil, merece las mayores alabanzas por sus generosas contribuciones con los programas Big Help-a-thon y Big Help Day. La campaña, lanzada en 1994, conecta a los niños para hacer esfuerzos voluntarios en sus comunidades. En 1996, más de 8 millones de chicos dedicaron ocho horas de su tiempo al Big Help-a-thon. Esos esfuerzos se realizarán en los 50 estados y en el extranjero. Algunos de los socios de Nickelodeon en este interesante esfuerzo son la Earth Force, American Humane Society, Feed the Children, Second Harvest, Points of Light Foundation, National 4-H Council, y el Ministerio de Educación de los Estados Unidos.

Este esfuerzo es un poderoso antídoto contra el cinismo. Marva Small, vicepresidente de relaciones públicas de Nickelodeon, lo expresa así: "Los niños actuales no son una generación desinteresada ni privada de derechos civiles. Observan y escuchan constantemente los problemas, y asumen papeles activos en sus comunidades para producir un cambio. Big Help Day pretende reconocer los esfuerzos voluntarios de los niños cuando demuestran que están dispuestos, preparados y capacitados para ayudar".

una prenda del seguro de responsabilidad civil. ¿No sería una buena contribución al S.O.S. fletar otro barco? A fin de tener una atención médica más próxima al hogar, más médicos (y más enfermeros y auxiliares) podrían donar una tarde a la semana para los necesitados.

Uno de los grandes atributos nacionales de los Estados Unidos es la generosidad. Somos una nación de personas que nos preocupamos por nuestros vecinos. Pero a medida que nuestra sociedad se ha tornado más variada y compleja, hemos perdido parte de nuestro sentido de la

La lista de los ganadores

No hace mucho tiempo, Ted Turner provocó un escándalo al criticar la lista de *Forbes* de los 400 norteamericanos más ricos. Acusó a la famosa revista de compilar una filantropía decadente porque sus miembros poderosos tenían miedo de no entrar en la lista si revelaban demasiado sobre sus fortunas. Turner sugirió publicar una lista de los principales donantes de la nación para alentar la competencia filantrópica. Para no ser acusado de no colocar su propio dinero donde él declaraba, Turner donó 1000 millones de dólares durante los 10 años siguientes para las obras de beneficencia de las Naciones Unidas, que prestan asistencia a nivel mundial.

Slate, la revista on-line de Microsoft, aceptó el desafío de Turner y a fines de 1996 publicó el *Slate 60* de las 60 donaciones más importantes del año. La más grande fue de 100 millones de dólares donados al Scripps Research Institute de San Diego por Samuel y Aline Skaggs. La más pequeña fue de 10 millones y hubo docenas de menciones honorables que no incidieron demasiado, a pesar de la generosidad multimillonaria en dólares. Aun más conmovedoras fueron las 10 donaciones anónimas más importantes –excluidas de la lista– que rondaron de los 50 millones donados al Museo de Arte Moderno de Nueva York a una suma de 5 millones en el décimo lugar. Tres vítores para Ted Turner y la generosidad de todos los donantes y para *Slate* por promover un evento anual tan importante.

comunidad. La caridad solía ser un parte de la vida cotidiana. En la película *Little Women* ("Mujercitas"), aun cuando la familia March fuera bastante pobre y desprotegida ella misma, las niñas ofrecían sus naranjas y fiambres del desayuno a una familia alemana vecina aún más necesitada. Los actos de caridad se consideraban una obligación moral y un deber cívico, no solamente de las clases alta y media sino también de la clase trabajadora. La caridad significaba consagrar tiempo, dinero y energía para mejorar las vidas de los otros. Si bien este espíritu subsiste en nuestra patria, necesita ser desarrollado, renovado y estimulado.

Parte de "hacer el bien" también es "desplegar el bien" cada día. Como un guijarro arrojado a una fuente, la benevolencia y las buenas intenciones se despliegan en ondas. El movimiento "Realice actos de bondad impensados y actos inconscientes de generosidad" –y sus insistentes eslóganes– son manifestaciones de la tendencia S.O.S. Estos actos pueden ser tan simples como recoger un poco de hojarasca de la calle, o depositar una moneda en el parquímetro vencido de un extraño. O algo un poco más complicado, como organizar un grupo para limpiar una playa, la orilla de un río, o el borde de una carretera.

El S.O.S. no es una tendencia aislada. Está profundamente conectada con nuestra cultura, nuestros sentimientos y con varias de las otras tendencias analizadas en este libro. A medida que surge una verdadera sociedad global, nos encontramos en los umbrales de un gran debate ético. Desde el apogeo de la filosofía ética no ha habido tanto interés en los principios morales. ¿Cómo infundiremos un sentido de la rectitud –o de lo que es incorrecto– en la juventud actual? En una aldea global, ¿dónde empieza –y termina– la responsabilidad para con los otros? ¿Cómo plantearemos la ética del periodismo y de todas las áreas de la comunicación? ¿Del comercio? Y, desde luego, lo último pero lo más importante, ¿la ética de los políticos? Este es el tema candente, y el objetivo prioritario a nivel escolar y universitario. Cada vez más organizaciones empresariales nacionales y regionales se están reuniendo para discutir los problemas de responsabilidad social y ambiental.

Gran parte de esto está orientado al consumidor. Muchas personas, dispuestas a gastar su dinero en función de

Casas inteligentes

Ryan Homes, un constructor de viviendas de Maryland, ha respondido a la tendencia S.O.S. desarrollando dos prototipos de casas urbanas con un uso eficiente de la energía. Los edificios utilizan materiales modernos, incluyendo acero, para el soporte estructural a cambio de la tradicional estructura de madera. Las casas urbanas están destinadas a aprovechar al máximo la luz natural. Las innovaciones introducidas en el aislamiento, la disposición y los sistemas mecánicos resultan en un incremento del 30 por ciento en el uso eficiente de la energía, con respecto a la vivienda convencional. Algunos de los socios de Ryan Homes en el emprendimiento son Owens Corning, Weyerhauser, Whirlpool y Westinghouse.

sus creencias, averiguan qué compañías son social y ambientalmente responsables. Los consumidores "verdes" informan que están dispuestos a pagar más por los productos que creen mejores para el medio ambiente. Algunas cadenas de supermercados como Bread & Circus y Whole Foods están creciendo a un ritmo asombroso. Los compradores están reclamando alimentos orgánicamente producidos y con un procesamiento mínimo. Las ventas de alimentos orgánicos han trepado de 631 millones de dólares en 1989 a 3.000 millones en 1996.

De acuerdo con la vieja tradición norteamericana, estamos respondiendo a nivel instintivo para proteger a la víctima, y la víctima es el planeta. Pero el planeta probablemente sobrevivirá, aun cuando los humanos nos hayamos extinguido. (En realidad, tanto el planeta como sus habitantes cuadrúpedos probablemente celebrarán nuestra desaparición.) Téngase en cuenta que si bien la tendencia se llama Salvemos el Organismo Social, está profundamente

Plásticos fantásticos

En sólo unos pocos años hemos aprendido mucho acerca del reciclado de productos. Los fabricantes de ropa están utilizando las máquinas zurcidoras. Se están fabricando fibras de poliéster de las botellas de plástico, que son seleccionadas, lavadas, calentadas, reducidas y moldeadas. Malden Mills utiliza más de 140 millones de botellas recicladas en un año (aproximadamente 15 botellas grandes para una chaqueta) para su popular tela de lanilla sintética, la cálida y suave Polartec. (Malden Mills está dirigida por un verdadero héroe norteamericano, Aaron Feuerstein, quien siguió pagando el salario a sus operarias después de un incendio desastroso que destruyó el taller. Una advertencia a todos los empresarios: Malden Mills bate récords de ganancia cada año.)

Patagonia, que destina el 10 por ciento de sus ganancias totales con fines ambientalistas, posee su propia tela fabricada de botellas, Synchilla. La compañía ha desarrollado un programa "Abrigo de muchos colores" que dona chaquetas de Synchilla a los niños necesitados. Hasta ahora, se han enviado más de 6.000 chaquetas al sur de Chile solamente. NatureTex todavía está utilizando otro plástico reciclado para fabricar sus botas de campo. Rising Star utiliza las botellas verdes para fabricar el plumón que rellena sus colchonetas. Llamadas Cloverfill, son livianas y no se apelotonan.

Con el fin de contar con más espacio en los cajones de reciclado para todas las botellas plásticas, el distribuidor francés del agua Evian se ha comprometido a cambiarlas gradualmente por botellas plegables recientemente desarrolladas.

Freddie Heineken, director ejecutivo de cervezas Heineken, ha inventado una botella diferente para las Antillas Holandesas, donde muchos pobres viven en bohíos (cabañas de caña). La así llamada World Bottle es cuadrada, a diferencia de la botella usual, verde y redonda, para poder ser usada como un ladrillo de vidrio cuando se vacía. Esto le da un nuevo significado a la vieja canción "A Hundred Bottles of Beer on the Wall".

¿Cuál será la próxima novedad?

Surtidores de bebidas en los supermercados, donde podremos volver a llenar nuestras botellas de gaseosas, zumos de fruta y agua mineral.

Una flota de aviones-hospitales dotados de médicos y enfermeros voluntarios en servicio. Estos Vuelos de la Esperanza asistirán en las crisis y áreas de desastre en todo el mundo para proporcionar asistencia humanitaria ante el primer pedido de auxilio.

Un número telefónico S.O.S. 911 universal al que se podrá llamar desde cualquier parte del mundo para informar sobre problemas y abusos de orden ecológico. Equipos de comunicación y cuadrillas de limpieza estarán listos para entrar en acción, y se aplicará rápidamente la ley para enjuiciar a los transgresores.

Leyes ambientales globales. Dado que la polución no se detiene en las fronteras, ¿por qué no crear leyes para controlarla?

interesada y comprometida en la salvación del planeta. Este concepto debería ser llevado hasta sus últimas consecuencias: salvarnos a nosotros mismos.

La meta para el futuro será salvar el mundo para nuestros hijos. Probablemente el mayor desafío que enfrenta la S.O.S. es tener que decidir qué salvar. Nuestros recursos son limitados, de modo que cada uno de nosotros tendrá que tomar la decisión. Y todas nuestras decisiones repercutirán a través de la sociedad. ¿Cuál será la consecuencia de la actual manía de recortar el presupuesto que se está extendiendo a Washington? ¿Habrá dinero para desarrollar y modernizar las plantas de tratamiento? ¿Para adquirir y mantener los terrenos arbolados? ¿Para entablar juicio a los contaminadores? Estas son preguntas clave sin respuestas fáciles. Pero el hecho de formularlas es un primer paso importante.

Como escribió Sinclair Lewis hace mucho tiempo, "El problema con este país es que hay demasiadas personas que andan diciendo, 'El problema con este país es...'". Las amenazas y alarmas sólo hacen sentir a la gente ansiosa y paralizada. La acusación y la humillación tampoco son precisamente grandes motivadores. Sin embargo, aun cuando los agoreros controlen los titulares, hay muchas historias de éxito. Hay vectores del cambio para el bien. Si cada uno de nosotros hace el esfuerzo de basarse en los hechos y no en las tácticas alarmantes, los resultados llegarán a ser colectivos. Esto no es abrumador. Como dice nuestro eslogan preferido: "No hay esperanza, pero puedo estar equivocado".

LA NUEVA TENDENCIA: EL TEMOR A LA POLUCIÓN

La contaminación del aire y del agua
y los alimentos alterados desatan una tormenta
de dudas e incertidumbre en el consumidor.
¿Hasta qué punto estamos a salvo?

Hay algo en el aire. ¿Usted puede percibirlo? Nosotros podemos. Es una ráfaga, un vendaval de ansiedad, una sensación real de que el aire puro se está volviendo impuro, de que estamos rodeados por enemigos invisibles, el *E. coli* y (aun peor) otros parásitos ocultos en nuestras comidas rápidas, las partículas de fibra de vidrio suspendidas en el aire que respiramos y la listeriosis potencial en nuestros "hot dogs" o emparedados de salchicha.

Esto va más allá de una sensación general de ansiedad. Es algo más profundo. Es algo más desquiciante. Es el temor a la polución, una nueva inquietud nacional que proviene de los atentados permanentes a nuestra salud y bienestar. Todavía no es una tendencia, pero está en vías de adquirir el estatus de una tendencia desarrollada. Precisamente ahora es una propensión que debemos vigilar cuidadosamente.

Sabemos que el problema está aflorando cuando los Centers for Disease Control de los Estados Unidos lanzan un sitio de la Red dedicado a "la prevención y control de enfermedades infecciosas tradicionales, nuevas y resurgentes".

El otrora nutritivo mundo natural se está volviendo contra nosotros y nos está haciendo sentir inseguros, recelosos. No somos ni medrosos ni hipocondríacos. Tanto las corporaciones como las naciones han estado sobrecargando el medio ambiente y experimentando con el ecosistema durante tanto tiempo que tenemos motivos para estar desesperadamente preocupados por las consecuencias para todos nosotros. No es sólo una simple amenaza aquí o allá, es una sinergia y una consonancia de ataques.

Nos estamos sintiendo amenazados por el aire que respiramos, por el agua que bebemos, y por los virus resistentes a los antibióticos diseminados por la persona que está sentada junto a nosotros en el cine.

Nos estremecemos cuando leemos estadísticas que predicen un accidente aéreo por semana para el año 2010 –basadas en extrapolaciones de los datos actuales–.

A esto se suma el hecho de que millones de personas se enferman más en los hospitales que supuestamente deberían curarlas, de los crecientes asaltos en la ruta que hacen que incluso un trayecto al supermercado sea una experiencia que pone en riesgo la vida, además de muchos otros peligros.

Una variedad de nuevos temores

Las enfermedades producidas por alimentos se desatan cuando un virus, una bacteria o un residuo de materia fecal contamina su comida aparentemente inocente. Podría suceder en la comida hogareña de aspecto más sospechosamente grasoso, o en el restaurante 4 tenedores donde usted está celebrando un aniversario. Los Centers for Disease Control (CDC) estiman que las bacterias presentes en los alimentos matan a unos nueve mil norteamericanos por año e intoxican a millones de personas. El coste del tratamiento y la pérdida de productividad llega a los 10.000 millones de dólares por año. ¿Por qué los científicos del CDC no pueden reducir las cifras? Porque muchos casos pasan inadvertidos. Los restaurantes solían brindar una atmósfera acogedora, ahora suscitan temor a la contaminación.

El *E. coli* es la amenaza actual, y aún más, del futuro. En la más amplia investigación realizada en los Estados Unidos, se descubrieron 11 millones de kilogramos de carne posiblemente contaminada que iban a ser distribuidos a cadenas nacionales insospechables como el Boston Market, Wal-Mart y Sam's. Desafortunadamente, al gobierno le faltó autoridad para rastrear la bacteria peligrosa en los establecimientos ganaderos donde el *E. coli* se desarrolla en los intestinos del animal. Y también está la campylobacteria (un microbio patógeno de los alimentos) y la más común salmonella presente en tantos pollos y huevos. ¿No le sorprende con cuánta rapidez nos acostumbramos al peligro?

Quizá el mayor peligro de infección producida por un alimento haya sido (y sea) la "enfermedad de la vaca loca". Las consecuencias económicas para Gran Bretaña fueron desastrosas. Los expertos dicen que todavía no estamos a salvo, que el virus se puede extender a los cerdos y otros animales, e incluso a los humanos a nivel mundial. Y con el aumento del consumo de carne en los Estados Unidos, la posibilidad de contaminación es aun mayor. He aquí un riesgo de infección seriamente desatendido: la harina de huesos (fertilizante) que millones de jardineros usan tan libremente (y a menudo inhalan impensadamente) podría haber sido elaborada a partir de esqueletos de animales portadores del virus.

También contribuye nuestro estilo de vida de ritmo vertiginoso. Las comidas listas para llevar también contienen microorganismos patógenos. La listeriosis, una enfermedad transmitida por los alimentos, que es esencialmente peligrosa para las mujeres embarazadas, los enfermos de sida y los individuos con un sistema inmune deficiente, se ha detectado en alimentos listos para comer que no habían sido debidamente recalentados. Pero no hay que confiar en la cocción ni el calentamiento como una medida segura. Incluso las ostras hervidas pueden contener un virus pertinaz, resistente al calor, que puede enfermarnos.

Necesitamos tener en cuenta más que las sospechas habituales: aun los alimentos aparentemente inocuos como el té helado pueden ser una bomba de tiempo contaminada. Con las altas temperaturas del último verano en los estados de Ohio y Washington, algunas personas que tienen el hábito de comer en restaurantes se enfermaron, y la Secretaría de Salud Pública lo atribuyó al consumo de té helado donde se había utilizado agua demasiado fría, creando niveles peligrosamente altos de bacteria coliforme.

En cuanto al agua, hay algunos interrogantes. (Coleridge debe haberlo previsto cuando escribió "Agua, agua por todas partes y ni una gota para beber".) Erin Olson del Natural Resources Defense Council dijo: "Más del 90% de los sistemas de tratamiento del agua en los Estados Unidos, utilizan la tecnología WWII para purificar su agua potable". Inapta para cualquier sorbo.

No son sólo los grandes estados industriales los que están en peligro. En Alabama, la mitad de los lagos muestran los niveles más altos de contaminación jamás registrados (las naves que arrojan las aguas servidas serían las responsables). Y el escurrimiento de los fertilizantes está causando problemas aún más graves, desde riesgos de cáncer hasta la transformación de microorganismos antes inofensivos en monstruos de ciencia ficción. En un caso, un microbio anteriormente benigno está causando estragos a lo largo de la costa este, y ha matado más de mil millones de peces en los últimos seis años. Ahora la así denominada "célula del infierno" se cree que está infectando a la gente que come el pescado local, causando diversas enfermedades desde comezones hasta daños cerebrales menores.

Y nuestras preocupaciones por el agua se están ahondando. En los Estados Unidos, el Programa de Toxicidad Nacional ha iniciado un estudio de dos años para determinar si la clorinación del agua crea un producto derivado, el MX, que causa cáncer. Un estudio previo finlandés mostró que el MX es carcinógeno. Una ironía: la clorinación tiene su lado positivo, al prevenir enfermedades originadas por el agua como la disentería, el cólera y el tifus.

Vemos todo esto con demasiada frecuencia. Lo que hace bien también puede causar un daño: los sacos de aire protectores que se usan en caso de accidente automovilístico (pueden ser peligrosos para los niños pequeños y para los ancianos); los suplementos de calcio de venta libre (contienen niveles de plomo peligrosos); el ejercicio al aire libre (se estima que cada año se registran más de 60.000 muertes prematuras causadas por la Polución del aire). Estas son las señales combinadas que conducen a la confusión y a un mayor Temor a la polución.

Y esto no es todo, la situación va a empeorar. A medida que se produzcan mutaciones en los virus y bacterias, y que surgan nuevas formas de infección más resistentes, nuestros alimentos y nuestra agua implicarán riesgos aún mayores. ¿Deberíamos hacer sonar la alarma en todo el planeta?

Algún día, usted estará usando guantes de goma mientras lea este libro

¿Se acuerda cuando la gente pensaba que Howard Hughes estaba loco por todos sus temores a los gérmenes?

Hoy, sería considerado como un hombre prudentemente cauto. Esto es así porque estamos viviendo en un mar de gérmenes y en un océano de enfermedades.

Globalmente, la amenaza de la tuberculosis está en aumento. Todavía es la principal enfermedad infecciosa que mata a jóvenes y adultos en todo el mundo. Según la Organización Mundial de la Salud, actualmente hay dos mil millones de personas infectadas. Cada año se registran de seis a ocho millones de casos nuevos de la enfermedad que matan aproximadamente a tres millones de personas. ¿Y algo más escalofriante aún? Los bacilos de la tuberculosis son cada vez más resistentes a los tratamientos multidrogas.

Tampoco podemos confiar en nuestra provisión de sangre. Nuestros glóbulos blancos pueden estar transmitiéndonos mentiras inocentes. El Blood Center de Nueva York, el más importante banco de sangre en los Estados Unidos, está bajo investigación del gobierno federal por "acusaciones de una investigación inapropiada del virus del sida, así como también por manipular indebidamente las pruebas", informó el *New York Times.* Por eso no sorprende que muchos pacientes temerosos recolecten su propia sangre antes de una intervención quirúrgica.

El asma está aumentando a un ritmo alarmante. Respire profundamente antes de leer estas estadísticas: actualmente, unos 14.600.000 de norteamericanos sufren de asma (5 millones de ellos son niños). Esto significa que ha aumentado un 61 por ciento desde comienzos de los años ochenta, informa la American Lung Association. No es de extrañar que tantos padres se asusten cada vez que sus hijos se resfrían: ¿ese jadeo es un simple catarro o el comienzo del asma?

Además, están las nuevas amenazas como el hantavirus que intensifica el Temor a la Polución. Recientemente, se demostró que este virus mortal no sólo se contrae de las deposiciones de roedores: también se puede transmitir entre humanos. Los científicos también han identificado una nueva especie de ácaro transmisor de la enfermedad, aún más común que el ácaro del venado que disemina la enfermedad de Lyme. Los medios de difusión abundan en historias sobre un virus estreptocócico carnívoro. El dengue, una infección frecuentemente mortal, transmitida por un mosquito, es una epidemia en desarrollo: antes de 1970, sólo 9 países habían soportado la enfermedad; hacia 1995, 41 naciones tenían brotes. Y sépalo: el 40 por ciento de la población del mundo está en riesgo, incluyendo a los Estados Unidos.

Y, desde luego, la mortal ébola, aunque temporariamente controlada, todavía plantea el riesgo de desatar pequeños brotes y convertirse en una pandemia global.

El Temor a la Polución es tan persistente que incluso se está abriendo camino en la música rap. En su canción "Triumph", el grupo popular Wu-Tang Clan canta acerca de la "pestilencia global" y cómo "el cabeza dura jamás aprende".

Nuestros sistemas inmunes amenazados

Las amenazas no sólo nos están haciendo más fuertes, también nos estamos volviendo más vulnerables; una combinación que hace que el Temor a la Polución sea mucho más nefasto. La exposición a las toxinas, como los pesticidas y otros productos químicos que se hallan en nuestro aire, en el agua y en el alimento, debilitan las defensas naturales de nuestro organismo. Los principales expertos creen que los aumentos en los porcentajes de muchos cánceres se relacionan con la agresión constante que reciben nuestros cuerpos del medio ambiente. Indudablemente, esta es una razón suficiente para el Temor a la Polución.

Una teoría que está adquiriendo más credibilidad es que el uso de hormonas de alteración endocrina en los pesticidas está relacionado con el cáncer de próstata en los hombres, con el cáncer de mamas en las mujeres, y con niveles de fertilidad más bajos en ambos sexos.

¿Cuáles son sus implicaciones en el mercado? Entre en cualquier tienda de alimentos saludables, en cualquier supermercado, en cualquier farmacia y encontrará docenas de productos que prometen fortalecer su sistema inmune y destruir los radicales libres. (Hoy, esos son los radicales que infunden temor en el corazón de los norteamericanos.) Estos productos no han surgido del aire puro –sino del Temor a la Polución.

El Temor a la Polución está en todas partes

El Temor a la Polución en el trabajo

Estamos asediados por el "síndrome de los edificios cerrados". Los grandes edificios de oficinas con peligrosos sistemas de recirculación del aire son tumbas empresariales que conducen no sólo a la enfermedad del Legionario, sino a una serie de problemas respiratorios, oculares y autoinmunes. Aun las personas que viven a la sombra de esos edificios son vunerables a las bacterias contenidas en el aire.

El Temor a la Polución en el hogar

Vivimos en un área de toxicidad autogenerada donde respiramos el formaldehído y otras emanaciones de los adhesivos y las resinas plásticas de las alfombras y los laminados de madera enchapada. Y por supuesto, también está la aislación de fibra de vidrio que se encuentra en millones de áticos en todo el país. En realidad, debido a las minúsculas dimensiones de sus partículas, la fibra de vidrio se puede inhalar y a menudo es calificada como "la próxima asbestosis".

El Temor a la Polución en los aviones

A pesar de la protesta pública, las aerolíneas todavía ahorran dinero reduciendo la cantidad de veces que el aire circula por hora. Esto significa que usted está absorbiendo los fluidos corporales de ese vecino del asiento 4B que ha estado tosiendo y estornudando durante todo el vuelo.

Aún más inquietante fue el viaje aterrador de una psiquiatra en un Delta L1011 en ruta a Atlanta, que repentinamente tuvo dificultades y comenzó un rápido descenso. Se conectaron las máscaras de oxígeno, pero una cantidad incluyendo la suya se atascaron. (Un pasajero en un gesto rápido la ayudó a sacar su máscara.) No se hizo ningún tipo de anuncio tranquilizador. Al día siguiente ella llamó a un número telefónico de servicio al cliente para averiguar acerca del incidente. Más tarde, un representante del servicio le devolvió la llamada y le explicó: "La puerta del compartimento de carga cedió, despresurizando al avión, y algunas de las máscaras se atascaron. Este es el motivo por el cual estamos retirando de circulación estos aviones más viejos".

El temor a volar. Ya se trate de un desperfecto mecánico, de un error humano o de un acto divino, todos los elementos crean un mayor Temor a la Polución.

El Temor a la Polución a nuestro alrededor

- En Escocia mueren más personas a causa de la Polución del aire que por accidentes automovilísticos. El aire contaminado aumenta el riesgo de un síndrome de muerte súbita en los bebés.
- Los animales embalsamados o disecados contienen millones de antígenos residuales que pueden dañar directamente los bronquios jóvenes.

- Ahora se cree que las duchas y los "vaporizadores de higiene femenina" pueden ser una posible causa de cáncer ovárico.
- Los ordenadores y las impresoras láser emiten sustancias orgánicas volátiles (SOV) que son alergénicas. Las SOV son los gases invisibles que emiten artículos de uso cotidiano como pinturas, adhesivos, alfombramientos, muebles nuevos y máquinas copiadoras.
- Los científicos también están investigando los efectos posibles para la salud causados por los teléfonos móviles. El EMF Health Report expresa "está en discusión si la exposición del usuario (del teléfono celular) a estas microoondas daña las células cerebrales e induce cánceres, como los tumores cerebrales u otras enfermedades". Si adivina la hora prevista de llegada mejor no llame a casa.

Lo que realmente hace que el Temor a la Polución sea tan alarmante: la medicina

¿El aspecto más alarmante del Temor a la Polución? Es lo que sucede cuando los médicos, las enfermeras, las clínicas y los hospitales que supuestamente deben curarnos acaban por hacernos sentir más enfermos. Piense en las implicaciones de ese cruel giro del destino. Desestabiliza nuestra confianza y nuestro nivel de miedo aumenta.

Un informe del *Journal of the American Medical Association* mostró que los errores en la prescripción de drogas cometidos en los hospitales casi duplican los riesgos de muerte en los pacientes. Un estudio reciente del profesor Lori Andres del Kent College of Law, en Chicago, reveló que los diagnósticos equivocados y las pruebas de análisis extraviadas pusieron en riesgo las vidas de casi la mitad de los pacientes en unidades de cirugía y de terapia intensiva.

Una cantidad sorprendente de personas –unas 10.000– mueren cada año debido a errores cometidos en los hospitales. En reacción a esto, un grupo de querellantes en Iowa promovieron acciones judiciales para determinar lo que realmente está sucediendo en sus hospitales, pero la Corte Suprema de Iowa estableció que estas instituciones de propiedad estatal no están obligadas a brindar información sobre infecciones "en el nosocomio", un eufemismo para definir las infecciones que los pacientes contraen en los hospitales. La divulgación pública revelaría la gravedad del problema. (Y estamos persuadidos de que los hospitales tendrán que aclarar las cosas una vez que los Consumidores Vigilantes estén sobre aviso.)

A medida que los hospitales pierdan confiabilidad, prevemos una nueva raza de "miembros" para el futuro próximo. Estas instituciones sumamente escrupulosas e impolutas ofrecerán un alto nivel de aislamiento y protección contra la pesadilla de los gérmenes, tanto dentro como fuera de sus muros.

Muchos predicen que los HMOs y las organizaciones de asistencia médica fracasarán aún más en la tarea. Orientadas por las ganancias a toda costa, dedicarán menos tiempo a los pacientes, pagarán menos a sus profesionales –médicos y enfermeros menos experimentados– e invertirán menos en las medidas de seguridad. Usted ya sabe lo que dicen: el hospital no es un lugar para una persona enferma. Estamos iniciando un descenso a los Infiernos de la tortura y la indiferencia médica.

Cuando usted teme algo, teme todo

Los temores se alimentan mutuamente. Estamos tan sensibilizados por el Temor a la Polución que estamos dispuestos a reaccionar –y a menudo a estallar– ante la más leve noticia. Gracias a la rapidez de la comunicación verbal que proviene de la transmisión de alta velocidad y del Internet, incluso los rumores más cuestionables adquieren veracidad.

Si se descubre que las frambuesas de Guatemala contienen una bacteria, dejamos de comer frambuesas de cualquier lugar. Si el asiento de un coche es anulado porque puede llegar a desprenderse en un accidente, millones de personas se apresuran a cambiar cualquiera que sea el asiento que tengan.

No es de extrañar que estemos obsesionados con éxitos editoriales como *The Hot Zone* y *The Coming Plague* y que se conviertan en películas muy populares. Las noticias malas encuentran oídos receptivos.

El Temor a la Polución nos ha puesto a todos en un estado de alerta máxima. Incluso da cuenta de nuestra obsesión con las amenazas externas a nuestra atmósfera –que van del apasionado debate sobre el OVNI de Roswell, a las películas como *Independence Day, Contact* y *Men in Black*. Como si no hubiera suficientes amenazas internas, también tenemos que fabricar otras externas.

El marketing orientado al Temor a la Polución

El Temor a la Polución es tan persistente que los vendedores sagaces ya están aprovechando las oportunidades que presenta. Avertising Age publicó que "La fobia a los gérmenes está creando nuevos mercados de productos antimicrobianos para el consumidor". Hasbro está experimentando con juguetes "antigérmenes" para proteger mejor a los niños y bebés. ¿Quién será el primero en lanzar al mercado productos específicos para ese otro grupo de alto riesgo, el de los ancianos?

Un nuevo producto de Gojo Industries es el Purell Instant Hand Sanitizer. Un producto para la higiene de las manos que no requiere jabón, ni agua, ni toallas, y promete ser eficaz contra el 99,9 por ciento de todos los gérmenes comunes. También hay una crema, Proteque, que forma una barrera protectora para "las sustacias irritantes y alergénicas, y que aleja las bacterias de su piel".

Chesebrough-Pond's ha introducido una versión antibacteriana de la Vaseline Intensive Care, y Bristol-Myers Squib inició una campaña en el metro de Nueva York para su loción Keri, advirtiendo a los pasajeros de pie sobre los peligrosos gérmenes que abundan en los pasamanos y correas del tren. Las ventas aumentaron un 13,2 por ciento.

Y el otro día llegó un correo electrónico "basura" a las oficinas de BrainReserve. Comenzaba así: "La investigación indica un aumento alarmante en la cantidad de daños serios para la salud causados por gérmenes, bacterias y virus. Nunca antes ha sido más importante protegerse a usted mismo y a su núcleo familiar".

El producto que se estaba promoviendo era Saniguard, "el primer vaporizador del mundo, portátil, desinfectante de las superficies, y seco al tacto". Parece que la guerra a los gérmenes está asumiendo un nuevo significado cuando usted tiene que vaporizar todo, desde los volantes hasta las sillas de los restaurantes. Otro producto con esos fines es Germ Guard, un dispositivo redondo con un filtro desechable que se puede aplicar sobre la bocina de cualquier teléfono. El aviso de la compañía pregunta: "¿Por qué los teléfonos públicos son solamente de color negro o gris oscuro, y no blanco?" Su respuesta, "porque los colores más oscuros disimulan la suciedad y los gérmenes que pueden enfermarnos". ¿Tácticas alarmistas... o Temor a la Polución?

Las oportunidades son verdaderamente amplias. Por ejemplo, los empresarios que iniciaron la cadena O2 Spa Bar están en sincronía con el Temor a la Polución. En Toronto (Canadá), en Nueva York y pronto en Los Ángeles, los consumidores gastarán 20 dólares por el placer y el privilegio de respirar un poco de oxígeno puro e incontaminado. A medida que el aire exterior empeore, veremos surgir aparatos de oxígeno portátiles y livianos –quizá "respiradores" Sony–. En cuanto a los interiores de las casas, consideramos a la purificación del aire como una de las nuevas industrias del próximo siglo. Todos los productos –incluyendo a los materiales de construcción– tendrán que tener un certificado de garantía de que no contaminarán el aire con emanaciones peligrosas.

En BrainReserve les decimos a nuestros clientes que los alimentos "impolutos" de "fuente protegida" serán la próxima ola. Esto significa que toda la cadena de fabricación y desarrollo deberá tener una pureza investigada y garantizada. Se prevé una venta masiva de alimentos orgánicos y libres de toxinas. Y para asegurarnos antes de dar un bocado o un sorbo, predecimos que todas las personas llevarán consigo probadores portátiles, absolutamente confiables.

También la publicidad irá más allá de las campañas vigorosas. Si los comerciales o los avisos impresos promueven un restaurante de hamburguesas, los consumidores estarán interesados en saber cómo se ha alimentado al bovino que produjo la carne, y cómo ésta se ha procesado, embarcado, almacenado y finalmente preparado. Lo mismo será válido para el panecillo, el ketchup y la salsa especial. La advertencia "mire antes de saltar" se convertirá en "lea antes de comer". ¿El coste de estos mejoramientos? Será alto.

Hace diez años, cuando trabajábamos en la tarea de las Nuevas Direcciones para Burger King, BrainReserve sugirió que pusieran a prueba una cadena de Veggie Kings. Nuestro razonamiento: nosotros pensábamos que la fuente de carne iba a ser un tema crecientemente problemático... y que los norteamericanos serían cada vez más conscientes de cómo se manipulaba su alimento. Piense solamente cuánto más segura sería la posición de Burger King en el mercado si todos sus "huevos" se pusieran en la misma canasta.

Pero recuerde: el temor genera temor. Sobre el horizonte también habrá un nuevo Vegetarianismo Vigilante, a medida que perdamos aún más confianza en la manera como se cultivan nuestros vegetales. Los consumidores empezarán a adquirir o arrendar lotes de terreno controlados e incontaminados –como el tiempo compartido, sólo que será una granja compartida–. Esta es la única manera de saber verdaderamente lo que comemos.

Este tipo de inspección minuciosa de todo lo que comemos y bebemos conducirá a un auge de los precintos de "alimento-impoluto". Y en esto hay una nueva oportunidad comercial: instituir una Oficina de Investigación de Alimentos, una especie de FBI de la alimentación para asegurar el acatamiento. O establecer un sitio en la red ofreciendo "biografías" completas del producto. Y algún día esperamos ver que los restaurantes exhiban los certificados de salud del personal de cocina, de la misma manera que los ascensores muestran los certificados de mantenimiento.

¿Acaso todo esto le parece traído de los cabellos? Nosotros pensamos que está casi por suceder. Simplemente considere hasta qué punto algunas naciones insulares van a proteger sus poblaciones. Inglaterra ni siquiera va a permitir que un acicalado Yorkshire ingrese al país sin una cuarentena de seis meses contra la rabia. Y los japoneses ya exigen que sus coches sean tratados antibacterialmente (antes de la adquisición), y que sus billetes salgan alisados y esterilizados de los cajeros automáticos. Sólo hay que esperar.

Este es un mundo alarmante, y se está volviendo más alarmante. Cada vez más, todo lo que probamos y tocamos puede estar transportando las semillas de nuestra destrucción. Una nube oscura se cierne sobre nosotros y estamos percibiendo su sombra. Esa nube se llama Temor a la Polución.

LA VERIFICACIÓN

Toda idea necesita una comprobación, una prueba futura: una verificación.

En BrainReserve, no tomamos ninguna medida –y no hacemos ninguna recomendación– sin la ayuda de una herramienta que llamamos la Verificación. ¿Qué es la Verificación? Es una tendencia basada en la prueba de selección que utilizamos para tomar decisiones de "va" o "no va" en cuanto a un producto innovador, un nuevo servicio, un emprendimiento comercial, un plan de marketing e incluso una adquisición empresarial. La hemos aplicado en proyectos tan diferentes como el lanzamiento del popular aireador Baccardi, el diseño de computadores más apropiadas para el usuario, y el desarrollo de una nueva personalidad pública para un candidato a alcalde.

Después de una sesión de movilización mental que llamamos Análisis de la Discontinuidad de la Tendencia, la Verificación nos ayuda a evaluar una idea, producto o concepto sobre la base de tres consideraciones:

- Mérito de la tendencia: ¿Una idea, producto o concepto está en sincronía con las tendencias, o es una moda?
- Longevidad: ¿Una idea, producto o concepto evoluciona al mismo paso que la demanda cambiante del consumidor en el largo plazo?
- Viabilidad: ¿Una idea, producto o concepto atrae a una audiencia suficientemente amplia para que valga la pena desde el punto de vista comercial?

Nuestra experiencia nos ha enseñado que ignoramos los resultados de una Verificación, desafortunadamente para nosotros.

Cómo hacer la Verificación

He aquí una versión de nuestra Verificación accesible a cualquier lector. Comience con una página en blanco. En el margen superior haga una descripción de su idea en una frase (recuerde que cuanto más breve más clara será). En una columna sobre el margen izquierdo, anote las 17 tendencias: Encapsulamiento, Sectarismo, Fantasía de Aventura, Reivindicación del Placer, Pequeñas Gratificaciones, Fuentes de Esperanza y Seguridad, Individualismo, Pensamiento Femenino, Emancipación, 99 Vidas, Liberación, Necesidad de Estar Vivos, Regresión, Consumidor Vigilante, ídolos Caídos, S.O.S., y Temor a la Polución. Luego agregue cuatro nuevas columnas a través del margen superior, con las palabras "sí", "no", "quizá" y "cambio posible".

Ahora comienza la Verificación. Pregúntese en qué medida su idea está respaldada por cada tendencia. ¿Hay una sincronía perfecta, un tiro apenas errado, o jamás se alcanzará una sincronía? Si su idea está de acuerdo con la tendencia, busque maneras de mejorar la sincronía. Si hace falta un poco de lógica para hacer que la idea coincida con una tendencia, reformúlela. Si la idea es contraria a una tendencia, no pase directamente a la próxima tendencia. Piense en cómo reformular su concepto para ponerlo en sincronía con la tendencia.

Las ideas exitosas generalmente coinciden al menos con cuatro tendencias. De hecho, en BrainReserve solamente recomendamos aquellas ideas que pasan la prueba de fuego de la sincronía con cuatro o más tendencias.

No se desanime si una o dos tendencias parecen completamente contradictorias con su idea. Las tendencias sociales, como las personas, pueden ser incoherentes. Piense en la persona que corre cinco millas, luego devora medio kilo de helado (ejercicio y obesidad), o que se Encapsula durante semanas antes de partir hacia un puerto extranjero.

Una Verificación apropiada

La industria financiera ilustra el poder de la Verificación para señalar qué está en sincronía o en asincronía con una tendencia. Si bien muchas sucursales locales o incluso algunos grandes bancos regionales han reconocido finalmente que tienen que buscar mejores maneras de tratar a los clientes, la banca en su conjunto es una de esas actividades cotidianas y universales que podrían ser muy mejoradas. Con la Verificación, podemos identificar los problemas y destacar las soluciones basadas en las tendencias. Es decir:

Tendencia: Encapsulamiento.
Bancos: Al margen de la tendencia.

Piense en la buena imagen que los bancos tenían en los años treinta, cuarenta y cincuenta. El tradicional banco de ladrillos con cuatro columnas blancas fue el centro de una ciudad y era dirigido por un banquero benévolo que salvaba a los hogares y empresas en momentos de dificultades. Los bancos eran esencialmente Capullos.

Pero a través de los años, los pagadores familiares han llegado a ser extraños, las líneas se han extendido y las reglas se han tornado cada vez más rígidas. En lugar de resolver sus problemas internos, los bancos han instalado cajeros automáticos; en realidad, han expulsado a los clientes del Capullo o Cápsula.

Cuando nos vemos obligados a entrar en el sanctasantórum, como me sucedió a mí en la sucursal local del Bank of New York, la indiferencia es espeluznante. El cajero automático (CA), instalado en un edificio separado no estaba funcionando bien y alguien había colocado un cartel: "Por favor entre y consulte a un pagador para sus transacciones". Después de esperar en la fila durante 15 minutos, el pagador me dijo que no podía darme el dinero de mi cuenta simplemente con mi tarjeta del CA. Me dijo que tenía que tener un cheque. De lo contrario, debería ir en busca de otro CA. Arriesgando un poco de lógica, dije: "Entonces, usted no debería poner ese rótulo allí". El pagador simplemente se encogió de hombros y dijo que no sabía que el CA estaba averiado.

La inconveniencia es un problema. La seguridad es otro. Los titulares periodísticos afirman que las cajas de seguridad ya no son seguras. En el banco que está enfrente de BrainReserve, la sección de las cajas de seguridad se inundó cuando se rompió una cañería matriz. Cada trozo de papel se destruyó. De modo que le conviene leer las instrucciones impresas en su contrato de arrendamiento de la caja de seguridad: la mayoría tienen cláusulas que absuelven a los bancos de toda responsabilidad, a menos que ocurran errores de seguridad extraordinarios. ¿Qué piensa que están haciendo los bancos ahora que ofrecen vender seguros sobre los contenidos de su caja personal?

Tendencia: Sectarismo.
Bancos: Al margen de la tendencia.

¿Cuándo fue la última vez que usted intentó ver a amigos en el banco o encontrar allí algunos nuevos individuos de la misma mentalidad? ¿Cuándo fue la última vez que usted se sintió como un cuentacorrentista, no como un número de cuenta, en su banco? ¿Cuándo fue la última vez que usted sintió que no tenía nada en común con sus pares cuentacorrentistas (más que un mal servicio recibido)? Si alguna vez tuvo estos sentimientos, probablemente ahora sean historia antigua.

Tendencia: Fantasía de Aventura
Bancos: Al margen de la tendencia.

No hay nada excitante, sensual ni mágico en torno de los bancos. Esto es extraño, si se tiene en cuenta que la función de un banco es facilitar dinero y que el dinero permite las posibilidades de convertir los sueños en realidades: un nuevo automóvil, un viaje exótico, la anhelada remodelación de la cocina, una educación universitaria. En lugar de ofrecer algo sumamente excitante o un placer estético, la mayoría de los bancos son monumentos a la monotonía. Es difícil entusiasmarse con las plantas de plástico iluminadas por lámparas fluorescentes.

Las operaciones bancarias no tienen ni una pizca de aventura. Es difícil (para no decir costoso) hacer sus transacciones bancarias mientras usted está viajando en un avión. Si usted se toma unas largas vacaciones, sus facturas pendientes de pago se pueden acumular. En realidad, muchos acredores ahora solicitan un acceso a su cuenta para poder hacer cobros automáticos en fechas especificadas. Usted les puede enviar un cheque debidamente extendido. Pero como clientes pagamos por la comodidad de delegar el control sobre cuándo y cómo desembolsar nuestro dinero.

Tendencia: Reivindicación del Placer.
Bancos: Al margen de la tendencia.

La visita a la oficina del gerente en la atmósfera lúgubre de la mayoría de los bancos nos hace sentir como si hubiéramos sido sorprendidos fumando y estuviéramos por ser sermoneados o castigados. Hay mucho de venganza en esta experiencia y muy poco placer.

Y la próxima vez que usted pregunte por un crédito o un pequeño préstamo comercial, tome el pulso de la recepción que el banco le brinde. Las miradas de soslayo, las insinuaciones, los reparos, todos son signos de que usted está recibiendo un trato vindicativo.

Cuando esto da resultado, ¿qué servicios le brindará el banco? El último insulto a los clientes es cobrarles un honorario por conversar con un pagador. Minuto por minuto, el coste promedio desde el punto de vista del banco es de aproximadamente 2 a 3 dólares por cada intercambio de información. Algunos bancos le conceden tres consultas gratuitas, por teléfono o personalmente, antes de cobrarle un honorario. O le cobrarán por usar a un pagador para algo que podría haber hecho a través de una máquina. Examine su estado de cuenta para ver si su banco se ha enrolado en este nuevo tipo de trato orientado al no servicio. Después de todo, los cargos por un servicio extra añadido aquí o allí les están proporcionando a los bancos un ingreso adicional de 15.000 millones de dólares, y este no es un cambio insignificante.

Tendencia: Pequeñas Gratificaciones.
Bancos: Al margen de la tendencia.

¿Puede imaginarse diciendo, "¡Oh, voy a gratificarme con una visita a mi banco preferido! ¡Realmente la merezco!"? No es muy probable. Pocos bancos han ido más allá de ser una experiencia-por-la-que-tengo-que-pasar, sobre algo que es tan divertido como ir al lavadero automático.

Tendencia: A las Fuentes de Esperanza y Seguridad.
Bancos: Al margen de la tendencia.

Los bancos no son precisamente un alto en el camino a la paz interior. No esperamos que un banco sea un paraíso espiritual, ni que nos ayude a encontrar nuestra esencia meditativa.

Tendencia: Individualismo.
Bancos: Al margen de la tendencia.

Excepto por esas diminutas líneas con el nombre y la dirección sobre nuestros cheques y nuestros códigos personales reservados de los cajeros automáticos (el 98 por ciento de las personas utilizan su fecha de nacimiento o una fecha igualmente fácil de recordar para nosotros –y fácil de imaginar para los otros–), no hay casi personalización ni individualización en los bancos; ni en la correspondencia mensual, ni en los contactos telefónicos, ni en el servicio del pagador, e indudablemente no en los productos. Dado que, en promedio, sólo hay tres diferentes tipos de opciones para extender cheques, esto no nos hace sentir únicos.

Pocos bancos examinan minuciosamente los cheques o verifican las firmas, a no ser que el cheque entre en la categoría de las sumas de cinco cifras. Un gerente bancario confesó que su banco solamente examinaba los cheques extendidos por más de 10.000 dólares. El mismo banco verificaba sólo uno de cada 350 cheques de menos de 5.000 dólares. ¿Por qué nos hacen llenar una tarjeta de firmas como primera medida, se preguntará? Rara vez alguno de nosotros extiende un cheque por más de 10.000 dólares.

¿No está seguro de haber firmado siempre sus cheques de una manera particular, de haber tachado algo, o de haber cometido descuidadamente un error numérico? Si usted es curioso, ponga a prueba la infalibilidad de su banco variando su firma u omitiéndola completamente. Los bancos atribuyen la falta de supervisión a la escasez de tiempo y de mano de obra –una excusa corriente– y permiten que un fajo de cheques pasen sin ser controlados. ¿El resultado? Una falsificación de cheques desenfrenada. El Bank Administration Institute informa que estos fraudes le cuestan a los bancos norteamericanos y a sus clientes tanto como 10.000 millones de dólares por año.

Tendencia: Consumidor Vigilante.
Bancos: Al margen de la tendencia.

Los clientes de los bancos se convierten en Consumidores Vigilantes por su propio interés (sin juego de palabras). No parece que alguien más esté al corriente de si realmente se ha acreditado un depósito o si el interés sobre su línea de crédito se ha calculado correctamente. (No se preocupe, se ajustará inmediatamente hacia arriba cuando sea a favor del banco.) Si se cometiera el más pequeño error, usted sería tratado como un delincuente. Debe ser que los bancos han tomado una lección de la Superintendencia de Seguros (IRS).

En general, la discrepancia entre los avisos de los bancos en los periódicos o revistas y la realidad de la experiencia bancaria está enfureciendo a los clientes. Cuando los avisos proclaman que "su ejecutivo personal dará curso a todas sus transacciones" o que "su socio financiero logrará la máxima productividad de su dinero" o que "nos esforzamos cada día para ganar la confianza de nuestros clientes", ¿acaso esto le ha sucedido a usted, a no ser que sea archimillonario? La seguridad y los gestos de cortesía son ilusorios.

Tendencia: Necesidad de Estar Vivo.
Bancos: Al margen de la tendencia.

La Necesidad de Estar Vivo concierne a vivir mejor y plenamente, concentrándose en el presente y reduciendo al mínimo el estrés. Aun cuando los bancos hayan llegado a ser interactivos e introducido servicios bancarios electrónicos, hay un problema: nos preocupa más depender de la alta tecnología para mantener seguro nuestro dinero. ¿Siente subir su presión sanguínea cuando lee que el Consumer Loan Advocates, un grupo de investigación sin fines de lucro, descubrió que el 47,5 por ciento del interés ajustable de las hipotecas tenía errores de cálculo? ¿Comienza a hervir cuando descubre que está pagando un interés más alto que su vecino por un préstamo casi igual? ¿Necesita desahogarse cuando el interés neto sube, seguido inmediatamente por un rápido ascenso en los intereses de su tarjeta de crédito, pero el interés que el banco le paga por su cuenta de ahorros sigue siendo aproximadamente de un 3 por ciento?

Tendencia: 99 Vidas.
Bancos: Al margen de la tendencia.

El sector bancario no está bien estructurado para respaldar ni adecuarse a su vida de múltiples funciones y roles (99 Vidas). En realidad, cuando funcionan, los cajeros automáticos (CA) pueden ahorrarnos mucho tiempo. Pero algunos bancos limitan sus horarios, y a pesar de la vigilancia, los CA son poco seguros a altas horas de la noche y en lugares menos públicos. Nuestras necesidades de las 99 Vidas quedan insatisfechas. Los bancos todavía están prestando mucha más atención a sus metas e ignoran las nuestras. Ahora que las instituciones bancarias se están fusionando, despidiendo empleados, y cerrando las sucursales "no productivas", el servicio se está tornando menos, no más, conveniente.

Tendencia: Liberación.
Bancos: Al margen de la tendencia.

En lugar de reconocer sus logros personales y recibirlos con hospitalidad, los bancos a menudo tratan a los trabajadores autónomos con un siniestro aire de sospecha. Sin un período establecido de residencia y un empleo regular bien remunerado, los bancos ofrecen poco más que la apertura de una cuenta básica de ahorro y cheques.

Tendencia: Regresión.
Bancos: Al margen de la tendencia.

Los bancos han cambiado mucho. Lamentablemente, la mayor parte de la calidez, la hospitalidad y los elementos nostálgicos han desaparecido: el saludo sincero utilizando sólo los nombres de pila; las libretas de banco que recibíamos orgullosamente cuando nuestros balances aumentaban; los calendarios sentimentales; las reuniones de Navidad; la sensación de permanencia y seguridad. En realidad, el niño que hay en nosotros envejece rápidamente con esos folletos de letras menudas y esos pagadores inteligibles que atienden detrás de una jaula.

Tendencias: Pensamiento Femenino y Emancipación.
Bancos: Al margen de la tendencia.

Los banqueros, ya se trate de una mujer o de un hombre, suelen pensar como banqueros. La mayor parte de los procedimientos, productos y promociones están concebidos solamente con las metas directas de la rentabilidad y la reducción de los costes bancarios. Se piensa muy poco en desarrollar una relación real y se pone demasiado énfasis en la transacción. Esto responde indudablemente al Viejo Pensamiento adverso al riesgo. Hasta que las juntas directivas de los bancos y la gerencia superior no incluyan el Pensamiento Femenino y la Emancipación masculina, hasta que no se satisfagan las necesidades específicas de servicio de cada grupo de clientes (padres, escolares, autónomos, viajeros, emprendedores, y otros), los bancos seguirán decepcionando a los clientes.

Tendencia: ídolos Caídos.
Bancos: Al margen de la tendencia.

Las bancarrotas (hasta el banco de inversión de la propia reina de Inglaterra, el venerable Baring PLC, se tambalea); los desastrosos préstamos inmobiliarios; la debacle de los sistemas de ahorro y préstamo; las fusiones que dejaron miles de desempleados; los préstamos irrecuperables a los regímenes extranjeros represivos en lugar de financiar a las empresas locales generadoras de empleo; el fraude al empleado: la lista negativa es muy larga. ¿Acaso esta parece una descripción de un ídolo social admirable o se asemeja más a una industria tambaleándose al borde del precipicio?

Sabíamos que los bancos atravesaban dificultades, pero hasta que no sometimos a la industria a una Verificación, no comprendimos hasta qué punto estaban al margen de la tendencia.

Tendencia: S.O.S. (Salvemos el Organismo Social).
Bancos: Al margen de la tendencia.

Sólo unos pocos bancos –tanto locales como nacionales– intentan jugar un rol significativo en sus comunidades, alentando a sus empleados para que también contribuyan. Sin embargo, los bancos pequeños no suelen aparecer en las listas de donantes ni patrocinantes de proyectos culturales y ambientales. Tampoco suelen ofrecer programas de premios ni proporcionar préstamos de bajo interés para las empresas noveles, ni préstamos para la compra o renovación de viviendas de bajos ingresos.

Con el frenesí de las fusiones en marcha, todavía queda en duda si los grandes bancos consolidados seguirán estableciendo políticas propicias a la sociedad. Cuando el Chemical Bank, que tenía una política crediticia liberal en las comunidades más pobres, se fusionó con el Chase Manhattan, supuestamente más estricto en su disposición a otorgar préstamos para las empresas pequeñas administradas por minorías, hubo intensas negociaciones sobre cuál sería la actitud del nuevo banco hacia estos préstamos. La Ley de Reinversión Comunitaria ahora exige que los bancos que operan sucursales en varios barrios hagan esfuerzos sustanciales para ofrecer préstamos y servicios a las personas y empresas en dichas comunidades.

Estos tipos de préstamos representan mayores riesgos para los bancos como el surgido de la fusión del Chase Manhattan y el Chemical. En 1995, el Chase Manhattan prestó 1 millón de dólares a los programas para proporcionar viviendas accesibles a los ciudadanos menesterosos, muchos de los cuales (pero no todos) eran minorías. El NationsBank, con sede central en Charlotte, Carolina del Norte, se convirtió en el blanco de los grupos de protesta que objetaban su propuesta de fusión con el Boatmen's Bankshares de St. Louis. Para contrarrestar las protestas, el NationsBank destacó su gesto genuino de haber otorgado préstamos por un valor de 13.400 millones de dólares en las áreas de bajos y moderados ingresos entre 1991 y 1996.

¿Podemos ver estas acciones como respuestas a la tendencia S.O.S.? Bueno, eso depende de nuestro grado de escepticismo acerca de las intenciones y motivaciones de los bancos. Los bancos están en la industria para hacer dinero, pura y simplemente, no para prestar un servicio público gratuito. Esos ejecutivos bancarios que contemplan las grandes fusiones a menudo hacen esfuerzos generalizados para no olvidar a los menos afortunados de la comunidad, y lo hacen para socavar a los críticos más tenaces. Cuando el Chemical Bank y el Chase Manhattan se fusionaron en setiembre de 1996, prometieron una contribución de 18.000 millones de dólares durante un período de cinco años. En el año 2001, sacaremos nuestras calculadoras y estimaremos qué ha hecho el megabanco en este sentido.

Y no es sólo una cuestión que concierne a la población y sus empresas locales. En el área ambiental, la actividad bancaria requiere toneladas y toneladas de papel, la mayor parte de las cuales no se reciclan. Se imprimen múltiples copias de informes mensuales, solicitudes de préstamo y depósitos. Sólo el gobierno de los Estados Unidos procesa más de 450 millones de cheques cada año (a pesar del hecho de que esto se interrumpe periódicamente cuando los partidarios políticos no pueden ponerse de acuerdo sobre el presupuesto). En los Estados Unidos, los consumidores individualmente extienden cerca de 50.000 millones de cheques cada año.

Por ejemplo, el Citibank ahora cobra un honorario de 9,50 dólares –más un sobrecargo de 50 centavos por cada cheque que emiten– a los clientes que mantienen un balance promedio diario de menos de 2.000 dólares. Cuando las instituciones bancarias consideran estas ganancias, no sorprende que expresen una solidaridad de dientes afuera con los problemas del S.O.S.

El banco en sincronía con la tendencia

¿Qué se requiere para que los bancos minoristas o comerciales respondan a las necesidades actuales y futuras del consumidor?

Créase o no, la prognosis de los bancos no es irremediable. Tampoco la solución es rápida ni simple. Raramente lo es. Pero en realidad, cada vez que usted dice o piensa: "Realmente quisiera que mi banco hiciera esto u ofreciera aquello", está descubriendo oportunidades para el mejoramiento y ventajas competitivas que se deben considerar y evaluar con una Verificación.

Una solución sería estudiar qué "ventajas" el banco está ofreciendo a sus clientes conspicuos, y luego reproducirlas o adaptarlas para las masas. Los niveles de ingreso pueden ser diferentes para los dos grupos, pero las necesidades son similares. El banco prototípico del futuro que tendrán la mejor posibilidad de sobrevivir y prosperar necesitará inspirar confianza y lealtad. Esas cualidades serán evidentes en el banco progresista que planee sus servicios en concordancia con nuestras 17 tendencias. Se podría llamar un banco virtual o un tecnobanco, pero estas etiquetas no expresan los ingredientes adicionales de la cordialidad con el usuario, de la respuesta institucional a las necesidades humanas, y del "banco cuando lo necesito y donde lo necesito".

Encapsulamiento

Haga del banco un refugio de la tormenta. Ofrezca un trato preferencial y un servicio personal. Un aviso comercial reciente del National Westminster Bank (NatWest) con sede en Londres, muestra acertadamente a una madre con un niño recién nacido y anuncia que un representante del servicio hará una visita domiciliaria para abrir una cuenta de ahorros a nombre del bebé.

Sin dejar nunca el Capullo, todo cliente debería tener un acceso fácil, las 24 horas, a la información de su cuenta, y hacer los depósitos y extracciones, cambiar moneda, comprar y vender acciones, pagar facturas y recibir fotocopias de todas las transacciones, incluyendo actualizaciones de los balances y presupuestos. Toda la interacción debería tener lugar a través de servicios domiciliarios comunes como el teléfono y la televisión más que el computador personal. O podríamos contar con un instrumento específico como el MiniTel de Francia, un servicio que conecta los teléfonos y los computadores del hogar para proporcionar información casi instantánea acerca de las cuentas bancarias, las reservas de pasajes aéreos, y cosas por el estilo. Un experimento reciente, el First Direct Bank de Leeds, Gran Bretaña, es un banco solamente telefónico que atiende las 24 horas del día, el primero de su tipo. También es el banco en más rápido crecimiento en Gran Bretaña –con medio millón de clientes, pero ninguna sucursal–. Sin embargo, el First Direct abre más de 10.000 cuentas nuevas cada mes. Y lo que es mejor, el banco ha registrado una considerable ganancia: se informó que obtiene sus ganancias del 60 por ciento de los clientes, y que el 20 por ciento superior al promedio está en Gran Bretaña.

Los bancos mismos podrían llegar a ser lugares más acogedores y más confortables en los cuales hacer negocios. ¿Por qué no podrían ofrecer sillones cómodos, sofás y escritorios en lugar de mesas de pie? Si los consultorios médicos ahora están equipados con televisores para mirar y pilas de revistas para leer (aun cuando sean viejas), ¿por qué deberíamos esperar menos de nuestros bancos? Mencionado a menudo como uno de los mejores bancos de la ciudad de Nueva York, el Republic Bank for Saving tiene música de piano en vivo en muchas de sus sucursales, además de los honorarios más bajos de la mayoría de los bancos. Esto es sincronía.

Sectarismo e Individualismo

Los bancos que responden al sectarismo también están encaminados a satisfacer el individualismo. (A menudo vemos que el hecho de estar en sincronía con una tendencia es un método infalible para dar con soluciones a las tendencias relacionadas.) La sincronía con la tendencia se reflejará en el ambiente del banco; captará la esencia de un barrio y proporcionará un sentido de la plaza mayor tradicional donde la gente solía congregarse, expresará el clima y la conducta empresarial.

Los gerentes bancarios pueden dar un gran paso al dotar al banco de un personal que hable en el mismo lenguaje de los clientes y que sea más o menos de la misma generación que ellos. El banco puede invitar a los clientes con necesidades similares para que asistan a reuniones informativas o seminarios gratuitos: por ejemplo, los primeros compradores de una vivienda, las mujeres que son dueñas de pequeñas empresas, los jubilados recientes, o las personas que están actuando como albaceas de bienes familares, que podrían aprender de la experiencia del banco y conducir su gestión de manera que cree menos problemas en el procesamiento del banco.

El banco del futuro podría integrar un grupo de la nueva-empresa para los individuos emprendedores, suministrando información útil sobre cómo desarrollar un plan empresarial que responda a los requerimientos del banco. Cuánto más conveniente sería este esfuerzo que la posición actual de los bancos de actuar como un evaluador supercrítico y estricto de los nuevos planes empresariales. Al ser un catalizador del Sectarismo, el banco se convertiría en un miembro del Clan.

Fantasía de Aventura

Una visita a un banco podría ser muy interesante, o conducir a la diversión y el aprendizaje. Por ejemplo, la sala de espera podría estar provista de monitores de vídeo sobre los cuales proyectar destinos interesantes para las vacaciones, seleccionar entre las habitaciones de hotel, programar excursiones en bote o aventuras de buceo. La agencia de viajes del banco haría todas las reservas y confirmaría su vuelo y el cambio de su moneda, le vendería sus eurocheques y tendría dinero aguardando en su destino, le proporcionaría una tarjeta de crédito para debitar todas sus compras con una línea de crédito adecuada (sin mencionar la acumulación de millas como viajero frecuente de la aerolínea en su cuenta) y, desde luego, le otorgaría el préstamo necesario para pagar todo. Entradas para exposiciones de arte y de fotografía, matrículas para seminarios y renovaciones de vídeos, visitas al planetario para los escolares, manuales sobre inversiones en acciones y fondos mutuales; la lista solamente está limitada por el espacio.

Reivindicación del Placer y Pequeñas Gratificaciones

Para una perfecta Reivindicación del Placer y unas Pequeñas Gratificaciones, podría haber un bar con café y bebidas gratis, tés exóticos, galletitas o chocolates, y (¿nos atrevemos a soñar?) helados en verano.

Los bancos podrían tomar prestada una idea de la escuela de motivación "uno nunca sabe cuánto ganará", ejemplificada por las loterías y las máquinas de juego. Imagínese lo felices que serían los clientes si el banco distribuyera al azar documentos cobrables por 5 ó 10 dólares. Las expresiones ceñudas se convertirían en sonrisas si el banco otorgara pequeños premios a alguien que ha esperado más de diez minutos a un pagador o en un cajero automático.

¿Alguien se acuerda de haber recibido un abrelatas eléctrico o una tostadora o un pequeño televisor por abrir una abultada cuenta de ahorros? ¿Qué le parece algo como una tasa de interés más alta (además de un pequeño obsequio) para alentar el ahorro? ¿Por qué recibir un 3,25 por ciento sobre el dinero depositado en el banco cuando, con un pequeño esfuerzo, podemos conseguir un 10 por ciento o más en otra parte?

Más aún, el banco en sincronía con la tendencia podría ser un realizador de pequeños sueños: si las altas tasas de interés le han impedido hacer una renovación importante en su hogar, entonces un minipréstamo fácil de obtener para una bañera con hidromasaje o una bien provista mesa de trabajo puede crear suficiente satisfacción.

A las Fuentes de Esperanza y Seguridad

No, el dinero no compra la felicidad, pero el estrés y los problemas financieros son incompatibles con una sensación de seguridad y espiritualidad. Incluso el modelo de la jerarquía de necesidades de Abraham Maslow establece que las necesidades económicas se deben satisfacer antes de poder aspirar a un estado de autorrealización más elevado. ¿Pero qué tiene que ver esto con la actividad bancaria en sincronía con la tendencia? En la medida en que un banco lo trate a usted con respeto y comprenda su situación individual y sus necesidades, más cerca estará de las Fuentes de Esperanza y Seguridad. Su banco puede ayudarle en el planeamiento del presupuesto, verificar sus pagos a Seguridad Social, aconsejarle sobre una inversión (con las advertencias apropiadas, desde luego), y avisarle cuando haya mucho dinero ocioso en sus cuentas.

99 Vidas

Los bancos móviles sobre ruedas podrían ser los camiones del Buen Humor del futuro. Un banco móvil pasaría por su casa, oficina, fábrica o tienda para traerle pequeñas facturas, entregarle dinero, aceptar depósitos y ofrecerle la selección y cambio gratuito de monedas. Qué gran ayuda para el propietario que está solo en la tienda, o para el cliente discapacitado que no puede hacer el trayecto hasta el banco. Este banco rodante también podría distribuir gratuitamente una línea de vídeos "en alquiler" o de seminarios CD-ROM que expliquen cómo planear un presupuesto para el hogar, la jubilación, solicitar una hipoteca o un préstamo para vivienda, y recibir ayuda sobre la preparación de los impuestos.

Si nuestra sociedad aceptara finalmente el concepto de las "transacciones sin efectivo", el banco en sincronía con la tendencia haría cambios apropiados en sus servicios. Ahora muchos grandes bancos están probando las tarjetas de dinero con microcircuitos electrónicos incorporados, "pulsos electrónicos" que le permiten depositar dinero con las tarjetas en los cajeros automáticos o en los teléfonos especialmente equipados, como hacen los usuarios de las bibliotecas con sus tarjetas para las máquinas copiadoras. En Gran Bretaña, existe un sistema similar de tarjetas de "valor depositado", llamado Mondex, que ya está en uso. Mientras tanto, nosotros todavía nos estamos habituando al concepto de las tarjetas de débito, que son pagadas previamente con una cantidad exacta para gastar.

En el futuro "sin efectivo", la tarjeta bancaria de débito se utilizará para pagar facturas, hacer llamadas telefónicas, viajar en el metro y dar una propina al camarero en un restaurante –todo sin preocuparse por llevar dinero "real" encima–. Para solventar este servicio, los bancos indudablemente tendrán que cobrar un pequeño honorario –tanto al cliente que usa la tarjeta como al comerciante que la acepta– pero los bancos en sincronía con la tendencia tratarán de mantener estos honorarios bajos, reconociendo el valor añadido de contar con clientes leales, satisfechos.

¿No sería conveniente si los bancos informatizados pudieran llegar a ser más interactivos comunicando a nuestros contestadores automáticos o computadores cuando nuestro balance es bajo? Naturalmente, esta medida sería incompatible con la práctica de los bancos de imponer un gravoso interés sobre los giros en descubierto, pero el banco en sincronía con la tendencia sabrá que los clientes prefieren la advertencia al castigo.

Podría haber una conexión financiera y una continuidad entre los diferentes sectores del banco: bienes raíces, seguros, fondos mutuales, necesidades educativas, fideicomisos, viajes. Y para ahorrar el tiempo de traslado y reducir el horario de almuerzo, todo gran edificio o complejo de oficinas debería tener su propia minisucursal.

¿Y qué le parece una función doble o triple? Los clientes del banco apreciarían la conveniencia de tener la opción de entregar los vídeos alquilados, las recetas médicas o la ropa de tintorería. ¿Y qué le parece una actividad bancaria de 24 horas durante un día o dos por semana?

Pensamiento Femenino

Para dar un ejemplo, hay un banco en Bangladesh (India), el Grameen Bank, que fue fundado por un pensador del futuro, Muhammad Yunus. La palabra "grameen" significa "pueblo", y la institución ha creado un pueblo de buena voluntad al hacer pequeños préstamos que promedian sólo unos 65 dólares, y que se han otorgado a cientos de miles de mujeres como capital inicial para comenzar sus propias empresas. Este es un banco de accionistas, controlado principalmente por mujeres rurales pobres que trabajan juntas para desarrollar una nación de emprendedores. Cuando entrevistamos a Susan Davis, directora ejecutiva de la Women's Environment and Development Organization (WEDO), que actúa como una defensora de los intereses de la mujer en las Naciones Unidas, nos dijo: "Cuando se le niegan las herramientas o los medios para crear empresas por cuenta propia, se le están negando los derechos humanos básicos".

Grameen está socavando el viejo principio bancario de que usted puede tomar prestadas grandes sumas solamente si tiene muchos resguardos o puede inflar sus activos. El modelo Grameen se está difundiendo en todo el mundo porque las mujeres representan un buen riesgo crediticio: El porcentaje de reembolso de los préstamos es de un altísimo 98 por ciento.

Liberación

En lugar de mostrar a todos los banqueros como el extremo más conspicuo de los empleados en sus trajes con chaleco, ¿por qué los nuevos códigos de vestimenta más "relajados" no podrían invadir también los bancos? Los gerentes bancarios y los pagadores podrían usar prendas más de acuerdo con las que llevan sus clientes –dentro de lo razonable, desde luego–. Si el traje con chaleco representa otra barrera para las relaciones cordiales entre el personal bancario y sus clientes, piense en lo que significaría una chaqueta de corderoy para las relaciones con el cliente, o de qué manera las camisas de vaquero y las botas Tony Lama le abrirían las puertas para los clientes bancarios en el Oeste de los Estados Unidos.

Individualismo

Imagínese llamando, comunicándose on-line o entrando a un banco donde siempre tiene un individuo asignado que conoce su nombre y el estado de su cuenta personal. El Chase Manhattan Bank está experimentando con una versión de esta propuesta. Ahora cuenta con especialistas en clientes (es decir, seres humanos) que atienden las 24 horas del día y prometen actualizar su archivo de datos personales cada vez que usted comunique alguna transacción por teléfono, fax o e-mail. Pero llevemos este servicio un poco más lejos e imaginemos que, cada vez que sea necesario, su "banquero privado" (que hasta ahora sólo es un privilegio del individuo realmente rico) le guía hasta el especialista apropiado para responder a sus inquietudes actuales y esa persona se hace cargo de su problema de inmediato.

En una escala más amplia, usted debería estar en condiciones de personalizar su propio préstamo. Tendría que pagar los honorarios, pero solamente los específicos basados en su informe. Cada vez que lo deseara, podría examinar sus ingresos y gastos de un año a la fecha (ordenados por categoría) del presupuesto desarrollado con la ayuda de su contacto bancario.

En los momentos apropiados, su consultor impositivo asignado le ayudará a registrar sus ingresos. A medida que pase el tiempo y pierda su capacidad visual, el tamaño de las letras impresas en toda la documentación que le envíe el banco aumentará automáticamente. Las tarjetas de comprobación de firmas y los procedimientos arcaicos habrán desaparecido, y usted será identificado en cualquier banco o cajero automático en el mundo por medio de la voz grabada, un termograma facial (no hay dos personas que tengan la misma cantidad de calor irradiado por los vasos sanguíneos del rostro) o la retina del ojo al instante.

S.O.S. (Salvemos el Organismo Social)

A fin de contribuir a Salvar el Organismo Social, los bancos deberían donar los sistemas informáticos usados a las escuelas en áreas de bajos ingresos; los equipos de oficina a los centros de jubilados, o a las instituciones de beneficencia. Los gerentes bancarios deberían prestar un servicio comunitario y tener un compromiso social con los empleados, por ejemplo, auspiciando ferias en las escuelas. Los ejecutivos del sector préstamos podrían exigir menos intereses sobre una hipoteca o reducir la tasa de un préstamo, cada vez que los clientes donen una suma a las instituciones de caridad usando sus tarjetas de crédito bancarias.

Para proteger el medio ambiente, los bancos podrían proporcionar cuentas "verdes", no por el color del billete, sino por el color de los procesos ambientalmente favorables que exigen reducir significativamente la cantidad de papel usado. He aquí un eslogan para que adopte cualquier banco: "No tale árboles, oprima botones".

Los bancos pueden hacer imprimir cheques sobre papel reciclado y ofrecer una tarjeta de adhesión ambiental a través de la cual se puedan hacer pequeñas donaciones destinadas directamente a la Fundación Vida Silvestre, Nature Conservancy, Greenpeace o la Cousteau Society.

Un caso comprobado. Los bancos pueden tomar muchas pequeñas iniciativas para recuperar su imagen positiva y estar en sincronía con las tendencias. Ninguna industria puede seguir ofendiendo a sus clientes para siempre sin una rebelión. Todos pensamos que tenemos un derecho inalienable al respeto, especialmente cuando estamos entregando a los bancos en custodia nuestro dinero ganado con esfuerzo. Queremos que nuestros bancos vuelvan a ser amigables. Necesitamos un banco del futuro en sincronía con las tendencias.

La Verificación revelará rápidamente dónde están los puntos débiles en un sector como el bancario, y hará lo mismo con cualquier producto o servicio que usted esté planeando ofrecer. Si usted aplica la Verificación a su empresa, a su idea, incluso a su vida, verá a qué puede aspirar, desde los más pequeños planes empresariales hasta un proyecto completo de una industria. Utilice la Verificación como una herramienta para ayudarle a hacer planes más inteligentes, más concentrados, más orientados al futuro. Si usted la relaciona con sus problemas y desafíos, como hicimos nosotros, estará orientado en la dirección de una verdadera tendencia que percibirá instintivamente correcta. Y dondequiera que vaya, tendrá éxito.

LA MOVILIZACIÓN MENTAL

¡Inspírese!

No tiene que sentarse sobre una roca como el *Pensador* de Rodin (con el codo en la rodilla y la mano bajo el mentón) y meditar sobre cómo inspirarse. Convoque a los mejores cerebros que conozca para que le ayuden a crear su futuro... y el de ellos.

El primer paso: haga listas de las más diversas personas que conozca (o que desee conocer), llámelas y pídales algunas horas de su valioso tiempo. Aquí no existe nada parecido al fracaso; todas pueden contribuir, todas pueden beneficiarse. Aun cuando usted sea técnicamente el centro de la reunión, cada persona se irá con un torbellino de ideas. Cuando usted consigue estimular las moléculas del cerebro, todos adquieren energía instantáneamente. Lo más sorprendente es que el conversador más locuaz a menudo no es el mayor contribuyente. Muchas veces es el tímido indiferente quien se convierte en el participante más imaginativo, original e intuitivo.

El proceso es fascinante y curioso, ya que la capacidad intelectual no se intensifica por medio de ninguna ecuación matemática conocida. Diez pensadores concentrados sobre un tema pueden arribar (como los "velociraptors" de *Jurassic Park*) a una mejor conclusión, más aguda y más profunda en una hora que un solo pensador en cien horas. Las respuestas llegan a ser aún más interesantes y más variadas si las personas están suficientemente mezcladas.

El secreto del éxito es contar con un líder imparcial que se ubique (*no sentado*) preferiblemente cerca de un caballete o atril y tome nota de toda la jerigonza (una idea brillante puede ser reservada para una posterior recuperación). Este moderador permanece imparcial y sereno y les recuerda a los miembros del grupo que dejen de contar historias divagantes y formulen las respuestas, para precisar, demostrar y filtrar toda negatividad en la búsqueda, a fin de dar con el meollo de la solución.

He aquí algunos ejericios que utilizamos para movilizar nuestras mentes en BrainReserve. Examínelos, luego siéntese y planee su propio ejercicio.

Ejercicio Nº 1

Suponga que Sony acaba de introducir un nuevo producto llamado FutureCam 6, que permite a los usuarios observar el mundo en el año 2010 y sacar una fotografía de todo lo que hay allí:

- ¿Qué escena o lugar retrataría?
- ¿Quién estaría en la imagen?
- Saque una fotografía de la primera "página" del periódico nacional (o el medio que lo haya reemplazado) publicada el día de Año Nuevo del 2010.
- ¿Cuáles son los cinco títulos principales?

Ejercicio Nº 2

Cierre sus ojos, respire profundamente y relájese. Imagine que está caminando por un largo y silencioso pasillo. A su izquierda hay una puerta identificada como "Mi oficina, 2010". Abra la puerta y entre.

- Describa las perspectivas y los sonidos, los olores, si lo desea.
- ¿Qué aspecto tienen los muebles y el equipo de oficina? ¿Qué utilidad tienen?
- ¿Hay otras personas allí? ¿Quiénes?

Ahora salga de su oficina y siga avanzando por el pasillo. A su derecha hay una puerta identificada como "El hogar, 2010". Entre y describa todo lo que ve.

Ejercicio Nº 3

Acuérdese de cuando tenía 20 años.

- ¿Cuál era su más caro anhelo para el futuro?
- ¿Cuál es ahora su más caro anhelo para el año 2010?

Ejercicio Nº 4

- Descríbase a usted mismo en el año 2010.
- Describa su producto o servicio.
- Describa su compañía.
- Describa a sus competidores.
- Describa a sus amigos.
- Describa a sus enemigos.
- ¿Cuál será su mayor éxito?
- ¿Cuál será su mayor fracaso?

Ejercicio Nº 5

Piense en sus diferentes "personalidades" y descríbalas brevemente.

- ¿Quién es usted hoy? (incluya una descripción personal).
- ¿Quién es usted en el teléfono?
- ¿Quién es/sería usted en una videoconferencia?
- ¿Quién es/sería usted en un sitio de la Red?
- ¿Quién es/sería usted en una pantalla de realidad virtual?

Ejercicio Nº 6

Identificaciones: ¿Cuál es la primera imagen (llamamos a esto un "símbolo") que se le ocurre cuando oye los siguientes nombres?

- La cajita feliz de McDonald's
- Garoto
- Bell's
- Levi 501s
- Nike
- Marlboro
- Mustang
- Harley Davidson
- Su idea

Ejercicio Nº 7

¿Cómo puede su idea convertirse en un "símbolo"? Describa a qué se parecería.

Piense en:

- El envase
- Las relaciones públicas
- Las relaciones humanas
- El marketing
- El personal
- El equipo
- La educación
- Las buenas obras

Ejercicio Nº 8

He aquí una tecnoidea.

- Tómese un momento para pensar cómo era la vida en los años sesenta (o en los cincuenta, o setenta), y luego anote las palabras o frases que describen a las mujeres y los hombres de esa época (anótelas por separado).
- Ahora haga lo mismo, pero para las mujeres y los hombres de fines de los años noventa.
- Usted es un ordenador cuyo nombre es Melanie o Max. Descríbase a usted mismo/a.
- El término es "tecnología inquietante". ¿Cuál sería la descripción (es decir, qué temor le despierta la tecnología, y qué cosas malas podrían suceder)?
- Usted está haciendo una larga lista de consideraciones antes de salir a comprar su computador. ¿Qué ha anotado en la lista? (Pistas: dónde/por qué/cómo/qué.)
- ¿Qué servicios/productos se le ocurren cuando ve/oye las palabras: capacitación, lujo, libertad, seguridad y placer?

- Usted es el propietario/fundador de una pequeña empresa de "utensilios de cocina", y está escribiendo una carta para enviar a su lista de clientes. ¿Cómo titula su comunicado?
- Usted es: (1) un estudiante universitario especializado en bellas artes, (2) un concesionario exclusivo que se ocupa de comercializar bienes para el consumo, y (3) un propietario de una pequeña empresa que ofrece servicios de jardinería ornamental. ¿Cómo puede usar su computador para distinguirse de todos los otros usuarios?
- Termine la frase: "Estar on-line es como..."
- Ocurrencia inmediata: Como consumidor, ¿qué palabras se le ocurren cuando oye: Internet, soluciones integradas, canales y móvil?

Ejercicio Nº 9

Participe en un viejo juego de palabras como el acertijo. En este ejercicio sea tan audaz y creativo como pueda ser. Considere las áreas que están aquí representadas, compárelas con tres de las tendencias, y termine la oración: "Mi idea está en sincronía con [tendencia] porque..." (Ejemplo: "Mi correo electrónico de bolsillo está en sincronía con la Fantasía de Aventura porque es suficientemente portátil para permitirme trabajar en mi tienda, o en mi bote, o en mi cabaña de troncos".)

Ejercicio Nº 10

He aquí un ejercicio sobre una comida rápida de pollo, pero usted lo puede aplicar a casi todas las ideas.

- ¿Cuál era su plato principal preferido cuando era niño? ¿Por qué le gustaba?

- ¿Cuál era su plato principal menos atractivo? ¿Por qué lo destestaba?
- Piense en la preparación de una comida de la que usted se ha encargado desde el principio hasta el final dentro de la última semana, en todos sus detalles (o su receta favorita). ¿Qué fue lo más agradable/desagradable acerca de esto?
- Describa la textura de su comida favorita. ¿Qué le recuerda?
- Describa el aroma de su comida favorita. ¿A qué le hace acordar?
- Anote su comida favorita para cada momento del día: desayuno, almuerzo, merienda, cena. ¿Qué características hacen a esa comida apropiada para esa hora del día?
- Un famoso marbete de un producto alimenticio fue "Mezcle y Hornee". Piense en otras cosas que usted podría hacer en el proceso de preparación de la comida, y dar con nuevos marbetes.
- Haga una lista de sus combinaciones favoritas de sabor.
- Imagine que usted es el ministro de Comidas en Calumer, un planeta distante cuyos habitantes comparten todas las características que nosotros atribuimos a los naturales del Oriente Medio. Un hecho interesante acerca de Calumer es que sus habitantes, desde hace tanto tiempo como pueden recordar, comen solamente una comida: el mono calumerio. Lo han comido en todas las diez comidas del día, los nueve días de la semana. Durante la última década, un terrible desastre ecológico ha ocurrido en Calumer, y la población de monos se ha ido extinguiendo. Usted ha sido enviado a la Tierra para

encontrar un sustituto de ese mono, y su contacto oficial, Julia Child, le ha sugerido el pollo. Ella le presenta un espécimen recién desplumado. Su primera reacción es de asombro. Usted nunca había visto nada semejante. ¿Qué piensa de inmediato? Mire el pollo. Descríbalo en los términos más elogiosos posibles. Si usted pudiera reinventar ese pollo, ¿qué haría (es decir, cambiaría su forma, color, textura, incluso le pondría otro nombre)?

- Piense en los alimentos que usted ha servido con el pollo. Ahora incorpórelos de modo que queden incluidos en la receta actual.
- Cree nuevas preparaciones de pollo (pistas: salsas, cremas, coberturas, rellenos).
- Redacte una lista de las tendencias. Describa una receta o comida de pollo que concuerde al menos con cuatro de las tendencias.

La movilización mental le ayudará a escudriñar sus sueños y a redefinir sus deseos. Puede ser utilizada como un punto de partida o como una lista de verificación a lo largo del proceso. Piense en ella como una herramienta para desbloquearse, liberarse y manifestarse.

Si bien es posible vivir sin aire durante segundos, sin agua durante días, sin alimento durante semanas, es imposible tener éxito sin un flujo constante de ideas. ¡Siga inspirándose!

CARRERAS EXITOSAS

Cambie su trabajo.
Cambie su mundo.

Es el año 1958. Usted le pregunta a un grupo de niños de seis años qué querrían ser cuando hayan crecido. Las respuestas llegan de inmediato: un astronauta, una médica, un bombero, un vaquero.

Estamos en el fin del milenio. ¿Qué ha sido de ellos?

El que quería ser astronauta no entró en órbita porque la NASA se redujo. Ahora trabaja como cobrador de billetes en la Space Mountain de Disney.

La médica está pagando sus préstamos de estudiante. No puede iniciarse en la actividad privada debido a los altos costes de instalación del consultorio, la compra del equipo de diagnóstico y el pago del seguro. De modo que ha aceptado un puesto en un hospital público con un salario de 65.000 dólares anuales (ganando menos que su padre empleado en la industria automotriz que jamás se graduó en la universidad). En cuanto a su anhelo de llegar a ser una médica diligente y sensible, es alentada a ver tantos pacientes como pueda en tan poco tiempo como sea posible. En realidad, puede ser sancionada si los mismos pacientes la ven con demasiada frecuencia.

El bombero está por ser despedido porque la ciudad donde trabaja está privatizando su cuerpo de bomberos. La nueva compañía está incorporando personal por menos de la mitad de su sueldo actual.

El vaquero la está pasando razonablemente bien. Se estableció en Montana, trabajó en una hacienda, ahorró sus salarios y pagó 100 dólares la media hectárea de tierra tan lejos como pudo ver. Últimamente, el valor de la tierra en Montana ha subido hasta las nubes, impulsado por los refugiados de la Costa Oeste que huyen del smog, los incendios, las inundaciones, los terremotos y el estilo de vida general insano. Ahora la tierra vale 5.000 dólares la hectárea, y nuestro vaquero está galopando sobre una propiedad que vale 5 millones. Indudablemente, su fascinación infantil con las películas de cowboys rindió sus frutos.

El mensaje: la costumbre de planear una carrera tradicional ha llegado a su fin. Ahora se planea la carrera sobre la base de la tendencia. Identifique las actividades más acordes con la tendencia en su compañía. Allí es donde estará su futuro. Averigüe todo acerca de la tarea que más le interese. Utilice sus conexiones para recoger información. Preséntese como un candidato para Recursos Humanos o acuda directamente a la gerencia de división. Dígales que usted incluso estaría dispuesto a aceptar un sueldo reducido por la oportunidad.

Recuerde, el futuro no llega inesperadamente un día. Se anuncia. "Lo-que-será-será" entra en nuestro mundo lenta y gradualmente, llamándonos la atención con docenas de ondas en nuestra pantalla de radar. Sólo tenemos que estar alerta para captarlas y saber cómo usar lo que vemos. Esta es básicamente la manera de aprender a crear las oportunidades profesionales que surgen de las tendencias.

Otra reflexión: parece como si cada semana una revista, periódico o programa televisivo diferente informara sobre los "Mejores puestos del futuro". Nuestro consejo: ignórelos. O considérelos con cautela. Estas predicciones toman en cuenta las proyecciones del ordenador del Federal Bureau of Labor, basadas en la Reserva Federal y los gastos militares, y simplemente informan esos hallazgos. Están calculadas sobre lo que hay disponible hoy, no sobre la base de las tendencias. Si usted se guía por las tendencias, los puestos serán obvios. Los Estados Unidos necesitarán más niñeras y guarderías a medida que más madres salgan a trabajar; más tintoreros, más establecimientos de comidas para llevar, más institutos de belleza y más manicuras, por la misma razón. Y una suposición: necesitaremos más reparadores de computadores. Más enfermeras domiciliarias y fisioterapeutas a medida que la población envejezca. También se requerirán más expertos ambientales, a medida que las crisis de los recursos naturales lleguen a ser un lugar común. Menos recepcionistas y operadoras de conmutadores, a medida que el correo de voz se difunda. Menos mano de obra no calificada, a medida que las máquinas reemplacen a los seres humanos.

Algunos de los empleos más interesantes del futuro son los que todavía no han sido creados. Como observó sabiamente el *Economist,* "Muchos empleos publicados en las columnas de avisos de los periódicos actuales –como los instructores de aerobismo, los diseñadores de software y los especialistas derivativos– no existían en 1970". ¿Necesita estar en sincronía con una carrera como la de consultor en información personal, alguien que ayuda a los individuos a manejar la sobrecarga de información en sus vidas?

Una manera de ver qué necesidades emergentes no han sido satisfechas es utilizar las tendencias como su telescopio. Cuando las tendencias se cruzan, los resultados pueden ser sorprendentes. He aquí un ejemplo de lo que quiero decir. En materia de viajes, si usted combina el Encapsulamiento con el Individualismo y las 99 Vidas, puede descubrir una nueva categoría de planificador vacacional que llega hasta su casa en el horario conveniente y le trae folletos, vídeos e información sobre los mejores hoteles y medios de transporte. Todo lo que usted necesitará para planear unas vacaciones. Piense en la ventaja que esto significa sobre la manera azarosa de planear un viaje. Normalmente usted necesita volver a llamar una y otra vez, hacer una investigación apresurada, y a menudo experimentar una decepción cuando llega a su lugar de destino.

Ignoramos si alguien está promoviendo este concepto, pero con tantas agencias de viajes en todos los Estados Unidos, parece una manera perfecta de prestar un mejor servicio a sus clientes. Ahora que los agentes de viajes están enfrentando una política de honorarios reducidos por la acción de muchas aerolíneas, así como la amenaza de las reservaciones on-line que están reemplazando la función central de una agencia de viajes, este acosado grupo debería ser más innovador.

A medida que exploramos las carreras del futuro y consideramos la superautopista de la información, prevemos enormes posibilidades. Techno-America está creando grandes oportunidades. Hay posibilidades de desarrollar el contenido de grandes extensiones de ciberespacio. Y llegar a ser un guía del Internet que ayude en la competencia por las "Tech-Nots".

Otra enorme oportunidad proviene de la posibilidad de vender productos a través del Internet. Al pasar por alto los métodos de distribución tradicionales, millones de personas tienen la oportunidad de tener éxito con menos inversión que antes. Otras fuentes de orientación profesional son los propios servicios on-line. America Online tiene un centro profesional que le da acceso a un asesor on-line, así como la posibilidad de averiguar datos sobre empleadores potenciales. También es posible y conveniente ingresar sus habilidades en la base de datos del centro.

Pero ¿por qué no dar un paso más, e iniciar una empresa con una idea original que puede ser la base de una oportunidad para obtener la licencia de una nueva marca? Recuerde, las licencias de marcas domésticas surgieron como una alternativa local. Una vez más, deje que las tendencias sean su brújula. He aquí algunas oportunidades de lanzamiento que hemos imaginado:

Centros de juego como Discovery Zone y Gymboree están surgiendo inesperadamente en toda la Nación. Estos ambientes seguros, afines al Encapsulamiento, atraen a los padres a medida que los vecindarios se tornan más peligrosos. ¿Qué pasaría si se agregara la Fantasía de Aventura al concepto de los centros de juego, y se abriera uno con un tema como el Salvaje Oeste, viajes espaciales, Peter Pan, o Alicia en el país de las maravillas?

O vayamos más lejos. ¿Por qué no abrir centros de entretenimiento para los ciudadanos ancianos? Usted podría proporcionar a los ancianos salones de realidad virtual donde ellos puedan encontrar a sus viejas estrellas o astros de la televisión o del cine. Los salones de medios pueden proyectar los grandes clásicos sobre la pantalla grande. Un espacio de ejercicio puede ofrecer columpios, trampolines y cuerdas de trepar de bajo riesgo.

Si bien concurrir a un restaurante puede ser divertido, muchas familias todavía prefieren la calidez de la comida preparada en el hogar –especialmente si alguien más se ocupa de cocinarla–. ¿Por qué no crear una empresa que vaya a domicilio y prepare una deliciosa comida cocinada en el hogar (el colmo de la fantasía del Encapsulamiento)? Este nuevo servicio ofrecería a las familias varias opciones de comidas (incluyendo menús vegetarianos y de bajo contenido graso), compraría los ingredientes necesarios, prepararía y serviría la comida, y después lavaría la vajilla. He aquí una posibilidad para las primeras vacaciones sin disputas. Para hacer de esto un éxito, el servicio necesita cobrar un precio moderado –entre el coste de prepararlo uno mismo y el de salir a un restaurante–.

El Consumidor Vigilante –siempre escéptico, siempre desconfiado– proporciona la base para una nueva oportunidad empresarial que nosotros llamamos revisión de documentos. Esta empresa ofrece expertos que pueden ir hasta su casa y completar una revisión de todos sus documentos personales y comerciales. El servicio tendrá muchos propósitos: asegurarse de que no le están robando de ninguna manera, comprobar que está obteniendo el máximo por su dinero, y verificar que todo está en curso y en orden. Además, cubrirá los arrendamientos del automóvil, las pólizas de seguros, los servicios telefónicos (tantas personas no han firmado contratos por los paquetes de descuento de su profesión), las hipotecas, los impuestos inmobiliarios, las tarjetas de crédito... usted elige. La estructura de pago es lo que hace a esta empresa tan atractiva para el consumidor: ningún coste adelantado, pero la empresa retiene el 50 por ciento de los ahorros iniciales.

Estas tres empresas tienen un potencial como operaciones autónomas. Más aún, una vez que usted decida desprenderse de ellas, podría haber candidatos dispuestos a pagarle grandes sumas por las empresas que han tenido éxito.

Todavía no existen, pero surgirán porque se crearán nuevas especialidades cuando la tecnología genere nuevas necesidades. Consideremos la industria de la telefonía móvil o de las tarjetas de crédito informatizadas, en las cuales el robo y el fraude están costando literalmente *un millón de dólares diarios* debido a los hurtos que siempre le llevan la delantera a la tecnología. Era de esperar que la solución miope de registrar una serie más larga de números y códigos de identificación personal en los teléfonos móviles resultaría efímera. Qué oportunidad para algunos ases de la tecnología dar con algunas soluciones brillantes pero comerciables para obstaculizar y atrapar a los estafadores de la alta tecnología.

La clave de hacer algo diferente es desafiar la excusa de no tener éxito, dejar de decir: "no puedo cambiar de carrera ni hacer algo que deseo porque no tengo ninguna experiencia ni las aptitudes necesarias". Nosotros creemos que "los obstáculos están allí para vencerlos". Busque y encontrará un mentor que le ayudará a maniobrar en los caminos más difíciles de la vida. Apoyarse en un mentor jamás puede ser visto como una debilidad. Es muy reconfortante tener a alguien que le haga brotar sus más excéntricas ideas (a veces las más desorbitadas son las mejores, pero demasiado lejos en el futuro). Si usted entrevista a personas muy exitosas (como hicimos nosotros), oirá expresar profundos elogios, una intensa lealtad y un gran respeto por los mentores que las han ayudado a lo largo del camino.

Todo esto nos remite a nuestra ecuación *Clic*:

C de Coraje –el coraje para aceptar un mundo cambiante y encontrar su lugar en él–.

L de Liberación –el acto de dejar atrás sus temores y ansiedades–.

I de Imaginación –la capacidad para mirar el mismo paisaje como los demás, y ver algo original–.

C de Compromiso –la reserva interior que lo mantiene concentrado en su tierra prometida personal–.

A esto habría que agregar el *know-how*, sus bien sincronizadas habilidades y su verdadera profundidad de conocimiento que le permiten competir en un mercado que no admite la mediocridad.

En esta época en que las ideas y profesiones cambian a la velocidad de la luz, si usted se conecta con la tendencia apropiada, puede cambiar su vida para siempre.

MENSAJES EFICACES

Palabras para el (y del) corazón.

Hagamos un viaje en el tiempo hasta su pasado lejano. Su padre era el herrero del pueblo. Usted era su aprendiz meritorio. Eran llamados William el Herrero hijo de Richard el Herrero (o Molly la Panadera o Cecilia la Fabricante de Velas) y todos aquellos que vivían en las inmediaciones los conocían como los Herreros.

Hoy nadie en la última generación ha sido un experto en informática ni un técnico en televisión interactiva hereditario. ¿Cómo se prepara para el futuro? ¿De quién está aprendiendo? Usted necesita entablar amistad con un inventor o esperar fervientemente que su supervisor directo sea muy diestro en la nueva tecnología. Lo mismo si usted es la primera "sacerdote" católica (probablemente no ahora) o la primera mujer piloto de prueba, o la primera mujer mexicano-norteamericana empleada en un alto nivel en una compañía o... o la primera en cualquier posición.

En la *Odisea* heroica de Homero, el mejor amigo de Ulises era conocido por el nombre de Mentor. Cuando el aventurero emprendió sus famosos viajes, le pidió al confiable Mentor que se hiciera cargo de su familia y que fuera el maestro exclusivo de su único hijo, Telémaco. Desde entonces, cualquier persona destinada a enseñar lecciones de vida ha sido conocida como mentor. En el mundo actual, la definición original se ha ampliado para abarcar cualquier forma de consejero mayor así como cualquier modelo de rol.

Recuerdo a mi primer mentor, mi abuelo Isaac Storper, diciéndonos a mi hermana Mechele y a mí: "Todo lo que hacéis está bien". Desde luego, estaba en un error, pero nos hizo sentir amadas. Clara Cecil Storper, mi madre, solía decir: "No permitas que los bastardos te desalienten". Esto resonaba una y otra vez en mi cabeza cada vez que tenía que defender una idea que parecía demasiado innovadora, demasiado novedosa, o demasiado audaz –y en mi caso, siempre demostró ser "demasiado anticipada."

El mentor y padre de Lys, Allen Montague Marigold, siempre le ofreció un apoyo total, diciéndole: "Conserva el ánimo, siempre, siempre". Terminaba todas las cartas que le enviaba con un consejo a la manera de máxima: "Procura buscar el bien en una experiencia con esfuerzo", o "la adaptación es un signo de inteligencia". A través de los años, la madre de Lys, Virginia Ackerman, ha sido una figura inspiradora para nosotras dos. A menudo invocamos su nombre, su energía, y su actitud de que la edad no cuenta. Su filosofía: "No dejes para mañana lo que puedes hacer hoy".

En el mundo empresarial, John Greeniaus, presidente y CEO de Nabisco Inc., es un mentor para muchos.

Ofrece apoyo a sus compañeros de trabajo y amigos (incluyendo a BrainReserve) bajo la forma de pequeñas notas, tarjetas y recortes periodísticos, escogiendo cuidadosamente la oportunidad. Siempre parece saber –y, lo más importante, comprender– qué está sucediendo exactamente. Dentro del espíritu generoso de los consejos de John, nosotros ofecemos las palabras que han inspirado a muchos clientes.

Jessy Norman, gran diva de la ópera

Poseedora de una de las voces más espléndidas del mundo, esta artista considera que la piedra angular de su éxito provino de una frase que le dijo su madre cuando ella tenía sólo 12 años (estaba intentando representar una escena de *Macbeth* mientras sus hermanos se burlaban de ella). "Sólo sigue haciéndolo, Jessye".

Diane Sawyer, comentarista de la televisión

La mayoría de las personas se sorprenden, cuando conocen a Sawyer, de que ella no se haya comprometido con el "poder" y con "ser una celebridad". Este comportamiento quizá provenga de las tres reglas adoptadas por su padre para la vida: "Sé amable, sé amable, sé amable". Estar en uno de los extremos receptores de sus mensajes cálidos y formidables es comprender de qué manera ella traduce esa creencia en la acción.

Gloria Steinem, escritora, feminista

Steinem siempre ha encontrado satisfacción en la causa feminista, guiada en parte por una lección de vida aprendida de su madre: "No permitas que tus posesiones te posean a ti". Esta reflexión la ayudó a tener libertad para las cosas más importantes: una visión más amplia, una generosidad de espíritu.

Leslie Wexner, director ejecutivo de The Limited

Al destacar la importancia de hacer satisfactoria y rica cada una de las etapas de la vida, el padre de Wexner le dio este valioso consejo: "Tú no te jubilas *de*, te jubilas *para*".

Wolf Schmitt, director ejecutivo de Rubbermaid

El padre de Wolf fue un sostenedor precoz de un concepto que sólo ahora ha llegado a ser aceptable: el poder de la visión. Las palabras que han guiado a Wolf desde que era un chico muy joven: "Trata de *verte a ti mismo* haciendo lo que deseas hacer, y serás capaz de hacerlo".

Laurie Kahn, vicepresidenta ejecutiva, directora de producción televisiva de Young & Rubicam

Para una niña es especialmente importante ser estimulada por las palabras de aliento de un padre. El padre de Laurie, Howard, la preparó para el mundo competitivo de la publicidad (y para las otras pruebas de la vida) diciéndole: "Puedes hacer todo lo que desees hacer".

Nora Ephron, escritora

Ephron obtuvo su visión general acerca de la manera de ver las cosas de su madre, quien simplemente le dijo (editorialmente): "Todo es una novela".

Cher, actriz, cantante, empresaria

Cher ha tenido éxito de tantas diferentes maneras y en tantos momentos de su carrera, que tiene sentido lo que su madre le enseñó para tener una visión de largo alcance. Ella le dijo: "Si no va a importar en cinco años, no importa ahora".

Ayse Manyas Kenmore, miembro de la junta de BrainReserve, y empresaria de bienes raíces

Una parte de nuestra familia extendida (precisamente, fue a ella y a su esposo Bob a quienes dedicamos *Lo que vendrá: El informe Popcorn*), la muy querida Ayse es turca y escuchó por primera vez este viejo proverbio de su abuela de Estambul, Safvet-Hanim, y más tarde de su madre, Fazilet. Simplemente enunciaron y muy a propósito de su actitud caritativa: "Mil amigos son muy pocos, un enemigo es demasiado".

Jim Morgan, presidente de Philip Morris

A la inversa de lo que se podría haber esperado hace 40 años, su padre le habló de sus valores más profundos ("No importa qué eres, sino quién eres"), mientras su madre le daba consejos empresariales. Ella le explicó los secretos de la competitividad: "A pesar del hecho de saber que el mundo alcanza para todos, en realidad es un mundo competitivo y sólo las personas que son inteligentes, trabajan con empeño y permanecen concentradas finalmente ganarán".

Kate Newlin, presidenta de BrainReserve Consulting

Kate aprendió su increíble ética laboral de 24 horas, 7 días, de su padre, Dale A. Newlin, un coronel retirado del Ejército que combatió en la Primera y Segunda guerras mundiales. Él solía decirle: "En los Estados Unidos, si trabajas duro prosperarás".

Adam Hanft, presidente, de Hanft, Byrne, Rayboy, Abrams & Partners

Uno de nuestros más viejos amigos en la industria, Adam recuerda muy bien lo que le enseñó su profesor de filosofía: "Jamás tomes un 'no' por una respuesta, y la mayoría de las veces tampoco el 'sí'".

Sander A. Flaum, presidente y director ejecutivo de Robert A. Becker, Inc.

Sander, mi cuñado, recuerda a su madre Rose diciéndole: "Haz una buena obra cada día". Y cada día, Sander trata de hacer lo posible para seguir esta regla benéfica.

David Fink, abogado empresarial de bienes raíces

La abuela de David, Bryna Poliacoff, una sobreviviente de la Revolución Rusa que huyó a Turquía y luego emigró a los Estados Unidos y abrió un famoso restaurante judío en el barrio de los cines de Nueva York, le aconsejó a David "La vida es breve y modificable. Experimenta la felicidad a diario".

Ray Smith, director ejecutivo de Bell Atlantic

El consejo más lúcido que Ray Smith recibió de su madre fue: "Edúcate". Como ninguno de sus padres había asistido a la escuela secundaria (porque tenían que trabajar), obtener una educación era la prioridad más importante en su familia. Era el camino para ser estimulado cultural e intelectualmente.

Jacqueline Simon, profesora de Ciencias Políticas

Nuestra confidente más íntima, la querida Jackie, nos habló acerca de una frase que ella aprendió de su madre, Rose "Lulu" Albert, específicamente con referencia a cómo manejar el final de una aventura amorosa: "Un clavo expulsa a otro clavo". En otras palabras, un nuevo objetivo le ayudará a olvidar el pasado. Este astuto consejo también se puede aplicar a las frustraciones cotidianas, recordándole que una experiencia nueva y mejor puede reemplazar a otra mala.

Ash DeLorenzo, director de tendencias de BrainReserve

El padre taurino de Ash, el gran Al Feinstein, se comportaba de la manera menos esperada cuando las cosas se complicaban. Si había tenido un día desastroso en la bolsa de valores, salía con su familia a cenar, diciendo: "Cualquiera puede celebrar cuando algo bueno sucede. Pero es cuando las cosas salen mal cuando *necesitamos* celebrar".

Gerti Bierenbroodspot, pintora

Su místico padre (también del signo Tauro), Charles Theodoor, y su mentor de la escuela Bauhaus, Arthur Goldsteen, le enseñaron mucho acerca de la espiritualidad, la honestidad y el arte. Pero en cierto momento de su vida, cuando ella tenía 20 años, ambos se sentaron juntos, frente a ella y le dijeron: "Continúa lo que hemos comenzado". Una directiva, una inspiración quizá, para las hermosas pinturas que ella está creando ahora.

Olive Watson, vendedora inmobiliaria, filántropa

Además de mostrar la valentía de volar en un jet y esquiar en la más alta montaña, el padre fallecido de Olive y gran líder de IBM, Tom Watson, solía darle sabios consejos. Uno de los más prudentes y útiles para los desafíos de la vida: "Da la cara por aquello en lo que *crees* y *prepárate* para defender tu posición".

Jonathan Canno, presidente y director ejecutivo de Equitable Bag Co.

El astuto industrial abuelo de Canno, Maurice Rosenfeld, fundador en 1919 de la compañía papelera que todavía provee las mejores bolsas de compras de todas las principales tiendas de Nueva York, le dio la bienvenida a su empresa con esta dura advertencia: "Algunas personas padecen ataques al corazón y otras los provocan. Asegúrate de ser una de las últimas". Jonathan siguió su consejo, pero como no deseaba causar ningún daño, moderó los términos para expresar "Permanece alerta y no permitas que nadie te supere".

Mary Kay Adams Moment, socia de BrainReserve

Los padres de Mary Kay, Frank y Mary, estimulaban su joven orgullo cuando sus hermanos mayores se burlaban de ella, diciéndole: "Ignóralos, probablemente estén celosos". Este consejo le dio una excelente perspectiva. Si bien ella comprende que no todos están consumidos por los celos, sabe que la mayoría de las veces el problema es realmente de la otra persona. Y luego con serenidad trata de ayudarla dulcemente a superarlo.

Joycelyn Elders, ex cirujana general

Elders relata un cuento, llamado "Bailando con un oso", no sólo a sus hijos, sino a muchos interlocutores jóvenes con quienes ella se ha encontrado a través de los años. "Cuando usted está bailando con un oso, puede quedar cansado y postrado. Tiene que conseguir que el oso se canse, así se echará él. Busque y encuentre otras parejas de baile que le ayuden a cansar al oso." Un buen consejo para todos sobre la importancia de la cooperación.

REFLEXIONES ACERCA DEL FUTURO

¡El futuro está próximo para usted!

El futuro se acerca rápidamente. Lo que en un momento parece una idea hipotética extravagante al siguiente se puede convertir en una realidad. Usted tiene que estar dispuesto a sujetarse y cabalgar rápidamente hacia el mañana.

La información fluye a nuestro alrededor con la velocidad de un torrente. La influencia pandémica de la World Wide Web ha creado un nuevo sentido de la urgencia en el mercado mundial. Navegar a través del ciberespacio, la manipulación genética, incluso seleccionar el sexo de un bebé, todo es posible o está a punto de serlo.

De una cosa podemos estar seguros, el F-U-T-U-R-O no se detiene a esperar pacientemente que despertemos y actuemos. El hecho de estar en sincronía con las tendencias le puede ahorrar un tiempo precioso, desviándolo de algo que no significa nada hacia algo que es realmente significativo. Estamos persuadidos de que la mejor medida para una idea inteligente no es la calificación de buena o mala, ni de nueva o vieja, sino de estar en sincronía con la tendencia o ser obsoleta.

Hasta estas últimas páginas todavía tenemos ideas para el futuro y aparecerán más después de cerrar este libro. He aquí algunas de ellas. ¡Que tenga éxito!

La cuenta regresiva de la edad

Si se pudieran descifrar los enigmas de su programa genético y se pudiera predecir su longevidad con aproximación, ¿que pasaría con los programas de ejercicios, con todo el mercado homeopático, las vitaminas y las hierbas? ¿No tendrían sentido? ¿O se podría esperar una primavera eterna?

Cascos invisibles

A medida que la Polución se agrava en las ciudades importantes, desde Los Ángeles hasta la ciudad de México o Pekín, podríamos estar usando burbujas respiratorias, no necesariamente los pesados cascos que usan los astronautas en el espacio exterior, sino otros más flexibles y ajustados al cuerpo. Una especie de máscara plástica protectora contra las toxinas suspendidas en el aire. Los cascos tendrán incorporada la más avanzada tecnología de comunicación. O, en las áreas menos contaminadas, usaremos CitiMasks para filtrar nuestro aire. Cuando el aire impoluto y el agua pura lleguen a ser recursos valiosos, habrá rifas con provisiones para los ganadores.

Compañeros de toda la vida

En lugar de desarrollar genéticamente un tomate "perfecto", ¿por qué no concentrarse en prolongar la vida de una raza de perros y/o gatos que pueda acompañar al hombre durante toda su vida? Habrá más besos húmedos y menos lágrimas.

Huérfanos On-line

¿Qué le parece iniciar un registro central de adopción, globalmente informatizado, para mantenerse al tanto de de todos los bebés y niños pequeños que esperan un hogar? Ninguna política, simplemente una mano tendida para ayudar a los niños inocentes. Una oportunidad caritativa ideal para que Bill Gates (él tiene los recursos, el dinero, la capacidad) retribuya antes de lo que ha planeado. Esta idea también podría aplicarse a las mascotas abandonadas.

Residir en el centro de la ciudad

A medida que más personas inicien sus propios emprendimientos comerciales en el hogar (más de 2 millones lo hicieron durante sólo un año), los edificios de oficinas desocupados podrían convertirse en apartamentos residenciales. O los espacios comerciales vacíos podrían proporcionar un refugio para los pobres y desamparados urbanos, o podrían brindar un espacio para la asistencia de niños/ancianos (si sólo hubiera una manera de abrir esas ventanas selladas de las oficinas.

Supertienda para discapacitados

Con una cantidad estimada de unos 20 millones más de discapacitados y una población norteamericana envejecida, ¿no ha llegado el momento de que surjan megatiendas del tipo Home Depot/Toys "R", donde usted pueda encontrar todo en un lugar: teléfonos amplificados, intérpretes, etc?

Microcircuitos integrados de conocimiento

Algún día, pronto, habrá diminutos chips de informática que usted podrá comprar –o alquilar– para insertar/implantar en su cerebro. Piense en todas las aplicaciones. Usted será capaz de hablar fluidamente el francés o el chino en una reunión de negocios, en las vacaciones o siempre. O podrá recitar poemas de amor cuando esté cortejando a una mujer. O será capaz de comprender un manual de reparaciones cuando su televisor deje de funcionar. O repentina e instantáneamente sabrá cómo jugar al golf, al tenis o al croquet –si bien sólo rendirá tanto como sus músculos se lo permitan–.

Compatibilidad del ADN

Utilizando la investigación genética sobre salud y rasgos de personalidad, usted podrá encontrar una esposa potencialmente compatible, un amigo excelente o un socio comercial que concuerde con su código genético. Los japoneses ya lo están haciendo con los grupos sanguíneos.

Venta rodante por catálogo

Una asociación de la venta por catálogo y el camión: grandes vehículos recorrerán los barrios y demostrarán/venderán una gama de productos, para comprar en el acto o encargar para la próxima distribución. Esto cubrirá un nicho necesario entre la galería comercial (atestada de gente y consumidora de tiempo) y el catálogo de venta por correo (donde el contacto es impersonal y el producto no se puede probar/tocar).

Un programa de televisión realista

Las escuelas estarán conectadas con un circuito de televisión cerrado dentro de las paredes de una prisión para mostrar y relatar a los chicos cómo se vive "del otro lado". Sin fabulaciones. Esto servirá como un eficaz disuasivo y alentará a los jovencitos a seguir por la buena senda.

La crisis del fraude

Dado que el Internet ofrecerá a los estudiantes una oportunidad sin precedentes para "tomar prestados" los deberes escolares de otros niños ("Urgente, envíame por correo electrónico un comentario bibliográfico sobre *El Gran Gatsby*"), los nuevos policías de la educación tendrán que patrullar on-line.

Oportunidades espirituales

Veremos un notable aumento del empleo en la industria "espiritual". Si la CIA puede recurrir a los videntes, ¿por qué no podrían los jueces, alcaldes y directores ejecutivos trabajar con médiums y videntes para que los ayuden a determinar qué personas, productos o compañías contratar/adquirir, quién es bueno o malo?

Caligrafía

Como una reacción al predominio de los computadores, la caligrafía fluida y ostentosa con volutas y adornos será el nuevo símbolo de estatus. Con el efecto de los diferentes aromas aplicados a la ciencia, nuestras estilográficas emitirán fragancias para hacernos más creativos o estimular nuestra memoria.

Vaporizador de seguridad

Habrá un vaporizador portátil para un rápido saneamiento –para darnos tranquilidad esterilizando los platos, los cubiertos, las agujas, etc–. Especialmente eficaz cuando usted salga de viaje.

La pausa de descanso

Las pausas de descanso serán una parte necesaria de la jornada laboral, a medida que el reposo y la relajación demuestren ayudarnos a vivir más tiempo. Habrá dispositivos que proporcionarán aromaterapia en cada hogar y oficina, además usted podrá alquilarlos para hacer una ligera siesta cuando viaja.

No más pesadillas

La nueva terapia de láser, bajo la orientación de un psicoterapeuta reconocido, estará en condiciones de borrar recuerdos o traumas desagradables. Las víctimas ya no tendrán que pasar años recordando el abuso infantil, la violación o los accidentes terribles. A la inversa, el área del cerebro que produce el impulso a violar o cometer abuso infantil se podría tratar mediante la precisión del láser.

El control de la población

En las naciones densamente pobladas, los niños y niñas serán "esterilizados" al nacer, luego serán activados después de haber demostrado condiciones para la vida familiar (buena conducta, fuertes instintos familiares etc.). Este mismo método de activación se podría utilizar incluso para restaurar el funcionamiento hormonal de las mujeres mayores, después de la menopausia, si ellas desearan o esperaran ser madres después de haber terminado sus carreras profesionales.

Compu-Platos

Una nueva tecnología del microprocesador permitirá obtener de inmediato los datos informatizados sobre las calorías y el valor nutritivo de cada comida, incluso en los restaurantes. Sensores y analizadores medirán y calcularán la cantidad de calorías/grasa/vitaminas del desayuno, el almuerzo o la cena.

Cabinas de comunicación

La cabina telefónica del año 2010 todavía estará ubicada en la esquina conveniente pero tendrá un puerto para conectar su computador, así como conexiones rápidas para recibir y enviar correo electrónico o facsímiles.

Decorados al instante

Los progresos en la tecnología del holograma crearán un mundo instantáneamente modificable en la decoración interior. Usted podrá crear un "falso decorado" y habitar en ambientes completamente diferentes –digamos de estilo francés provenzal o Art Deco– oprimiendo simplemente un botón.

La cirugía plástica "casera"

Los hombres y mujeres de más de cincuenta estarán en condiciones de adquirir un nuevo aparato portátil que podrá borrar los surcos finos y las arrugas del rostro en la privacidad del hogar.

Vídeo-anteojos de computación

Unos anteojos de computación especiales podrán seleccionar su videojuego preferido, utilizando una tecnología inalámbrica y una palanca de mando portátil. Usted podrá jugar a su antojo, en cualquier momento y lugar, el juego que desee.

Generadores para el hogar

Los generadores de electricidad pequeños y de bajo coste llegarán a ser tan populares como los hornos de microondas y los acondicionadores de aire, eliminando nuestra dependencia de las grandes empresas de servicios eléctricos.

Mini-Iglesias

De acuerdo con el precepto comercial de "pescar donde están los peces", las iglesias, mezquitas, sinagogas y templos de la Nueva Era abrirán "minisucursales" donde se congrega la gente –en las galerías comerciales, los estadios deportivos, las playas, etcétera–.

Seguridad masiva

A medida que los delitos proliferen, aumentará la necesidad de custodios y vigilantes para las casas y los automóviles. Una oportunidad para que las grandes compañías de seguros se expandan y ofrezcan estos servicios. O quizá algunos grupos de vigilantes barriales llevarán pistolas tranquilizadoras.

Su propio programa de televisión

El desarrollo de las fibras ópticas y el Internet permitirán a los hogares corrientes crear sus propios programas de televisión. Usted estará en condiciones de sintonizar noticiarios barriales, comedias de situaciones reales, y quizá (suponemos) participar y destacarse en las sesiones de movilización de ideas.

Reflexione. En el futuro, todas estas ideas estarán en el presente. Si usted desea compartir algunas de sus ocurrencias, interactivamente, escríbanos (c/o HarperCollins, 10 East 53 Street, New York, NY (10022), visítenos en faithpopcorn.com... *o simplemente síganos la pista.*

LISTA DE LECTURAS

Esta es la lista de lecturas de BrainReserve. A no ser que usted sea un pronosticador profesional de las tendencias, probablemente no necesitará leer ni analizar todo lo que nosotros leemos. Una buena propuesta sería rotar sus lecturas. Alternar el *Newsweek* con *Vibe*, *Elle* con *Consumer Reports*, *People* con *The New Yorker*. Si usted tiene entre cincuenta y cincuenta y cinco años eche un vistazo ocasional a la publicación *Generation X* y, a la inversa, trate de leer *Longevity* aun cuando piense que va a vivir para siempre. Lea toda esta información, no necesariamente todos los días, pero al menos trate de estar al día con lo que está sucediendo. Esto le ayudará a visualizar y estar preparado para el mañana.

He aquí una lista de lo que hemos estado leyendo:

InterésGeneral/Información

The Economist
Modern Maturity
New York
Newsweek
Psichology Today
Time
U.S. News & World Report
Vanidades

Publicaciones femeninas

Allure
Elle
Essence
Family Circle
Good Housekeeping
Harper's Bazaar
Ladies'Home Journal
Mademoiselle
Mirabella
Victoria
Vogue
W
Women's Wear Daily
Working Woman

Hombres

Details
Esquire
Gentlemen's Quarterly
Maxim
Men's Journal

Noticias

Daily News
Financial Times
International Herald Tribune
Le Monde
New York Observer
New York Times
USA Today
Village Voice
Wall Street Journal
Washington Post

Ciencia

Discover
Omni
Popular Science
Science Digest
Scientific American

Salud

American Health
Fitness
Health
Longevity
Men's Health
Prevention
Self
Shape

Alimentos/Bebidas

Bon Appetit
Cook's Illustrated
Eating Well
Food & Wine
Food Arts
Gourmet

Saveur
Vegetarian Times

Hogar
Architectural Digest
Country Living
Elle Decor
House Beautiful
Martha Stewart Living
Metropolitan Home
This Old House

Viajes/Internacional
Arena
Condé Nast Traveler
Elegance (Holanda)
Harper's & Queen
Marie Claire
Soviet Life
Tokyo Journal
TransPacific
Travel & Leisure

Entretenimientos/Sociales
Barks
Billboard
Buzz: The Talk of LA
Entertainment Weekly
Hola
In Style
Interview
National Enquirer
People
Premiere
RayGun
Rolling Stone
Source
Spin
TV Guide
Time Out
Us
Vanity Fair
Variety
Vibe

Literatura/Arte
Art & Antiques
Atlantic Monthly
Grand Street
Granta
Harper's
I-D
Journal of Popular Culture
New York Review of Books
New Yorker
Paris Review
Publishers Weekly
Quarterly: New American Writing

Empresa
Business Week
Delaney Report
Entrepreneur
Entrepreneur's Home Office
Far Eastern Economic Review
Forbes
Fortune
Inc.
Japan Economic Journal

Nikkei Weekly
Smart Money
Worth

Política
American Spectator
George
Manchester Guardian
Mother Jones
Ms.
Nation
New Republic
Politique Internationale
Reason
Washington Spectator

Medio ambiente
E: The Environmental Magazine
Earthwatch
Mother Earth News
World Watch

Boletines y Publicaciones Industriales
Advertising Age
Adweek
American Demographics
Boycott Quarterly
Brandweek
Chain Drug Review
Consumer Confidence Survey
Consumer Reports
Crain's New York Business
Food & Beverage Marketing
Food Marketing Briefs
Harvard Women's Health Watch
Iconoculture
John Naisbitt's Trend Letter
Market Watch: The Wines, Spirits & Beer Business
Marketing News
Mayo Clinic Health Letter
National Home Center News
New Product News
Supermarket News
Tufts Nutrition Letter

Mundo gay/lésbico
Advocate
Curve
Diva
Genre
Out

Nueva era
East West
Family Therapy Networker
New Age
Trycicle: The Buddhist Review
Whole Earth Review
Yoga Journal

Nueva tecnología
Home PC
MacWorld
PC World
Wired

Publicaciones especiales
American Benefactor
Coffee Journal
High Times
Libido: The Journal of Sex and Sensibility
New York Press
Paper
Utne Reader

Mercado de la Juventud
Dirt
Sassy
Seventeen
YM (Young Miss)
YSB (Young Sisters & Brothers)

Publicaciones on-line
scan.scan.scan
www.amazon.com
www.hotwired.com
www.suck.com
msnbc.com

Además de leer, vemos casi todas las nuevas películas interesantes (aparte de unos pocos fiascos) y las obras teatrales. Escudriñamos la cultura minuciosamente, vamos a conferencias, foros empresariales, exposiciones de arte, museos, conciertos y cabarets. Y, desde luego, pasamos una gran cantidad de tiempo frente al televisor, mirando, grabando y descubriendo las tendencias.

INDICE TEMÁTICO Y ONOMÁSTICO